高等职业教育系列教材

U0239570

ELECTRONIC AND INFORMATION

单片机应用项目式教程

基于Keil和Proteus 第2版

张志良◎编著

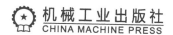

机械工业出版社
CHINA MACHINE PRESS

本书是项目任务驱动式单片机教材，适用于目前高职层次的学生学习。内容包括 80C51 单片机的应用基础知识、常见常用教学案例项目 23 个（共 30 个实例）、Keil C51 和 Proteus ISIS 软件的基本操作方法。读者可在 PC 上（不涉及具体硬件实验设备）虚拟仿真运行本书的全部案例项目，既能供教学演示，又可让学生课后边学边练，进行实验操作。

本书可供高等职业院校电子信息类、计算机类相关课程使用，也可供相关工程技术人员学习参考。

本书编有配套的电子教案和"单片机项目式教程仿真 50 例"，50 例全部取自本书的项目和练习题，含有 Proteus 仿真电路 DSN 文件和驱动程序 Hex 文件，需要的教师可登录 www.cmpedu.com 免费注册，审核通过后下载，或联系编辑索取（微信：13261377872，电话：010-88379739）。对书中项目程序的每条语句均给出注释，以便于读者阅读和理解。

图书在版编目（CIP）数据

单片机应用项目式教程：基于 Keil 和 Proteus / 张志良编著. —2 版. —北京：机械工业出版社，2023.12

高等职业教育系列教材

ISBN 978-7-111-74163-3

Ⅰ. ①单… Ⅱ. ①张… Ⅲ. ①单片微型计算机-高等职业教育-教材 Ⅳ. ①TP368.1

中国国家版本馆 CIP 数据核字（2023）第 206819 号

机械工业出版社（北京市百万庄大街 22 号 邮政编码 100037）
策划编辑：李培培 责任编辑：李培培
责任校对：樊钟英 责任印制：刘 媛
北京中科印刷有限公司印刷
2024 年 1 月第 2 版第 1 次印刷
184mm×260mm · 13.25 印张 · 323 千字
标准书号：ISBN 978-7-111-74163-3
定价：59.00 元

前　言

科技兴则民族兴，科技强则国家强。党的二十大报告指出，必须坚持科技是第一生产力、人才是第一资源、创新是第一动力，深入实施科教兴国战略、人才强国战略、创新驱动发展战略，开辟发展新领域新赛道，不断塑造发展新动能新优势。单片机应用领域之广，几乎到了无孔不入的地步，自动化、数字化、智能化、信息化均离不开单片机的应用。因而高职院校工科类专业普遍开设了"单片机应用"课程，它既是一门非常重要的公共专业课，又是一门比较难学的课程。对目前高职层次的学生来说，选用项目任务驱动式的教材和教学方法，有利于取得较好的教学效果。

编者在编写本书时力求做到以下几点。

1）采用项目任务驱动式教学法。暂先避开庞大繁杂的"原理理论"，边"操作"、边直观感受单片机应用电路和程序运行过程，便于学生对照电路和程序，逐步深入理解，提高学习兴趣。

2）"基础知识"相对集中。为避免单片机"原理理论"的碎片化，本书将理论部分相对集中，编为"基础知识"，分布在每一章中。由于本书案例程序每条语句均已给出注释，因此建议"基础知识"以学生阅读为主，教师讲解答疑为辅。

3）基于 Keil C51 和 Proteus ISIS 全软件仿真。"单片机应用"是一门实践性很强的课程，需要实验，但实验需要配备价格不菲的开发装置，相对不便，且各校硬件实验设备各不相同。本书编写基于 Keil C51 和 Proteus ISIS 软件，读者可在 PC 上虚拟调试运行单片机应用电路和目标程序，不涉及具体硬件实验设备。这样既能供教学演示，又可让学生课后边学边练，进行实验操作。

4）项目内容丰富，便于选择。本书编有常见常用教学案例项目 23 个（共 30 个实例），基本上能满足绝大多数高职院校和专业的教学需求。教师可根据本校本专业需要和课时安排的实际情况，选择部分案例教学。此外，还编有与教学案例相近的可模仿、可扩展的练习题，以便于学生课后练习。

5）编有配套的"单片机项目式教程仿真 50 例"。为配合教学，将书中项目案例（包括练习题）整合为仿真文件包，内含 Proteus 仿真电路 DSN 文件和驱动程序 Hex 文件，全部通过 Keil 调试和 Proteus 虚拟仿真，不设门槛，供读者免费获取。

6）将思考与练习题解答编为配套的电子资源，供读者免费获取。

需要说明的是，Proteus 虚拟仿真电路虽然非常接近单片机实际硬件应用系统，但毕竟有所区别，不宜完全替代单片机实际硬件实验。因此，编者建议，有条件的院校和读者还应选择几个典型案例进行硬件实验。

本书由上海电子信息职业技术学院张志良编著。限于编者水平，书中错误和不妥之处恳请读者批评指正（编者的 E-mail：zzlls@126.com），来信必复。

编　者

目　　录

前言

第1章　单片机应用基础 ·· 1

项目1　初识单片机 ·· 1

任务1.1　了解单片机的发展和应用概况 ································· 1

任务1.2　初识80C51单片机 ··· 2

项目2　初识Keil C51编译软件 ··· 2

任务2.1　学会创建项目和设置工程属性 ································· 3

任务2.2　输入流水循环灯源程序 ··· 4

任务2.3　程序编译调试 ··· 7

项目3　初识Proteus ISIS仿真软件 ··· 8

任务3.1　熟悉用户编辑窗口 ··· 8

任务3.2　设计流水循环灯电路图 ·· 11

任务3.3　虚拟仿真运行 ·· 19

基础知识1 ·· 20

1.1　80C51单片机片内结构和引脚功能 ··································· 20

1.2　80C51单片机存储空间的配置和功能 ································ 21

1.3　Keil C51程序运行命令 ·· 25

1.4　Keil C51窗口 ··· 27

1.5　Proteus观察80C51片内存储单元的数据状态 ···················· 31

1.6　Proteus与Keil联合仿真调试 ·· 32

1.7　二进制数和十六进制数 ·· 34

思考和练习1 ·· 41

第2章　C51编程基础 ··· 42

项目4　键控信号灯 ·· 42

任务4.1　编制键控信号灯程序 ··· 42

任务4.2　键控信号灯Keil编译调试 ······································· 44

任务4.3　键控信号灯Proteus虚拟仿真运行 ···························· 45

项目5　计算累加和 ·· 46

任务5.1　编制累加和程序 ··· 46

任务5.2　累加和Keil编译调试 ··· 47

项目6　模拟交通灯 ·· 48

任务6.1　编制模拟交通灯程序 ··· 48

　　任务 6.2　模拟交通灯 Keil 编译调试 49
　　任务 6.3　模拟交通灯 Proteus 虚拟仿真 49
　项目 7　花样循环灯 50
　　任务 7.1　编制花样循环灯程序 50
　　任务 7.2　花样循环灯 Keil 编译调试 52
　　任务 7.3　花样循环灯 Proteus 虚拟仿真 52
　基础知识 2 53
　　2.1　C51 数据与数据类型 53
　　2.2　C51 变量及其定义方法 58
　　2.3　C51 运算符和表达式 62
　　2.4　C51 基本语句 65
　　2.5　C51 函数 70
　　2.6　C51 数组和指针 74
　思考和练习 2 78
第 3 章　中断和定时/计数器 80
　项目 8　输出脉冲波 80
　　任务 8.1　编制输出脉冲波程序 80
　　任务 8.2　输出脉冲波 Keil 编译调试 81
　　任务 8.3　输出脉冲波 Proteus 虚拟仿真 81
　项目 9　播放生日快乐歌 82
　　任务 9.1　编制播放生日快乐歌程序 82
　　任务 9.2　播放生日快乐歌 Keil 编译调试 84
　　任务 9.3　播放生日快乐歌 Proteus 虚拟仿真 84
　基础知识 3 85
　　3.1　80C51 中断系统 85
　　3.2　80C51 定时/计数器 91
　思考和练习 3 95
第 4 章　串行口应用 97
　项目 10　串行输出控制循环灯 97
　　任务 10.1　编制 74HC164 串行输出控制循环灯程序 97
　　任务 10.2　编制 CC4094 串行输出控制花样循环灯程序 98
　　任务 10.3　Keil 编译调试和 Proteus 虚拟仿真 99
　项目 11　串行输入键状态信号 100
　　任务 11.1　编制 74HC165 串行输入 8 位键状态程序 100
　　任务 11.2　编制 CC4021 串行输入 8 位键状态程序 102
　　任务 11.3　Keil 编译调试和 Proteus 虚拟仿真 103
　项目 12　双机串行通信 104
　　任务 12.1　编制双机串行通信方式 1 程序 104

   任务 12.2　Keil 编译调试和 Proteus 虚拟仿真 ·········· 105

项目 13　读/写 AT24C02 ··········· 106

   任务 13.1　编制读/写 AT24C02 程序 ··········· 106

   任务 13.2　Keil 编译调试和 Proteus 虚拟仿真 ·········· 107

基础知识 4 ··········· 108

   4.1　80C51 串行口 ··········· 108

   4.2　I²C 总线 ··········· 114

思考和练习 4 ··········· 121

第 5 章　显示与键盘 ··········· 124

项目 14　LED 静态显示 ··········· 124

   任务 14.1　74LS377 并行输出 3 位 LED 数码管静态显示 ··········· 124

   任务 14.2　74LS164 串行输出 3 位 LED 数码管静态显示 ··········· 127

   任务 14.3　CC4511 BCD 码驱动 3 位 LED 数码管静态显示 ··········· 129

项目 15　LED 动态显示 ··········· 131

   任务 15.1　74LS139 选通 4 位 LED 数码管动态显示 ··········· 131

   任务 15.2　74LS595 串行传送 8 位 LED 数码管动态显示 ··········· 134

项目 16　LCD1602 液晶显示屏显示 ··········· 136

项目 17　4×4 矩阵式键盘接口 ··········· 138

基础知识 5 ··········· 143

   5.1　LED 数码管和编码方式 ··········· 143

   5.2　静态显示方式和动态显示方式 ··········· 144

   5.3　LCD1602 液晶显示屏 ··········· 145

   5.4　按键开关接口 ··········· 148

   5.5　常用编码 ··········· 150

思考和练习 5 ··········· 152

第 6 章　A-D 转换和 D-A 转换 ··········· 156

项目 18　并行 A-D 转换 ··········· 156

   任务 18.1　80C51 ALE 控制 ADC0809 并行 A-D 转换 ··········· 156

   任务 18.2　虚拟 CLK 控制 ADC0809 A-D 转换 ··········· 159

项目 19　串行 A-D 转换 ··········· 161

   任务 19.1　80C51 串行口控制 ADC0832 A-D 转换 ··········· 161

   任务 19.2　虚拟 CLK 控制 ADC0832 A-D 转换 ··········· 163

项目 20　DAC0832 D-A 转换 ··········· 165

基础知识 6 ··········· 166

   6.1　A-D 转换的基本概念 ··········· 166

   6.2　ADC0809 芯片简介 ··········· 167

   6.3　ADC0832 芯片简介 ··········· 169

   6.4　D-A 转换的基本概念 ··········· 171

　　6.5　DAC0832 芯片简介 ……………………………………………………………172

　思考和练习 6 ……………………………………………………………………………174

第 7 章　时钟、测温和驱动步进电动机 …………………………………………………176

　项目 21　时钟 …………………………………………………………………………176

　　任务 21.1　模拟电子钟（秒时基由 80C51 定时器产生） ………………………176

　　任务 21.2　DS1302 实时时钟（LCD1602 液晶屏显示） ………………………179

　项目 22　DS18B20 测温 ………………………………………………………………183

　项目 23　驱动步进电动机 ……………………………………………………………186

　　任务 23.1　驱动四相步进电动机 …………………………………………………187

　　任务 23.2　驱动二相步进电动机 …………………………………………………188

　基础知识 7 ……………………………………………………………………………190

　　7.1　DS1302 时钟芯片 ……………………………………………………………190

　　7.2　DS18B20 测温芯片 ……………………………………………………………194

　　7.3　步进电动机 ……………………………………………………………………195

附录　配套"单片机项目式教程仿真 50 例"目录 ………………………………………199

参考文献 …………………………………………………………………………………202

第1章　单片机应用基础

项目1　初识单片机

初识单片机的任务是了解单片机的发展和应用概况，熟悉80C51单片机片内硬件结构和存储空间配置。

任务1.1　了解单片机的发展和应用概况

电子计算机是20世纪人类最伟大的发明之一。然而，真正使计算机应用深入到社会生活的各个方面，则是由于微型计算机的产生和发展。

1. 单片机的发展概况

从20世纪70年代中期起，微型计算机发展开始形成两大分支。一类是个人计算机，也称为PC（Personal Computer），以Intel公司的8086、80286、386、486、586、奔Ⅱ～奔Ⅳ、酷睿等为代表，以满足海量高速数值计算为己任，其数据宽度不断更新，迅速从8位、16位过渡到32位、64位、双核处理器等，不断完善其通用操作系统，突出发展高速海量数值计算的能力，并在数据处理、模拟仿真、人工智能、图像处理、多媒体和网络通信中得到了广泛的应用。另一类是嵌入式微处理器，也就是单片机，以Intel公司的MCS-48、MCS-51（80C51）以及PIC、ARM等为代表，全力满足测控对象的测控功能，兼顾数据处理能力，实行嵌入式应用，在工业测控系统、智能仪表和智能通信产品等众多领域得到了广泛应用。

近年来，32位ARM系列芯片的飞速发展和广泛应用，使得嵌入式微处理器的功能逐渐接近PC，两大分支有合二而一的趋势。

单片机一词最初源于"Single Chip Microcomputer"，它忠实地反映了早期单片机的形态和本质。随后它发展为面向对象、突出控制功能，在片内集成了许多功能电路及I/O接口电路，突破了传统意义的单芯片结构，发展成微控制结构，目前国外已普遍称之为微控制器（Micro Controller Unit，MCU）。鉴于它完全作为嵌入式应用，故又称为嵌入式微控制器。对"单片机"一词的理解，不应再限于"Single Chip Microcomputer"，而应接轨于国际上对单片机的标准称呼，即MCU。由于国内对单片机一词已约定俗成，因此仍沿用至今，本书也用该词称呼。

单片机的发展有个过程，在单片机之前，曾出现过单板机形式的微型计算机。单板机是将微处理器芯片、存储器芯片和输入/输出接口芯片安装在同一块印制电路板上，构成具有一定功能的计算机系统（称为单板微型计算机，简称为单板机）。而单片机是将微处理器、存储器和输入/输出接口电路集成在一块集成电路芯片上，构成具有一定功能的计算机系统（称为单片微型计算机，简称为单片机）。

2. 单片机的应用概况

单片机的主要应用领域有：智能化家用电器、办公自动化设备、商业营销设备、工业自动化控制、智能化仪表、智能化通信产品、汽车电子产品、医疗器械和设备、航空航天系统和国防军事领域等，几乎到了无孔不入的地步。

可以这样说，正是由于单片机（嵌入式微处理器）的广泛应用，才使现代科技真正进入了自动化、信息化、数字化和智能化的多姿多彩的时代。

任务 1.2 初识 80C51 单片机

在单片机中，国内应用最广泛的是 80C51 系列单片机，它属于 Intel 公司 MCS-51 系列单片机。后来，Intel 公司在 80C51 内核使用权上与许多著名 IC 制造厂商合作，例如，Philips、NEC、Atmel、AMD、Dallas、Siemens、Fujitsu、OKI、华邦和 LG 等。在保持与80C51 单片机兼容的基础上，这些公司融入了自身的优势，扩展了针对不同测控对象要求的外围电路，如满足模拟量输入转换的模-数转换（A-D）、满足伺服驱动的脉冲宽度调制技术（PWM）、满足高速输入输出的应用控制（HSI/HSO）、满足串行扩展要求的内部集成电路总线（I^2C）或串行外设接口（SPI）、保证程序可靠运行的看门狗（WDT）、引入使用方便且价廉的快闪只读存储器（Flash ROM）等，开发出几百种功能各异的新品种。这样，80C51 单片机就变成了有众多芯片制造厂商支持的大家族，统称为 80C51 系列单片机，简称为 C51 系列单片机或 51 单片机。客观事实表明，80C51 系列单片机已成为主流的 8 位单片机，成了事实上的 8 位标准 MCU 芯片。

现在，虽然世界上 MCU 品种繁多，功能各异，且 16 位、32 位芯片肯定比 8 位芯片功能强大，但 80C51 系列单片机因其性价比高、操作方便的开发装置多、国内技术人员熟悉和芯片功能够用适用并可广泛选择等特点，再加上众多芯片制造厂商加盟等因素，在中、小应用系统中仍占据主流地位。据编者估计，80C51 系列单片机可能还有较长的应用寿命。

综上所述，选择 80C51 系列单片机作为研究分析对象，既符合教学特点的典型性，又不失教学内容的先进性。目前，80C51 单片机仍是我国各高校单片机课程教学的主流机型。

初识 80C51 单片机，就是了解 80C51 单片机内部结构和引脚功能，熟悉 80C51 的存储器组织结构、地址范围和功能，特别是特殊功能寄存器 SFR 的功能，知道单片机最小系统的组成。读者可通过阅读后面"基础知识"中的 1.1、1.2 节达到目的。

项目 2 初识 Keil C51 编译软件

单片机应用系统在软、硬件设计过程中，很难不出一点差错，仅靠万用表、示波器等常规工具纠错显然是不够的，通常需要借助于单片机开发工具来仿真调试。目前，应用最广泛而方便的单片机开发软件是德国 Keil Software 公司推出的 Keil C51 编译软件，它界面友好，易学易用，可以完成从工程建立到管理、编译、链接、目标代码生成、软件仿真和硬件仿真等一系列的开发流程。

任务 2.1　学会创建项目和设置工程属性

1．创建或打开一个工程项目

1）启动。用鼠标左键双击桌面图标 μVision（⊞）后，进入工程编辑启动界面，如图 1-1 所示。

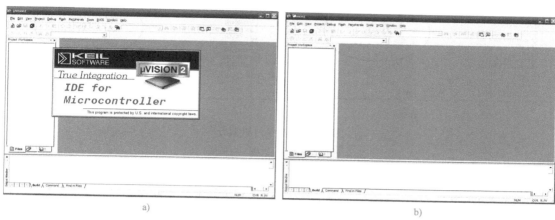

图 1-1　工程编辑启动界面

a) 界面 1　b) 界面 2

2）创建新项目。用鼠标左键单击主菜单 "Project"，弹出下拉菜单，如图 1-2 所示。选择 "New Project"，弹出 "创建新项目" 对话框，如图 1-3 所示。然后输入新项目名称，选择路径，保存新项目，默认扩展名为.uv2。

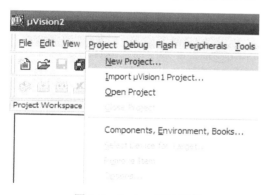

图 1-2　Project 下拉菜单

图 1-3　"创建新项目" 对话框

3）选择单片机型号。保存新项目后，系统弹出选择单片机型号的对话框，如图 1-4 所示。用户可按需选择使用的单片机型号。例如，选择 Atmel 公司的 AT89C51，如图 1-4b 所示。

此后，会弹出一个对话框："Copy Standard 8051 Startup Code to Project Folder and Add File to Project？"，单击 "是（Y）" 按钮即可。

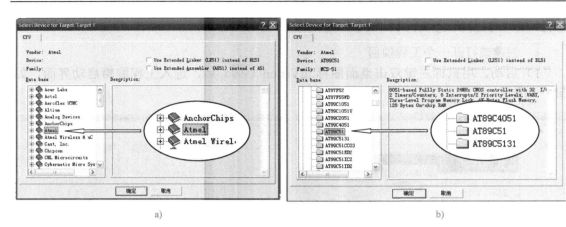

图1-4 选择单片机型号

a) 选择 Atmel b) 选择 AT89C51

2. 设置项目和文件的工程属性

用鼠标右键单击左侧项目工作区窗口（Project Workspace）中的"Target 1"，弹出右键菜单，用鼠标左键单击"Options for Target 'Target 1'"，弹出 Target 选项设置对话框，如图1-5所示。对话框中有 10 个选项卡，大部分设置项都可以按默认值设置，其中有两项需要选择或修改一下。

1）单片机工作频率。在 Target 选项卡"Xtal（MHz）"设置框内输入设置的晶振频率（默认为24.0 MHz），如图1-5所示。

2）生成可执行 Hex 代码文件。在 Output 选项卡"Create Executable"选择框内打勾（默认未选），如图1-6所示。

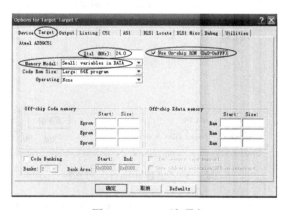

图1-5 Target 选项卡

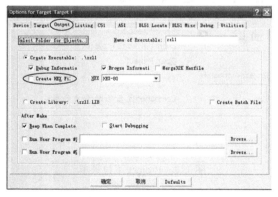

图1-6 Output 选项卡

任务 2.2 输入流水循环灯源程序

本节通过输入一个具体的流水循环灯源程序来学习输入 Keil 源程序的方法。

1. 打开源程序编辑窗口

若是新建项目，则用鼠标左键单击主菜单"File"，弹出下拉菜单，选择"New"（或按组合键〈Ctrl+N〉），如图 1-7 所示。用鼠标左键单击"New"后，会产生一个默认名为 Text1 的源程序编辑窗口，如图 1-8 所示。

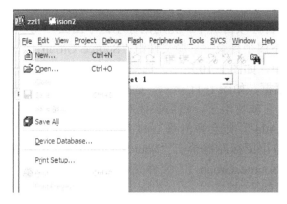

图 1-7　File 下拉菜单

图 1-8　源程序编辑窗口

若是打开已有项目，可用鼠标左键单击主菜单"Project"，弹出下拉菜单，选择"Open Project"，再选择需要打开的已有项目文件。

2. 输入源程序

在图 1-8 所示的源程序编辑窗口中输入用户源程序，输入完毕后，在主菜单"File"中选择"Save as"，保存源程序文件（可修改默认文件名），扩展名为".c"。

本节学习输入一个循环灯源程序，其电路如图 1-9 所示，程序如下。

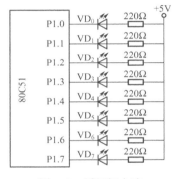

图 1-9　循环灯电路

```
#include <reg51.h>              //包含访问 sfr 库函数 reg51.h
void delay(unsigned int  i) {   //定义双循环延时函数 delay
  unsigned char   j;            //定义无符号字符型变量 j
  for (; i>0; i--)              //第 1 轮 for 循环，若 i>0，则 i=i-1
  for ( j=244; j>0; j--);}      //第 2 轮 for 循环，若 j>0，则 j=j-1
void   main ( ) {               //主函数
  unsigned char   x;            //定义亮灯状态字 x
  unsigned char   n;            //定义循环次数 n
  while(1){                     //无限循环
    x=0x01;                     //亮灯状态字 x 赋初值
    for (n=0; n<8; n++ ){       //循环亮灯
      P1=~x;                    //亮灯
      delay (2000);             //调用延时子函数 delay，实参 2000，约延时 1s
      x=x<<1;}}}                //亮灯左移一位
```

需要说明的是，μVision 程序编写窗口的幅面和字体较小，且用户一般不熟悉其功能图标和快捷键，编写相对不便。因此，编者建议，先在 Word 界面西文状态下编写源程序，然后再把该文本程序复制到μVision 程序编写窗口。但是，在程序语句中不能加入全角符号，

5

例如，全角的分号、逗号、圆括号、引号、大于和小于号等。否则，编译器会将这些全角符号视为语法出错。

3. 将源程序文件添加到目标项目组中

对编写好的源程序文件，还必须将其添加到目标项目组中。先用鼠标左键单击图 1-8 中 "Target 1" 前面的 "+" 号，展开 "Target 1" 的下属子目录——源文件组 "Source Group 1"，用鼠标右键单击 "Source Group 1"，弹出右键菜单，如图 1-10 所示。选择 "Add Files to Group 'Source Group 1'"，弹出 "添加源程序文件" 对话框，如图 1-11 所示，选择源程序文件，单击 "Add" 按钮，源程序文件就被添加到 "Target 1" 项目组了，然后关闭对话框。注意，单击 "Add" 后，对话框不会自动关闭，若再次单击 "Add"，则会弹出图 1-11 所示的提示窗口，用户应单击 "确定" 按钮，关闭对话框。此时，若用鼠标左键单击 "Source Group 1" 左侧的 "+" 号，可以看到，该源程序文件已经被放在 "Source Group 1" 文件夹中，源程序输入完毕后的窗口如图 1-12 所示。然后，就可开始编译调试了。

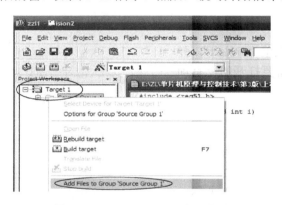

图 1-10　Source Group 1 右键菜单

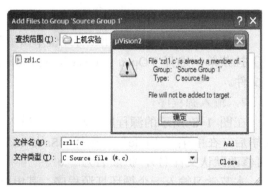

图 1-11　"添加源程序文件" 对话框

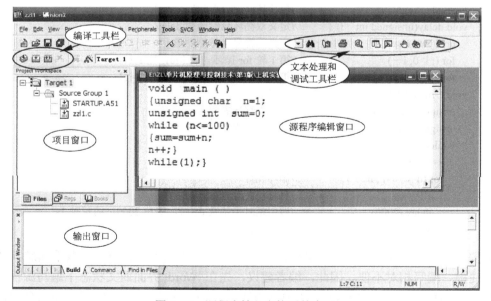

图 1-12　源程序输入完毕后的窗口

需要说明的是，对输入源程序与设置工程属性的次序不分先后，可先设置工程属性，后输入源程序；也可先输入源程序，后设置工程属性。

任务 2.3 程序编译调试

在 µVision 界面输入源程序后，还必须将源程序进行编译链接和软件运行调试。本节的任务是熟悉 Keil C51 调试操作过程和方法，读者可先从后面基础知识中的 1.3、1.4 节入手，然后按照本节所述流水循环灯源程序的调试方法和步骤进行操作。

1. 程序编译链接及纠错

程序调试首先要对源程序进行编译、语法纠错和链接。可按基础知识 1.3 节中介绍的方法和步骤操作。需要注意的是，程序语句中不能加入全角符号。

2. 进入调试状态，打开所需界面

用鼠标左键单击图标按钮 "🔍"（参阅图 1-40），可进入/退出调试状态，然后再根据需要打开所需界面（用于观测程序运行的过程和结果）。例如，对上述循环灯源程序，可按基础知识 1.4 节中介绍的方法和步骤操作，打开寄存器窗口（见图 1-45）、变量观察窗口（见图 1-46）和 P1 对话框（见图 1-52）。

3. 程序运行调试

打开 P1 对话框运行程序，并观测运行过程和结果。程序运行方式有单步运行、断点运行、全速运行和单步结合过程单步运行等。

1）全速运行。用鼠标左键单击全速运行图标 "🏃"（参阅图 1-43），P1 对话框 "空白"（表示低电平）从 P1.0 逐位快速移至 P1.7，并不断循环，表示发光二极管 $VD_0 \sim VD_7$ 被循环点亮。若用 "1" 替代 "打勾"，"0" 替代 "空白"，则 P1 状态依次为 "1111 1110" "1111 1101" "1111 1011" … "1011 1111" "0111 1111"，表明程序运行达到了题目要求。为便于观测，可将调用延时子函数 delay 实参修改为 20000。

2）单步结合过程单步运行。全速运行速度很快，整个程序中间不停顿，可直接得到最终结果，但若程序有错，难以确认错在哪里。单步执行是指每执行一行语句就暂停，等待下一行执行命令。此时可以观察该行指令的执行效果，便于及时发现和修改。但单步运行速度太慢，例如，延时子程序，需要很多步和很长时间，此时，可采用 "过程单步" 运行，一步跳过。单步结合过程单步运行既可弥补两者缺点，又能发挥两者优点。

进入调试状态后，光标（黄色箭头）指向语句 "x=0x01"（程序运行从 main 开始）。

① 用鼠标左键单击单步运行图标 "🐾"（参阅图 1-43），看到变量观察窗口中变量 x 值变为 0x01（原来是 0），光标指向下一语句 "for (n=0; n<8; n++)"。

② 用鼠标左键第 2 次单击单步运行图标，光标指向下一语句 "P1=~x"。

③ 用鼠标左键第 3 次单击单步运行图标，在 P1 对话框中，P1.0 变为空白（表示低电平，P1.0 端所接发光二极管亮），光标指向下一语句 "delay (2000)"。

④ delay (2000)是一个延时子程序，按 i、j 循环，单步运行需要很多步和很长时间，此时可采用过程单步，一步跳过。用鼠标左键单击过程单步运行图标 "🐾"（参阅图 1-43），程序一步执行 delay 延时子程序完毕，光标指向下一语句 "x=x<<1"。

⑤ 用鼠标左键再次单击单步运行图标，看到变量观察对话框中的变量 x 值变为 0x02

（原来是 0x01），变量 n 值变为 0x01（原来是 0），光标指向语句"P1=~x"，表明执行 for 循环语句，开始第二轮（n=1）循环。

⑥ 重复上述②～⑤操作，P1 对话框中的"空白"不断左移并循环，表明发光二极管 P1.0～P1.7 被循环点亮；同时变量观察对话框中的变量 x 值从 0x00 到 0x80（对应二进制数 0000 0001、0000 0010、0000 0100、…、0100 0000、1000 0000），变量 n（循环序号）值从 0 到 7。从单步结合过程单步运行，可清楚地观察每条（主要）指令的执行效果。

3）断点运行。断点运行须在程序运行前根据需要设置断点，本例主要观察 P1 对话框中"空白"（低电平，表示该端所接发光二极管亮）的移动状态，而要避免的是延时子程序的执行过程。因此，可在语句"delay (2000)"处设置断点。将鼠标移至"delay (2000)"程序行前，用鼠标左键单击设置/删除断点图标"🖐"（参阅图 1-40），即可在该行设置断点。

用鼠标左键单击全速运行图标，程序全速运行至断点处，等待下一操作命令，用鼠标左键不断单击运行到当前行图标"🖐}"（参阅图 1-43），看到 P1 对话框中的"空白"不断左移并循环，同时变量观察对话框中的变量 x 值从 0x00 到 0x80，变量 n 值从 0 到 7，不断循环。至此，也可清楚地观察到程序运行的结果。

4）检测延时子程序延时时间。上述循环灯源程序中有一个延时子程序，要求延时约 1s。在 Keil 调试时，可检测其延时时间。具体方法是，单步或断点运行至语句"delay (2000)"处，记录寄存器窗口中进入该子程序的 sec 值（参阅图 1-45），然后按过程单步键，快速执行完该延时子程序，再读取 sec 值，两者之差即为该子程序的执行时间。

项目 3　初识 Proteus ISIS 仿真软件

Proteus ISIS 仿真软件采用虚拟仿真技术，可在无单片机实际硬件的条件下，利用 PC 实现单片机软件和硬件的同步仿真。仿真结果可直接用于真实设计，极大地提高了单片机应用系统的设计效率，并使学习单片机应用开发过程变得简单。

Proteus ISIS 仿真软件主要包括原理图设计及仿真（Intelligent Schematic Input System，ISIS）和印制电路板设计（Advanced Routing and Editing Software，ARES）两项功能。其中，ISIS 除可以进行电路模拟仿真（Simulation Program with Integrated Circuit Emphasis，SPICE）外，还可以进行虚拟单片机系统仿真（Virtual System Modelling，VSM）。

本节简要介绍如何用 Proteus ISIS 画原理图和进行虚拟单片机系统仿真。

任务 3.1　熟悉用户编辑窗口

在 Windows 环境下运行 Proteus ISIS，对 PC 的配置要求不高，一般在网上就能找到 Proteus。下载软件并安装后，用鼠标左键单击软件图标"🔲"，Proteus ISIS 7 启动界面如图 1-13 所示。然后弹出两个是否打开和显示示例电路的对话框，若读者不需要阅览示例，关闭即可。为避免每次弹出这两个对话框，可在第一个对话框中"Don't show this dialogue again?"选择框内打勾，如图 1-14 所示。以后再打开 Proteus ISIS，就不会受这两个对话框的干扰了。

图 1-13　Proteus ISIS 7 启动界面

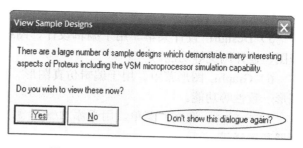

图 1-14　是否打开示例电路的对话框

关闭示例电路对话框后，弹出 Proteus ISIS 用户编辑窗口，如图 1-15 所示（为便于读者阅览，编者稍加处理，与实图略有不同）。在用户编辑界面中有主菜单栏、主工具栏、辅工具栏、仿真运行工具栏、原理图预览窗口、原理图编辑窗口和元器件选择窗口等。简要介绍如下。

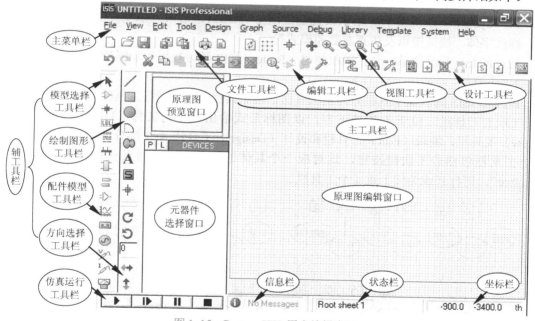

图 1-15　Proteus ISIS 用户编辑窗口

1．主菜单栏

Proteus ISIS 的主菜单栏包括 File（文件）、View（视图）、Edit（编辑）、Tools（工具）、Design（设计）、Graph（图形）、Source（源文件）、Debug（调试）、Library（库）、Template（模板）、System（系统）和 Help（帮助），单击任一主菜单后还有子菜单弹出。

1）File：文件菜单。用于文件的新建、打开、保存、打印、显示和退出等操作功能。

2）View：视图菜单。用于显示网格、设置格点间距、显示或隐藏各种工具栏、放大或缩小电路图等。

3）Edit：编辑菜单。用于撤销/恢复操作、元器件查找与编辑、元器件剪切/复制/粘贴、设置多个对象的层叠关系等。

4）Tools：工具菜单。用于实时标注、自动布线、查找并标记、属性分配工具、材料清单、

9

电气规则检查、网络标号编译、模型编译、将网络标号导入 PCB 或从 PCB 返回原理设计等。

5）Design：设计菜单。用于编辑设计、图纸、注释属性、配置电源线、新建或删除原理图、设计浏览等功能。

6）Graph：图形菜单。用于编辑仿真图形、添加跟踪曲线、查看日志、导出数据、分析图形一致性等功能。

7）Source：源文件菜单。用于添加/删除源文件、定义代码生成工具、设置外部文本编辑器和编译等。

8）Debug：调试菜单。用于启动调试、执行仿真、单步和断点运行、使用远程调试监控程序、重新排布弹出窗口等。

9）Library：库操作菜单。用于选择元器件及符号、制作元器件及符号、设置封装工具、分解元器件、编译库、自动放置到库、校验封装和调用库管理器等。

10）Template：模板菜单。用于设置图纸图形格式、文本格式、颜色、节点形状等。

11）System：系统菜单。用于设置输出清单（BOM）格式、系统环境、路径、图纸尺寸、标注字体、快捷键以及仿真参数和模式等。

12）Help：帮助菜单。包括版权信息、Proteus ISIS 学习教程和示例等。

2. 工具栏

Proteus ISIS 的快捷工具栏分为主工具栏、辅工具栏和仿真运行工具栏。

1）主工具栏。位于主菜单下方，以图标形式给出，分为文件（File）工具栏、视图（View）工具栏、编辑（Edit）工具栏和设计（Design）工具栏 4 个部分，如图 1-16 所示。每个工具栏包括若干快捷按钮，均对应一个具体的菜单命令。通过执行菜单"View"→"Toolbar"，可打开或关闭上述 4 个工具栏。

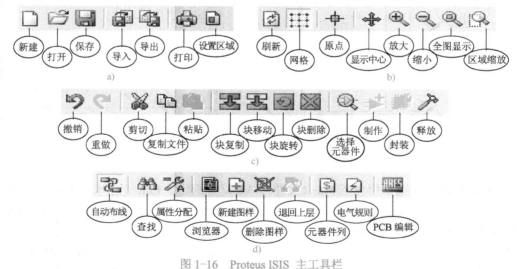

图 1-16　Proteus ISIS 主工具栏

a) File 工具栏　b) View 工具栏　c) Edit 工具栏　d) Design 工具栏

2）辅工具栏。辅工具栏位于原理图预览窗口和元器件选择窗口左侧，包括模型选择工具栏、配件模型工具栏、绘制图形工具栏和方向选择工具栏 4 个部分，如图 1-17 所示。每个工具栏包括若干快捷按钮，其中多数按钮还有下拉子菜单。

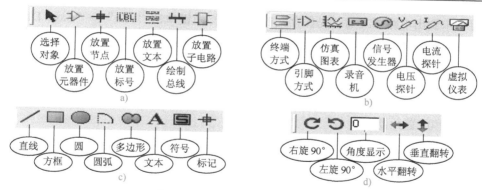

图 1-17　Proteus ISIS　辅工具栏

a) 模型选择工具栏　b) 配件模型工具栏　c) 绘制图形工具栏　d) 方向选择工具栏

3）仿真运行工具栏。仿真运行工具栏位于原理图编辑窗口的左下方，如图 1-18 所示。可在 Proteus ISIS 编辑窗口中运行装入原理电路图的 Hex 文件程序，观察运行效果。

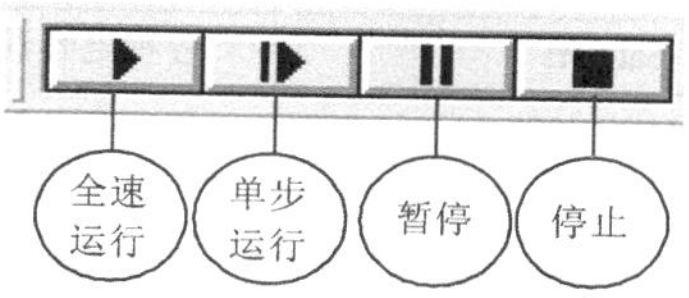

任务 3.2　设计流水循环灯电路图

学习电路原理图的设计和编辑，可以先浏览一下 Proteus ISIS 的示例。用鼠标左键单击图 1-15 中主菜单栏 "File"→"Open Design"，弹出 "Load ISIS Design File" 对话框，在 "Sample" 文件夹中列举了许多示例文件夹，选择 "VSM for 8051"，用鼠标左键双击，出现 7 个示例文件夹，可选择其中几个浏览学习。

电路原理图的设计和编辑流程如图 1-19 所示。

图 1-18　仿真运行工具栏

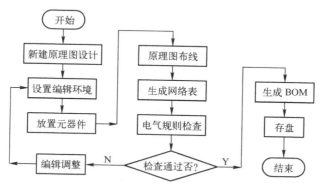

图 1-19　电路原理图的设计和编辑流程

1. 创建原理图项目

在设计原理图之前，需先构思好原理电路，即明确所设计的项目需要哪些电路和元器件，用何种图样模板。用鼠标左键单击主菜单 "File"→"New Design"，弹出新建模板对话框，一般可选择 "DEFAULT" 模板。然后进行编辑环境设置，元器件选择和放置等后续操作，完成电路原理图后，再保存文档。

也可在未画出电路图之前，先保存文档。用鼠标左键单击"File"→"Save Design"，取名保存；然后再打开文档，继续进行设计和编辑。

2. 设置编辑环境

设置编辑环境一般可按默认值，后面还可随时调整。例如，图样尺寸可以随时在主菜单"System"→"Set Sheet Sizes"中进行修改。

3. 选择和放置元器件

Proteus ISIS 提供了丰富的电路元器件，共分为 38 个大类，每个大类还有下属子类，品种齐全，几乎包罗万象，目前仍在不断扩充之中。为便于读者了解和应用，本书列其常用且与单片机应用有关的元器件，如表 1-1 所示。

表 1-1　Proteus ISIS 元器件库中常用的元器件

大类名称	子类常用元器件
Analog ICs	模拟集成电路（运放、电压比较器、滤波器、稳压器和各种模拟集成电路）
Capacitors	各种电容器
CMOS 4000 series	CMOS 4000 系列数字集成电路
Connectors	连接器（插头、插座、各种连接端子）
Data Converters	模-数转换器、数-模转换器、采样保持器、光传感器、温度传感器
Debugging Tools	调试工具（逻辑激励源、逻辑状态探针、断点触发器）
Diodes	各种二极管（整流、开关、稳压、变容等）、桥式整流器
Electromechanical	电动机（步进、伺服、控制）
Inductors	电感器、变压器
Memory ICs	存储器
Microprocessor ICs	微控制器（包括 51 系列、AVR、PIC、ARM 等单片机芯片和各类外围辅助芯片）
Miscellaneous	多种器件（天线、电池、晶振、熔丝、RS-232、模拟电压表、电流表）
Operational Amplifiers	运算放大器（单运放、双运放、3 运放、4 运放、8 运放、理想运放）
Optoelectronics	光电器件（LCD 显示屏、LED 显示器、发光二极管、光耦合器、灯）
Resistors	电阻器（普通电阻、线绕电阻、可变电阻、热敏电阻、排阻）
Simulator Primitives	仿真源（触发器、门电路、直流/脉冲波/正弦波电压源、直流/脉冲波/正弦波电流源、数字方波源等）
Speakers & Sounders	扬声器与音响器（压电式蜂鸣器）
Switches & Relays	开关与继电器（键盘、开关、按钮、继电器）
Switching Devices	开关器件（单、双向晶闸管）
Transducers	传感器（距离、湿度、温度、压力、光敏电阻）
Transistors	晶体管（双极型晶体管、结型场效应晶体管、MOS 场效应晶体管、IGBT、单结晶体管）
TTL74LS series	74LS 系列低功耗肖特基数字集成电路
TTL 74HC series	74HC 系列数字集成电路
TTL 74HCT series	74HCT 系列数字集成电路

现以图 1-9 所示的循环灯电路为例，说明选择和放置元器件的操作步骤。该电路中有 80C51、发光二极管、电阻器等元器件。另外，80C51 单片机系统还需要外接振荡电路和上电复位电路，因此还需要 12MHz 晶振、33pF 电容器、2.2μF 电容器和 10kΩ 电阻器。

首先，用鼠标左键单击图 1-15 中左上侧放置元器件的图标" "或选择对象图标

"⬉"，然后用鼠标左键单击元器件选择窗口左上方的"P"字，即弹出"Pick Devices"元器件选择对话框，如图 1-20 所示，从中就可以选择和放置元器件了。其中，在左侧元器件种类窗口（Category）中列出了表 1-1 所示元器件的大类名称，其余为空白。

1）选择 80C51。在图 1-20 所示的左侧元器件大类窗口（Category）中，选择"Microprocessor ICs"（微控制器），用鼠标左键单击，元器件搜索结果窗口（Results）弹出大量微控制器芯片；选择"AT89C51"，用鼠标左键单击；也可在左上角"Keywords"栏内直接输入"AT89C51"，右侧元器件电路图形预览窗口和元器件封装外形预览窗口会分别弹出电路图形和封装外形，如图 1-20 所示。观察电路图形和封装外形是否符合要求，若不符合要求，则重选；若符合要求，则用鼠标左键双击元器件搜索结果窗口的选中对象。此时，"AT89C51"会罗列在元器件选择窗口中。不必关闭"Pick Devices"对话框，可继续选择其他元器件（宜一次性完成全部元器件选择）。

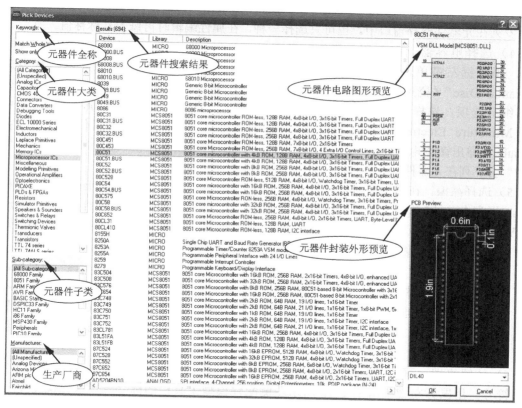

图 1-20 "元器件选择"对话框（选择 AT89C51）

需要说明的是，元器件库十分庞大，有的元器件搜索时间较长，读者需耐心等待。

2）选择发光二极管。在图 1-20 左侧元器件大类窗口（Category）中，选择"Optoelectronics"（光电器件），用鼠标左键单击，元器件子类窗口（Sub Category）弹出所属子菜单，从中选择"LEDs"（发光二极管），用鼠标左键单击，元器件搜索结果窗口（Results）弹出 LED 品种选项，选择"LED"，用鼠标左键单击；也可在左上角"Keywords"栏内直接输入"LED"，待显示该元器件电路图形和封装外形后，用鼠标左键双击选中对象。此时，"LED"会罗列在元器件选择窗口中。

需要说明的是，LED 品种共有 11 个选项。其中 3 个品种的图形符号与国标相符，但电路运行时不会真正"发光"，是否导通"发光"需根据该发光二极管正负端高低电平判断（电路运行后，各端点会出现红色或蓝色小方块，红色小方块代表高电平，蓝色小方块代表低电平）；另有 8 个品种，图形符号属旧国标，在电路运行导通时会发出红、蓝、绿、黄等颜色光，比较直观（不需要根据正负端高低电平来判断是否"发光"）。因此，建议读者选用有色 LED 品种，例如，红（LED-RED）、绿（LED-GREEN）、黄（LED-YELLOW）发光二极管。

3）选择电阻器。在左侧元器件种类窗口（Category）中，选择"Resistors"（电阻器），用鼠标左键单击，元器件子类窗口（Sub c-ategory）弹出所属子菜单，从中选择"Chip Resistor 1/8W 5%"，用鼠标左键单击，元器件搜索结果窗口（Results）弹出该子类电阻细分选项，分别选择"220Ω"和"10kΩ"，用鼠标左键双击。此时，"220Ω"和"10kΩ"电阻器会罗列在元器件选择窗口中。也可只选择一种，在属性编辑时再修改其标称值。

4）选择电容器。在左侧元器件种类窗口（Category）中，选择"Capacitors"（电容器），用鼠标左键单击，元器件子类窗口（Sub-category）弹出所属子菜单，从中选择"Ceramic Disc"（瓷片电容），用鼠标左键单击，元器件搜索结果窗口（Results）弹出瓷片电容细分选项，选择"33p"，用鼠标左键双击；再从元器件子类窗口（Sub-category）中选择"Miniature Electrolytic"（微型电解电容），用鼠标左键单击，元器件搜索结果窗口（Results）弹出微型电解电容细分选项，选择"2μ2"，用鼠标左键双击。此时，"33p"和"2μ2"会罗列在元器件选择窗口中。

5）选择晶振。在左侧元器件种类窗口（Category）中，选择"Miscellaneous"（多种器件），用鼠标左键单击，元器件搜索结果窗口（Results）弹出多种器件选项，选择"CRYSTAL"，用鼠标左键双击。此时，"CRYSTAL"晶振（频率参数在对象编辑时设置）会罗列在元器件选择窗口中。

至此，图 1-9 所示电路所需的元器件全部完成选择，关闭"Pick Devices"对话框。选择图 1-15 所示元器件选择窗口（已列出上述选择的元器件）中的"AT89C51"，鼠标形状变为"笔"状，移至原理图编辑窗口的适当位置，用鼠标左键双击，"AT89C51"就被放置在原理图编辑图样上了。按上述方法，依次放置其他元器件，有多个同类元器件时，可连续多次用鼠标左键双击。

6）放置终端。画电路原理图，除放置元器件外，还需要电源（↑）、接地（⊥）等终端符号。用鼠标左键单击图 1-15 所示左侧配件模型工具栏图标" ☰ "（见图 1-17b），元器件选择窗口会列出终端选项，用鼠标左键单击某一终端，鼠标形状变为"笔"状，移至原理图编辑窗口适当位置，用鼠标左键双击，就可将该终端放置在原理图编辑图样上了。

4. 对象操作

所谓对象操作是指对元器件执行（对象）移动、编辑和删除等操作。操作方法与 Protel 相似，对同一操作要求一般有多种手法，即菜单、快捷键、图标、鼠标等，读者可根据自己习惯运用，本书仅介绍一两种较为方便的手法。

1）操作菜单。鼠标指向对象元器件，用鼠标右键单击，弹出对象操作右键菜单，如

图 1-21 所示。用鼠标左键单击右键菜单中某项，可对元器件进行相应功能操作。需要说明的是，不同元器件对象，弹出的右键菜单略有不同。

　　2）选中与激活。鼠标指向对象元器件，此时鼠标变为手形，对象四周生成红色（默认色）虚线框，表示对象被选中。用鼠标左键单击对象，虚线框内对象也变为红色（默认色），且在对象右下角生成十字箭头"✛"标志，此时对象被激活。被激活对象就可以对其进行移动、编辑和删除等操作。

　　需要说明的是，元器件的显示内容除元器件图形外，还有元器件编号、型号（标称值）等。选中与激活，既可针对元器件整体，也可针对元器件部分属性进行操作。若针对元器件整体激活，需元器件图形带红色虚线框；若针对元器件部分属性激活，只需元器件部分属性带红色虚线框。

　　3）移动与定位。对象被选中激活后，按下鼠标左键，可将对象拖曳至其他位置；释放鼠标左键，就可定位。若需精确定位，按下鼠标左键后，再按键盘上的上下左右方向键精细单步移位。需要说明的是，单步移位步长与图样栅格设置有关。用鼠标左键单击主菜单"View"，弹出下拉子菜单，一般可选择"Snap 50th"（0.05 英寸）或"Snap 0.1in"（0.1 英寸）。

　　若需同时移动几个对象或某个整体电路，可用块操作方法，按下鼠标左键，用拖曳的方法，拉出一个虚框，框住这几个对象，然后按上述单个对象移动与定位方法操作。或用鼠标右键单击，弹出块操作右键菜单，如图 1-22 所示，用鼠标左键单击右键菜单中的"Block Move"，进行块移动。

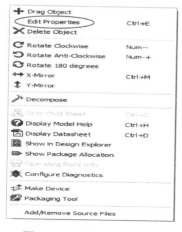

图 1-21　对象操作右键菜单

图 1-22　块操作右键菜单

　　4）属性编辑。对象被选中激活后，用鼠标左键单击；或用鼠标直接指向对象，用鼠标左键双击，可弹出对象"属性编辑"对话框，如图 1-23 所示。也可用鼠标右键单击，弹出右键菜单（如图 1-21 所示）后，再用鼠标左键单击"Edit Properties"。需要说明的是，对不同元器件对象，"属性编辑"对话框略有不同。

　　①"Component Reference"框：元器件编号。

　　②"Component Value"框：元器件型号或标称值。例如，AT89C51，如图 1-23a 所示。若元器件为电阻或电容，则该位置显示元器件标称值，例如，10k，如图 1-23b 所示。

15

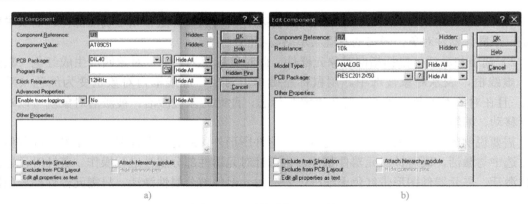

图 1-23 "属性编辑"对话框

a) 无标称值元器件 b) 电阻、电容、电感等

③ "Hidden"框：用于显示或隐藏元器件的某些属性。例如，为了使图面清晰整洁，通常只显示元器件的编号（如 R7），而隐藏其他属性（如 10k）。隐藏时，可在其相应的"Hidden"框内打勾。

需要说明的是，若要隐藏元器件属性中的"<Text>"，需改变模板设置。用鼠标左键单击主菜单"Template"，弹出下拉菜单，选择"Set Design Defaults"，用鼠标左键单击，Template 下拉菜单如图 1-24 所示。弹出"Edit Design Defaults"对话框，去除该框左下方"Show hidden text?"右侧方框内的勾，如图 1-25 所示。

图 1-24 Template 下拉菜单

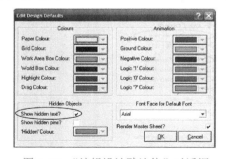

图 1-25 "编辑设计默认值"对话框

④ "Other Properties"框：用于编辑对象其他属性。输入内容将在元器件下方的<Text>位置显示。

5）删除对象。对象被选中激活后，按键盘上的〈Delete〉键即可；或将鼠标移至拟删除元器件，待该元器件周围出现红色虚线方框（表示被选中），用鼠标右键双击；或用鼠标右键单击，弹出对象操作右键菜单，如图 1-21 所示，用鼠标左键单击删除图标"✖ Delete Object"（删除连线为 Delete Wire）即可。若需同时删除几个对象，可按下鼠标左键，用拖曳的方法拉出一个虚框，框住该几个对象，然后按〈Delete〉键；或用鼠标右键单击，弹出块操作右键菜单，如图 1-22 所示，用鼠标左键单击右键菜单中的"Block Delete"，将块删除。

5. 布线

在原理图编辑窗口将元器件适当放置、排列后，就可以用导线将它们连接起来，构成一幅完整的电路原理图，这个过程称为布线。布线一般可分为 3 种形式，即普通连接、终端无线连接和总线连接。

1）普通连接。普通连接就是两个元器件之间的连接。连接时，将白色箭形鼠标指向一个元器件的引脚端点，此时白色箭形鼠标变为绿色笔形鼠标，并在该引脚端点处出现一个红色小虚线方框后，用鼠标左键单击；然后拖曳至另一元器件的引脚端点，在该引脚端点处出现一个红色小虚线方框后，再次用鼠标左键单击。若需中途拐弯，可在拐弯处再用鼠标左键单击一次；若需中途放弃连线，可用鼠标右键单击。注意，连线的起点和终点必须是元器件的引脚端点。

2）终端无线连接。两个设有相同网络标号的终端符号，在电气上是等效于直接连接的。因此，为图面简洁，避免连接导线绕行过于繁杂，常用这种终端无线连接的形式。

首先在需要无线连接的两个端点装上终端符号，然后用鼠标右键单击，弹出终端编辑右键菜单，如图 1-26 所示，选择"Edit Properties"，弹出"编辑终端标号"对话框，如图 1-27 所示，在"String"栏内直接输入终端标号。注意，两个连接在一起的终端网络标号必须一致。

图 1-26　终端编辑右键菜单

图 1-27　"编辑终端标号"对话框

还可将无线连接方式应用于导线标号，两条设有相同网络标号的导线，在电气上也等效于直接连接。选中导线，用鼠标右键单击，弹出编辑导线右键菜单，如图 1-28 所示，选择"Place Wire Label"（图标"LBL"），用鼠标左键单击，弹出"编辑导线标号"对话框，如图 1-29 所示，在"String"栏内直接输入导线网络标号。注意，两条连接在一起的导线网络标号必须一致。

图 1-28　编辑导线右键菜单

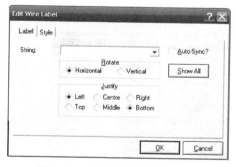

图 1-29　"编辑导线标号"对话框

需要注意的是，初学者往往将编辑终端标号（Edit Terminal Label）与编辑导线标号（Edit Wire Label）混为一谈。即使两者具有相同的网络标号，在电气规则检查时，也仍将显示"ERC errors found"。

3）总线连接。在单片机电路图中，用总线代替多条 I/O 线，可使图面清晰整洁。用鼠标左键单击模型选择工具栏（见图 1-17a）中绘制总线图标"┿"，鼠标变为笔形，在拟放置总线的起始点用鼠标左键单击；然后用笔形鼠标画出一条总线；若需拐弯，用鼠标左键单击后拐弯；最后在总线的终止点用鼠标左键双击。

导线与总线连接（按〈Ctrl〉键斜线连接）时，两条需要通过总线连接在一起的导线应编辑相同的网络标号，才能确立连接关系。例如，图 1-30 电路中，连接 D0 的导线 P10 与 AT89C51 输出端线 P10 具有相同网络标号，两者均与总线连接，表示连接在一起。

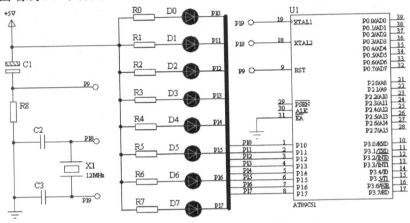

图 1-30　Proteus ISIS 虚拟仿真循环灯电路

在布线连接及放置标号后，电原理图就基本完成了。Proteus ISIS 虚拟仿真流水循环灯电路如图 1-30 所示。

6. 生成网络表和电气规则检查（ERC）

生成网络表的方法是，用鼠标左键单击主菜单"Tools"→"Netlist Compiler"，"Tools"下拉子菜单如图 1-31 所示；弹出网络编辑器，如图 1-32 所示。用鼠标左键单击"OK"按钮。若原理图网络连接无错，则弹出网络表报告，如图 1-33 所示。用鼠标左键单击"Save As"按钮，可存盘（.txt 文件）。若原理图网络连接有错，则弹出网络连接错误报告，可根据报告中列出的错误，修正后再重新生成网络表。

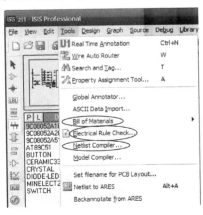

图 1-31　Tools 下拉子菜单

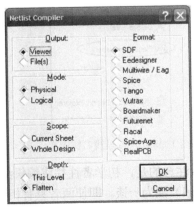

图 1-32　网络编辑器

用鼠标左键单击主菜单"Tools"→"Electrical Rule Check",如图 1-31 所示,或用鼠标左键单击主工具栏中电气规则检查图标"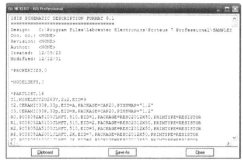"。若电气规则检查通过,则弹出电气规则检查报告,如图 1-34 所示,其中有"No ERC errors found"(未发现 ERC 错误)语句。用鼠标左键单击"Save As"按钮,可存盘(.erc 文件)。若有错误,则必须排除,否则无法进行 VSM 虚拟单片机仿真。

图 1-33　网络表报告

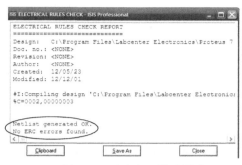

图 1-34　电气规则检查报告

任务 3.3　虚拟仿真运行

Proteus ISIS 设计的原理图电路可在无单片机实际硬件的条件下,利用 PC 协同 Keil C51 虚拟仿真。本节的任务是,将任务 2.3 调试后生成的 Hex 代码装入任务 3.2 设计的 Proteus ISIS 原理图电路的 CPU 中,并完成虚拟仿真运行。

1. 软件准备

在虚拟单片机仿真之前,应在 Keil C51 中完成原理图电路应用程序的编译、链接和调试,并生成单片机可执行的十六进制代码 Hex 文件。

在图 1-9 所示的循环灯电路中,任务 2.2 已给出程序,在任务 2.3 中已调试通过,并生成 Hex 文件,此处不再重复。

2. 装入 Hex 文件

在 Proteus ISIS 设计的图 1-30 所示虚拟电路图中,用鼠标左键双击 AT89C51,弹出"编辑元器件"对话框,如图 1-35 所示。用鼠标左键单击"Program File"栏右侧图标"",打开"Select File Name"对话框,如图 1-36 所示。调节 Hex 文件路径,用鼠标左键单击"打开"按钮,返回图 1-35 后,用鼠标左键单击"OK"按钮,完成装入 Hex 文件的操作。

图 1-35　"编辑元器件"对话框

图 1-36　打开"Select File Name"对话框

3．仿真调试运行

将 AT89C51 装入 Hex 文件后，只要用鼠标左键单击位于原理图编辑窗口左下方仿真运行工具栏（见图 1-18）中的全速运行按钮"▶"（运行后按钮颜色变为绿色），该单片机应用系统就开始虚拟仿真运行，信号灯会依次循环点亮。在运行后的虚拟电路图中，各端点会出现红色或蓝色小方块，红色小方块代表高电平，蓝色小方块代表低电平。因此，当发光二极管阳极端小方块呈红色、阴极端小方块呈蓝色时，发光二极管导通；否则，发光二极管截止。但若选用有色发光二极管，则可直观地看到发光二极管发出有色亮光，观赏效果很好。

若虚拟仿真运行不合要求，应从硬件和软件两个方面分析、查找原因，修改后重新进行 Keil 编译链接，生成 Hex 文件，再进行虚拟仿真运行。

若终止程序运行，可按停止按钮"■"。

基础知识 1

1.1 80C51 单片机片内结构和引脚功能

80C51 单片机是一个大家族，但无论是 80C51 系列芯片，还是其他厂商开发的与 80C51 兼容的增强型芯片，其片内基本结构都相同，其内部集成了 CPU、RAM、ROM、定时/计数器和 I/O 口等功能部件，并由内部总线把这些部件连接在一起。图 1-37 所示为 80C51 单片机引脚排列图。80C51 单片机共 40 个引脚，大致可分为 4 类，即电源、时钟、控制和 I/O。

1）电源：V_{CC}，接+5V；V_{SS}，接地。

2）时钟：$XTAL_1$、$XTAL_2$，外接石英晶体。时钟和复位电路如图 1-38 所示。振荡频率取决于石英晶体的振荡频率，C_1、C_2 主要起频率微调和稳定作用，电容值一般可取 33pF。

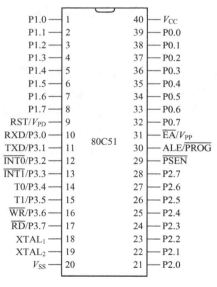

图 1-37 80C51 单片机引脚排列图

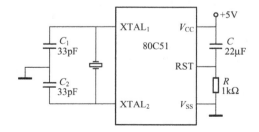

图 1-38 时钟和复位电路

3）控制：控制线共有 4 根，其中 3 根是复用线（具有两种功能，正常使用时是一种功能，在某种条件下是另一种功能）。

① ALE/$\overline{\text{PROG}}$：地址锁存允许/片内 EPROM 编程脉冲。

② $\overline{\text{PSEN}}$：外 ROM 读选通信号。

③ RST/V_{PD}：复位/备用电源。80C51 上电复位电路如图 1-38 所示，RC 构成微分电路，在上电瞬间，产生一个微分脉冲，其宽度若大于两个机器周期，80C51 复位。RC 一般取 1kΩ 电阻、22μF 电容。

④ $\overline{\text{EA}}$ /V_{PP}：内外 ROM 选择/片内 EPROM 编程电源。

严格来讲，80C51 的控制线还应包括 P3 口的第二功能。

4）I/O。80C51 共有 4 个 8 位并行 I/O 端口，即 P0、P1、P2 和 P3 口，每口 8 位，共 32 个引脚。4 个 I/O 口，各有各的用途。

在并行扩展外存储器（包括并行扩展 I/O 口）时，P0 口专用于分时传送低 8 位地址信号和 8 位数据信号，P2 口专用于传送高 8 位地址信号。在不并行扩展外存储器（包括并行扩展 I/O 口）时，4 个 I/O 都可作为双向 I/O 口用。

P3 口除可用做 I/O 口外，还根据需要常用于第二功能，作为特殊信号输入/输出和控制信号（属控制总线）。P3 口的第二功能如表 1-2 所示。

表 1-2　P3 口第二功能

编号	位定义名	功　　能
P3.0	RXD	串行口输入端
P3.1	TXD	串行口输出端
P3.2	$\overline{\text{INT0}}$	外部中断 0 请求输入端
P3.3	$\overline{\text{INT1}}$	外部中断 1 请求输入端
P3.4	T0	定时/计数器 0 外部信号输入端
P3.5	T1	定时/计数器 1 外部信号输入端
P3.6	$\overline{\text{WR}}$	外 RAM 写选通信号输出端
P3.7	$\overline{\text{RD}}$	外 RAM 读选通信号输出端

P0 口的负载能力为 8 个 LSTTL 门电路。P1～P3 口的负载能力为 4 个 LSTTL 门电路。

需要注意的是，当将 4 个 I/O 口用作输入时，均需先写入"1"（80C51 复位时，4 个 I/O 口复位为"1"状态）；当用作输出时，在 P0 口应外接上拉电阻。

1.2　80C51 单片机存储空间的配置和功能

80C51 的存储器组织结构可以分为 3 个不同的存储空间，其配置如图 1-39 所示，用不同的指令和控制信号实现读、写功能操作。

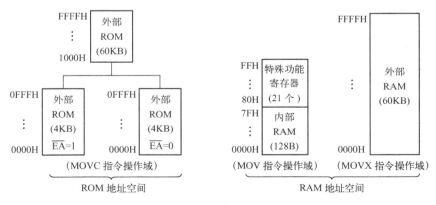

图 1-39　80C51 存储空间配置图

1. 程序存储器（ROM）

程序存储器包括片内 ROM 和片外 ROM，共 64KB，地址范围为 0000H～FFFFH，用 MOVC 指令实现只读功能操作，$\overline{PSEN}$ 信号（执行 MOVC 指令时自动产生）选通读外 ROM。

2. 外部数据存储器（外 RAM）

外部数据存储器共 64KB，地址范围为 0000H～FFFFH，用 MOVX 指令实现读/写功能操作，$\overline{RD}$ 信号（执行 MOVX 读指令时自动产生）选通读外 RAM；$\overline{WR}$ 信号（执行 MOVX 写指令时自动产生）选通写外 RAM。

外 RAM 单元有一个非常重要的用途，即可以用来扩展 I/O 口，并与扩展外 RAM 统一编址。从理论上讲，每一个字节都可以扩展为一个 8 位 I/O 口，因此扩展 I/O 口个数可达 65 536 个，可根据需要灵活应用。

3. 内部数据存储器（内 RAM）

内部数据存储器共 256B，用 MOV 指令实现读、写功能操作。可将其分为两部分：高 128B（地址范围为 80H～FFH）为特殊功能寄存器；低 128B（地址范围为 00H～7FH）为真正的用户内 RAM。又可将其分成 3 个物理空间，即工作寄存器区、位寻址区和数据缓冲区。80C51 内部 RAM 结构如表 1-3 所示。

表 1-3 80C51 内部 RAM 结构

地址区域		功能名称
00H～1FH	00H～07H	工作寄存器 0 区
	08H～0FH	工作寄存器 1 区
	10H～17H	工作寄存器 2 区
	18H～1FH	工作寄存器 3 区
20H～2FH		位寻址区
30H～7FH		数据缓冲区

（1）工作寄存器区

从 00H～1FH 共 32B 属工作寄存器区。工作寄存器是 80C51 的重要寄存器，指令系统中有专用于工作寄存器操作的指令，读/写速度比一般内 RAM 要快，指令字节比一般直接寻址指令要短。另外，工作寄存器还具有"间址"功能，给编程和应用带来方便。

工作寄存器区分为 4 个区，即 0 区、1 区、2 区、3 区。每区有 8 个寄存器，即 R0～R7，寄存器名称相同。但是，当前工作的寄存器区只能打开一个，至于哪一个工作寄存器区处于当前工作状态，则由程序状态字 PSW 中的 D4、D3 位决定。若用户程序不需要 4 个工作寄存器区，则不用的工作寄存器区单元可作为一般内 RAM 使用。

（2）位寻址区

在 80C51 单片机中，RAM、ROM 均以字节（Byte，缩写为大写 B）为单位，每个字节有 8 位（bit，缩写为小写 b），每一位可容纳一位二进制数 1 或 0。但是，一般 RAM 只有字节地址，操作时只能 8 位整体操作，不能按位单独操作。而位寻址区的 16 个字节，非但有字节地址（20H～2FH），而且字节中每一位有位地址（00H～7FH），可位寻址、位操作。所谓位寻址、位操作，是指按位地址对该位进行置 1、清 0、求反或判转。位寻址区的主要用途是存放各种标志位信息和位数据。

（3）数据缓冲区

内 RAM 中 30H～7FH 为数据缓冲区，属一般内 RAM，用于存放各种数据和中间结果，起到数据缓冲的作用。

4. 特殊功能寄存器（Special Flag Register，SFR）

80C51 系列单片机内的锁存器、定时器、串行口、数据缓冲器及各种控制寄存器、状态寄存器都以特殊功能寄存器 SFR 的形式出现，共有 21 个，它们离散地分布在高 128B 片内 RAM 80H～FFH 中，表 1-4 为特殊功能寄存器的地址映像表。

表 1-4　特殊功能寄存器的地址映像表

SFR 名称	符号	位 地 址 / 位 定 义 名 / 位 编 号								字节地址
		D7	D6	D5	D4	D3	D2	D1	D0	
B 寄存器	B	F7H	F6H	F5H	F4H	F3H	F2H	F1H	F0H	(F0H)
累加器 A	ACC	E7H	E6H	E5H	E4H	E3H	E2H	E1H	E0H	(E0H)
		ACC.7	ACC.6	ACC.5	ACC.4	ACC.3	ACC.2	ACC.1	ACC.0	
程序状态字寄存器	PSW	D7H	D6H	D5H	D4H	D3H	D2H	D1H	D0H	(D0H)
		Cy	AC	F0	RS1	RS0	OV	F1	P	
		PSW.7	PSW.6	PSW.5	PSW.4	PSW.3	PSW.2	PSW.1	PSW.0	
中断优先级控制寄存器	IP	BFH	BEH	BDH	BCH	BBH	BAH	B9H	B8H	(B8H)
		—	—	—	PS	PT1	PX1	PT0	PX0	
I/O 端口 3	P3	B7H	B6H	B5H	B4H	B3H	B2H	B1H	B0H	(B0H)
		P3.7	P3.6	P3.5	P3.4	P3.3	P3.2	P3.1	P3.0	
中断允许控制寄存器	IE	AFH	AEH	ADH	ACH	ABH	AAH	A9H	A8H	(A8H)
		EA	—	—	ES	ET1	EX1	ET0	EX0	
I/O 端口 2	P2	A7H	A6H	A5H	A4H	A3H	A2H	A1H	A0H	(A0H)
		P2.7	P2.6	P2.5	P2.4	P2.3	P2.2	P2.1	P2.0	
串行数据缓冲器	SBUF									99H
串行控制寄存器	SCON	9FH	9EH	9DH	9CH	9BH	9AH	99H	98H	(98H)
		SM0	SM1	SM2	REN	TB8	RB8	TI	RI	
I/O 端口 1	P1	97H	96H	95H	94H	93H	92H	91H	90H	(90H)
		P1.7	P1.6	P1.5	P1.4	P1.3	P1.2	P1.1	P1.0	
定时/计数器 1（高字节）	TH1									8DH
定时/计数器 0（高字节 ）	TH0									8CH
定时/计数器 1（低字节）	TL1									8BH
定时/计数器 0（低字节）	TL0									8AH
定时/计数器方式选择	TMOD	GATE	C/$\overline{T}$	M1	M0	GATE	C/$\overline{T}$	M1	M0	89H
定时/计数器控制寄存器	TCON	8FH	8EH	8DH	8CH	8BH	8AH	89H	88H	(88H)
		TF1	TR1	TF0	TR0	IE1	IT1	IE0	IT0	
电源控制及波特率选择	PCON	SMOD	—	—	—	GF1	GF0	PD	IDL	87H
数据指针（高字节）	DPH									83H
数据指针（低字节）	DPL									82H
堆栈指针	SP									81H
I/O 端口 0	P0	87H	86H	85H	84H	83H	82H	81H	80H	(80H)
		P0.7	P0.6	P0.5	P0.4	P0.3	P0.2	P0.1	P0.0	

注：带括号的字节地址表示每位有位地址可位操作。

在特殊功能寄存器中，程序状态字寄存器（Program Status Word，PSW）也称为标志寄存器，其结构和定义如表 1-5 所示。

表 1-5　PSW 的结构和定义

位编号	PSW.7	PSW.6	PSW.5	PSW.4	PSW.3	PSW.2	PSW.1	PSW.0
位地址	D7H	D6H	D5H	D4H	D3H	D2H	D1H	D0H
位定义名	Cy	AC	F0	RS1	RS0	OV	未定义	P

1）Cy——进位标志。在累加器 A 执行加减法运算时，若最高位有进位或借位，Cy 置 1，否则清 0。在进行位操作时，Cy 是位操作累加器，指令助记符用 C 表示。

2）AC——辅助进位标志。在累加器 A 执行加减运算时，若低半字节 ACC.3 向高半字节 ACC.4 有进(借)位，AC 置 1，否则清 0。

3）RS1、RS0——工作寄存器区选择控制位。工作寄存器区有 4 个，但当前工作的寄存器区只能打开一个。RS1、RS0 的编号（00～11）用于选择当前工作的寄存器区（0～3）。

4）OV——溢出标志。用于表示 ACC 在有符号数算术运算中的溢出。溢出和进位是两个不同的概念。进位是指 ACC.7 向更高位进位，用于无符号数运算。溢出是指有符号数运算时，运算结果数超出 +127～-128 的范围。

5）P——奇偶标志。表示 ACC 中"1"的个数的奇偶性。若 A 中"1"的个数为奇数，则 P 置 1，反之清 0。奇偶标志 P 主要用于信号传输过程中的奇偶校验。

6）F0——用户标志。与位操作区 20H～2FH 中的位地址 00H～7FH 功能相同。

另外需要了解的有，累加器 ACC 是 80C51 单片机中最常用的寄存器，许多指令的操作数和运算结果均存放在 ACC 中。数据指针 DPTR（Data Pointer）是一个 16 位的特殊功能寄存器，由两个 8 位寄存器 DPH、DPL 组成。DPH 是 DPTR 高 8 位，DPL 是 DPTR 低 8 位，既可合并作为一个 16 位寄存器，又可分开按 8 位寄存器单独操作。相对于地址指针 PC，DPTR 称为数据指针，但实际上 DPTR 主要用于存放一个 16 位地址，作为访问外部存储器（外 RAM 和 ROM）的地址指针。其余特殊功能寄存器将在后续有关章节中叙述。

5．堆栈

堆栈是 CPU 用于暂时存放特殊数据的"仓库"，如子程序断口地址、中断断口地址和其他需要保存的数据。在 80C51 中，堆栈由内 RAM 中若干连续存储单元组成，存储单元的个数称为堆栈的深度（可理解为仓库容量）。C51 编程时，将由编译器自动调整和设置堆栈。

6．程序计数器 PC

程序计数器 PC 不属于特殊功能寄存器，不可访问，在物理结构上是独立的。PC 是一个 16 位的地址寄存器，用于存放将要从 ROM 中读出的下一字节指令码的地址，因此也称为地址指针。PC 的基本工作方式有以下几种。

1）自动加 1。CPU 复位后，从 0000H 开始运行。从 ROM 中每读一个字节，自动执行 PC+1→PC。

2）执行转移指令时，PC 会根据该指令要求修改下一次读 ROM 新的地址。

3）执行调用子程序或发生中断时，CPU 会自动将当前 PC 值压入堆栈，将子程序入口地址或中断入口地址装入 PC；子程序返回或中断返回时，恢复原有被压入堆栈的 PC 值，继续执行原顺序的程序指令。

7. 单片机最小系统组成

单片机最小系统是指单片机运行必备的最少硬件组成电路，须有振荡电路和复位电路，如图 1-38 所示。振荡电路一般外接石英晶体，复位电路一般由 *RC* 构成微分上电复位，再加上电源+5V 和接地，就组成了单片机最小系统应用电路。

1.3　Keil C51 程序运行命令

程序编译调试可利用菜单、快捷键或图标进行操作，其中用图标操作较为方便，在图 1-12 所示的上方，有编译、文本处理和调试工具栏，如图 1-40 所示。

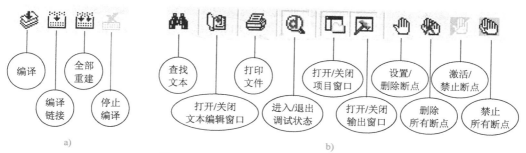

图 1-40　编译、文本处理和调试工具栏

a) 编译工具栏　b) 文本处理和调试工具栏

1. 程序编译链接及纠错

程序编译就是对源程序进行编译、语法纠错和链接。

1）用鼠标左键单击编译图标"🗏"，在屏幕下方输出窗口的 Build 选项卡中，将出现图 1-41a 所示的编译信息。若显示"0 Error(s)，0 Warning(s)"，表示源程序语法无误；否则，会有错误报告示出，用鼠标左键双击该行，可定位到出错位置，修改后重新编译，直至全部修正完毕为止。

2）用鼠标左键单击编译链接图标"🗏"，在屏幕下方输出窗口的 Build 选项卡中，将出现图 1-41b 所示的编译信息。若显示"0 Error(s)，0 Warning(s)"，表示整个编译链接过程完成，可进入程序调试阶段。

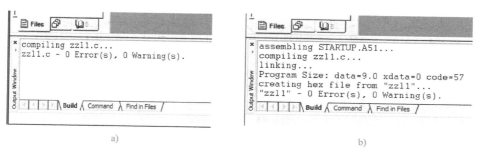

图 1-41　编译和链接后的信息窗口

a) 单击编译图标出现的编译信息　b) 单击编译链接图标出现的编译信息

需要注意的是，在程序语句中不能加入全角符号，例如全角的分号、逗号、圆括号、引号、大于和小于号等，否则，编译器会将这些全角符号视为语法出错。

2. 进入调试状态

程序编译和软件纠错只能确定源程序是否有语法错误，至于源程序中是否存在其他错误，能否实现程序目标，必须通过调试才能发现和纠正。实际上，除了少数简单程序外，绝大多数的源程序都要通过反复调试才能达到程序目标。

用鼠标左键单击图 1-40 所示工具栏中的进入/退出调试状态图标按钮""，此时，会出现图 1-42 所示的程序调试窗口（可自行排列窗口），并在工具栏中多出一行用于运行和调试的工具条，如图 1-43 所示。其中，图 1-43 的左半部分所示为程序运行命令，介绍如下。

图 1-42 程序调试窗口

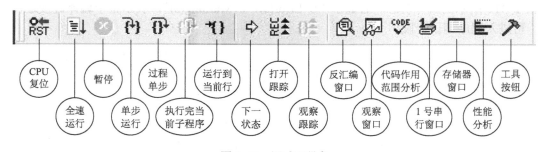

图 1-43 调试工具条

（1）程序运行命令

1）：全速运行。执行整个程序中间不停顿，程序执行速度很快，可得到最终结果，但若程序有错，难以确认错在哪里。

26

2）⏭：单步运行。每执行一行语句停一停，等待下一行执行命令。此时，可以观察该行指令的执行效果，若有错便于及时发现和修改。

3）⏯：过程单步。将 C 程序中的子函数（或汇编程序中的子程序）当作一条语句全速运行，弥补单步执行速度慢、效率低的缺陷。

4）⏯：执行完当前子程序。该工具图标只有在执行到子程序时才能激活有效（变亮），有些子程序没有必要单步执行（已知其正确或已调试过，如延时程序等），此时可运用"执行完当前子程序"一步跳过。

5）⏯：运行到当前行。需预先将光标置于某行需要停顿观察的语句，执行该调试命令后，系统会全速运行至该行，可以快速得到运行到该行语句的结果。

6）ⓇⓈⓉ：CPU 复位。将单片机芯片 80C51 复位。

7）⊗：暂停。图标原为灰色，当程序运行结束或需要暂停、等待用户操作指令时，会变成红色，此时用鼠标左键单击该图标，会复原为灰色。

（2）断点设置

"单步运行""过程单步"程序运行很慢；"全速运行"虽快，但难以发现程序中的错误；"运行到当前行"只能操作一行。这些调试命令都比较单调，有时较难达到快速调试纠错的目的。此时，可以运用设置断点的方法，观察程序即时运行的信息。所谓"断点"就是事先设置某几个具体位置或某种具体条件，当程序运行至该位置处或满足该条件时，让运行的程序停下来，以便观察程序运行情况，确定程序是否有问题或该采取何种措施。Keil C51 编译软件提供的断点图标按钮，在图 1-40b 所示的调试工具栏右半部分，现说明如下。

1）🖐：设置/删除断点。用鼠标左键双击某行，或先将光标置于需要设置断点的语句，用鼠标左键单击该断点设置图标按钮，该行语句前会出现一个红色小方块标记。再次单击该图标按钮，可删除光标所在行的断点。可以设置一个断点，也可设置多个断点。

2）🖐：删除所有断点。

3）🖐：禁止所有断点。"禁止"与"删除"是有区别的。"删除"是彻底删除，若以后再需要该断点，则需重新设置；"禁止"是暂停该断点功能，需要时可再次激活。

4）🖐：激活/禁止断点。该按钮只有运行到有断点程序行（包括被禁止）时才能有效（变亮），其作用是禁止或激活当前行的断点。

此外，Keil C51 仿真软件还提供了功能更强大的断点调试方法，在主菜单"Debug"的下拉菜单中，选择"Breakpoints"，会弹出断点设置对话框，涉及 Keil 软件内置的一套断点调试语法，可用于条件断点、存取断点等复杂断点的调试，限于篇幅，本书不予展开介绍，有兴趣的读者可参阅有关书籍。

1.4　Keil C51 窗口

Keil 仿真软件在调试程序时提供了多个观察窗口，主要有项目文件/寄存器窗口、输出窗口、变量观察窗口、存储器窗口、串行输入/输出信息窗口和功能部件（中断、定时/计数器、串行口、并行 I/O 口）运行对话窗口等。用鼠标左键单击主菜单"View"，弹出下拉菜单，如图 1-44 所示。打开/关闭各窗口，也可直接利用图 1-40 和图 1-43 所示的图标按钮。

1. 项目文件/寄存器窗口

用鼠标左键单击图 1-40b 所示工具栏中的图标"▱"，就能打开/关闭该窗口。该窗口有

3 个选项卡，即项目窗口（Files），如图 1-12 所示；寄存器窗口（Regs），如图 1-45 所示；资料手册窗口（Books）。寄存器窗口分为两部分：上方为通用寄存器组 Regs，下方为系统特殊功能寄存器组 Sys。通用寄存器组包括 r0～r7；系统特殊功能寄存器组包括 a、b、sp、pc、dptr 和 psw 等。每当程序执行到对其中某个寄存器操作时，该寄存器会以反色显示，此时用鼠标左键单击后按下〈F2〉键，即可修改该值。或预先两次用鼠标左键单击（不是双击）某寄存器数据值（Value），该数据值也会以反色显示，可对其进行设置和修改。

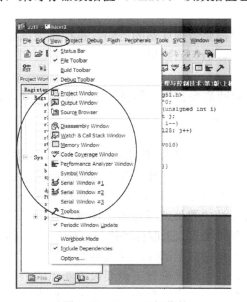

图 1-44　View 下拉菜单

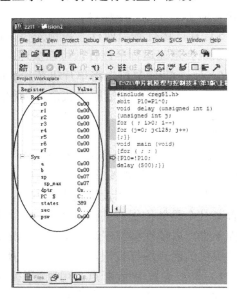

图 1-45　寄存器窗口

另外，系统特殊寄存器组 Sys 中还有一项 sec 和 states，可观察程序执行时间和运行周期数。例如，当执行到延时子程序时，记录进入该子程序的 sec 值，然后按过程单步键，快速执行该子程序完毕，再读取 sec 值，两者之差，即为该子程序的执行时间。

2. 输出窗口

用鼠标左键单击图 1-40b 所示工具栏中图标"![icon]"，就能打开/关闭位于屏幕下方的输出窗口，如图 1-46 左侧窗口所示。输出窗口有 3 个选项卡，其中"Build"选项卡用于输出编译和编译链接信息；"Command"选项卡用于用户输入命令行和显示系统已执行过的命令；"Find in Files"选项卡用于在多个文件中查找字符串。

图 1-46　输出窗口、变量观察窗口和存储器窗口

3. 变量观察窗口

用鼠标左键单击图 1-43 所示工具栏中图标"![icon]"，就能打开/关闭位于屏幕下方的变量

观察窗口，该窗口有 4 个选项卡，如图 1-46 中间窗口所示。其中，"Locals"选项卡可以观察和修改当前运行函数的所有局部变量，如图 1-47a 所示。"Watch#1"和"Watch#2"选项卡均可以观察被调试的变量（包括全局变量和各函数的局部变量），但需要设置。设置的方法是，在该选项卡窗口中用鼠标左键单击"type F2 to edit"，然后按〈F2〉键，再输入变量名，按〈Enter〉键；或者，用鼠标左键二次单击（不是双击）"type F2 to edit"，再输入变量名，按〈Enter〉键，即能显示该变量动态值。若需同时观察几个变量，可再次单击"type F2 to edit"，重复上述操作，如图 1-47b 所示。"Call Stack"选项卡主要给出堆栈和调用子程序的信息。4 个选项卡不能同时打开，但可逐个打开。显示值形式可选择十进制数（Deciml）或十六进制数（Hex），用鼠标右键单击"Value"按钮，弹出"Number Base"选项及其下拉式菜单，如图 1-47c 所示，可选择显示值形式。

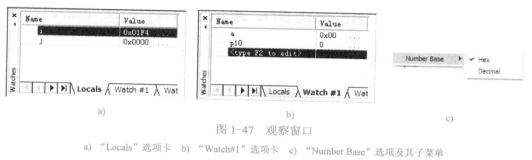

图 1-47　观察窗口

a)"Locals"选项卡　b)"Watch#1"选项卡　c)"Number Base"选项及其子菜单

4. 存储器窗口

用鼠标左键单击图 1-43 所示工具栏中图标"▢"，就能打开/关闭位于屏幕下方的存储器窗口，如图 1-46 右侧窗口所示。存储器窗口有 4 个选项卡，即 Memory#1～Memory#4，可以观察 4 个不同的存储空间。方法是在"Address"编辑框内输入"字母：数字"。其中，"字母"有 4 种，分别是 c、d、i 和 x（字母也可大写）。c 代表 code（ROM）；d 代表 data（直接寻址片内 RAM）；i 代表 idata（间接寻址片内 RAM）；x 代表 xdata（片外 RAM），"数字"代表想要查看存储单元区域的首地址。

显示值可有多种形式，即十进制、十六进制、字符等，还可以有不同数据类型、不同字节的组合显示。方法是用鼠标对准显示值，再用鼠标右键单击，弹出右键菜单，选择"Unsigned"或"Signed"时还会弹出子菜单，如图 1-48 所示。其中，"Decimal"是一个开关，在十进制与十六进制之间切换；"Ascii"是以 ASCII 字符形式显示；Unsigned、Signed、Char、Int、Long 与 Float 的区别可参阅基础知识 2.1 节，此处不予介绍。多字节组成起始单元由"Address"编辑框内字母后的首地址确定，例如，若选择 Int 型，在"Address"编辑框内输入"d：100"，则直接寻址片内 RAM 从 0x64 单元起将每两个字节组合在一起显示；若输入"d：101"，则从 0x65 单元起将每两个字节组合在一起显示。

修改存储器值的方法是，先用鼠标对准需要修改的存储单元，再用右键单击，弹出存储器显示值形式的右键菜单，如图 1-48 所示。若用鼠标左键单击最下面一条"Modify Memory at ×:×"，会弹出"修改存储器值"对话框，如图 1-49 所示。输入修改值，单击"OK"按钮即可。

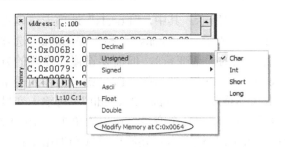

图 1-48　存储器显示值形式的右键菜单

图 1-49　"修改存储器值"对话框

5．串行输入/输出信息窗口

串行输入/输出信息窗口并非 80C51 串行口功能部件的信息窗口，而是 C51 编译器利用 80C51 串行口进行输入/输出操作的信息窗口，通过 C51 库函数在 PC 上输入/输出数据参数。

用鼠标左键单击图 1-43 所示工具栏中的 1 号串行窗口图标 "✍"，就能打开/关闭 "Serial #1" 串行输入/输出信息窗口。若在程序中加入串行通信参数，可用 printf 语句输出程序运行的结果和用 scanf 语句输入程序需要的参数。

需要注意的是，当输入 scanf 语句时，一定要先将 "Serial #1" 窗口激活为当前窗口，才能有效进行输入操作。

6．功能部件运行对话框

"Peripherals" 的英文含义是计算机外围设备，但实际上，该主菜单下却是 80C51 "片内" 功能部件运行对话框，主要用于观察 80C51 片内中断、定时/计数器、并行 I/O 口和串行口等功能部件的运行情况。用鼠标左键单击主菜单 "Peripherals"，会弹出其下拉菜单，如图 1-50 所示。用鼠标左键单击某项，可打开该项功能部件运行对话框。

（1）中断对话框

用鼠标左键单击图 1-50 所示下拉菜单中的 "Interrupt"，会弹出图 1-51 所示 "中断" 对话框。上半部分为 5 个中断源和相关控制寄存器状态，可用鼠标左键单击选择某个中断源。下半部分为被选中中断源的控制位状态，可用鼠标左键单击置 "1"（打勾）或清 0（空白）。

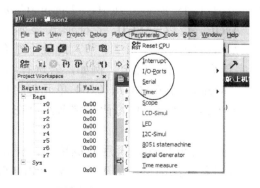

图 1-50　Peripherals 下拉菜单

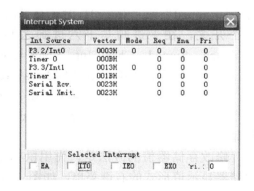

图 1-51　"中断" 对话框

（2）并行 I/O 对话框

当用光标指向图 1-50 所示下拉菜单中"I/O-Ports"时，会弹出下拉式菜单：Port0～Port3（P0 口～P3 口），选择并用鼠标左键单击调试观察所需 I/O 口，会弹出图 1-52 所示相应的"并行 I/O"对话框。其中，上面一行（标记为 Px）为 I/O 口输出变量，下面一行（标记为'ins）为模拟 I/O 口引脚输入信号。打勾（√）为 1，空白为 0，用鼠标左键单击可进行修改。

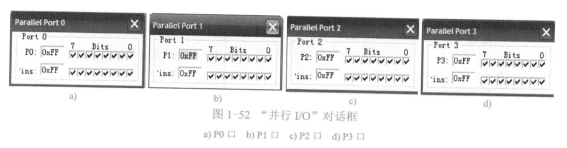

图 1-52　"并行 I/O"对话框

a) P0 口　b) P1 口　c) P2 口　d) P3 口

（3）串行口对话框

用鼠标左键单击图 1-50 所示下拉菜单中"Serial"，会弹出图 1-53 所示"串行口"对话框。该对话框用于设置 80C51 片内串行口功能部件和相关 SFR 参数，而非串行输入/输出信息框。

（4）定时/计数器对话框

用光标指向图 1-50 所示下拉菜单中"Timer"，弹出下拉式菜单：Timer0、Timer1，选择并用鼠标左键单击调试所需 Timer，会弹出图 1-54 所示的"定时/计数器"对话框，可设置或修改定时/计数器 SFR 参数。

图 1-53　"串行口"对话框

图 1-54　"定时/计数器"对话框

a) T0　b) T1

1.5　Proteus 观察 80C51 片内存储单元的数据状态

Proteus 仿真中，若需要观察某一瞬时 80C51 特殊功能寄存器、内 RAM 或外围元器件片内的数据状态，可按暂停按钮"▐▐"，并用鼠标左键单击主菜单"Debug"，弹出下拉子菜单，如图 1-55 所示。用鼠标左键分别单击下方的有关选项，可弹出有关存储单元数据状态栏对话框。"特殊功能寄存器状态"对话框、"内 RAM 数据状态"对话框和"SFR Memory 数据状态"对话框分别如图 1-56～图 1-58 所示。

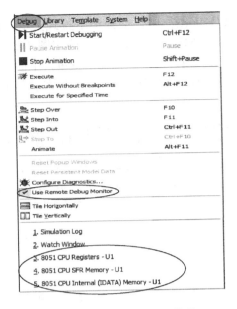

图 1-55　Debug 下拉子菜单

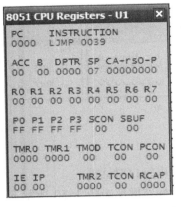

图 1-56　"特殊功能寄存器状态"对话框

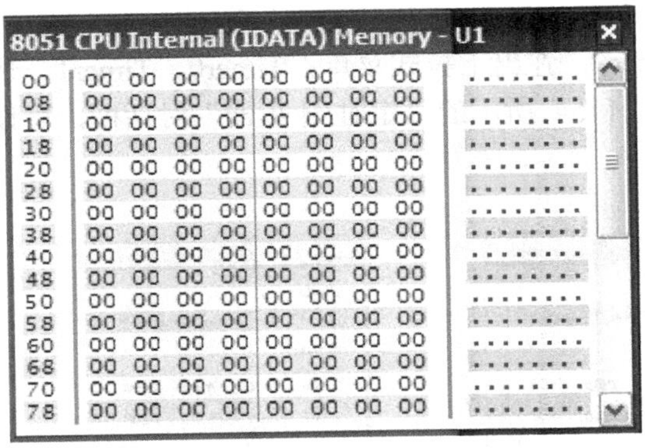

图 1-57　"内 RAM 数据状态"对话框

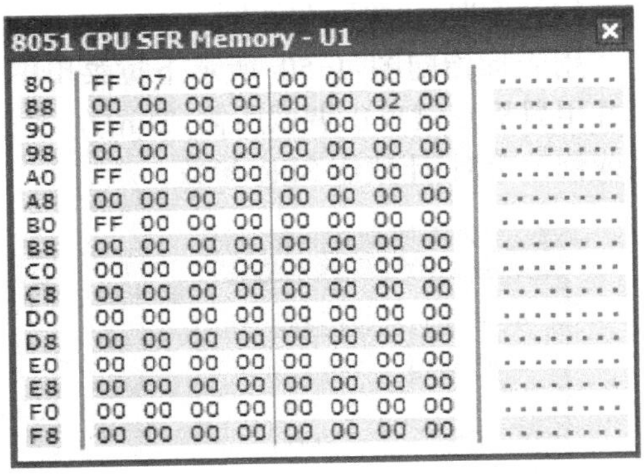

图 1-58　"SFR Memory 数据状态"对话框

1.6　Proteus 与 Keil 联合仿真调试

Proteus 调试与 Keil 调试通常分别进行，即上一节所述方法：先用 Keil C51 软件调试，特别是一些不涉及外围电路的程序段，可一段段纠错调试，然后合并调试。软件调试通过后，再用 Proteus ISIS 画出单片机应用电路，载入在 Keil 调试中生成的 Hex 文件，进行虚拟仿真调试。但是，Keil 软件调试只能发现不涉及外围电路的程序错误，而 Proteus 仿真又很难观察到程序运行过程中出现的一些问题。因此，很有必要让这两个软件同时运行，进行联合仿真调试。

要将 Proteus 与 Keil 联合仿真调试，首先需要将这两个软件互相链接，其方法和步骤如下。

（1）复制 VDM51.dll 文件

将 Proteus 安装目录下的\MODELS\VDM51.dll 文件复制到 Keil 安装目录下的\C51\BIN 目录中，若没有 VDM51.dll 文件，可以从网上下载。

（2）修补 TOOLS.ini 文件

打开 Keil 安装目录下的 TOOLS.ini 文件，修补 TOOLS.ini 文件示意图如图 1-59 所示，在[C51]栏目下加入一条：

TDRV5=BIN\VDM51.DLL ("Proteus VSM Monitor-51 Driver")

注意，其中"TDRV5"中的序号"5"应根据实际情况编写，而不要与文件中原有序号重复。

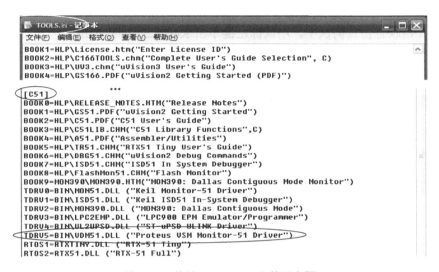

图 1-59　修补 TOOLS.ini 文件示意图

（3）在 Proteus ISIS 中设置远程调试

1）打开 Proteus ISIS 软件，画好仿真电路，通过电气规则检查排除 ERC 错误。

2）在 Debug 菜单中，选中"Use Romote Debuger Monitor"（使用远程调试设备），如图 1-55 中所示。

（4）在 Keil C51 中设置 Proteus 虚拟仿真

1）打开 Keil C51 软件，创建新项目。注意，必须将此项目保存在上述 Proteus ISIS 仿真电路所在文件夹中，并在菜单"Project"→"Options for Target 'Target 1'"→"Debug"选项卡右半部分选择"Use"（用鼠标左键单击圆框，选中后会出现小圆点），如图 1-60a 所示。

2）在同一行右侧下拉列表里选中"Proteus VSM Monitor -51 Driver"。

3）用鼠标左键单击同一行右侧"Settings"按钮，弹出对话框。若 Keil 与 Proteus 同属一台计算机，则"Host"框内为 127.0.0.1；若不同属一台计算机，则应输入另一台计算机的 IP 地址。在"Port"框内输入"8000"，如图 1-60b 所示。

图 1-60 设置 Debug 有关项

4）编写 C51 程序，并通过编译链接，排除程序中的语法错误。完成上述设置和操作后，就可以开始联合仿真调试了。用鼠标左键单击 Keil C51 图标按钮""，此时 Keil C51 和 Proteus ISIS 同时进入联调状态，单步、断点、全速运行均可。Proteus 与 Keil 联合仿真调试示例如图 1-61 所示。

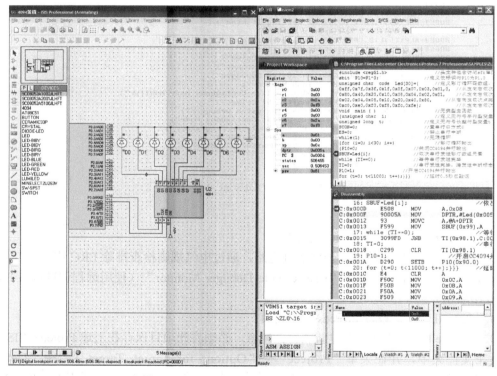

图 1-61 Proteus 与 Keil 联合仿真调试示例

1.7 二进制数和十六进制数

在计算机中，最基本的功能是进行大量的"数的运算与加工处理"。但计算机只能"识别"二进制数，所以，二进制数及其编码是所有计算机的基本语言。在计算机中，用二进制数表示和处理非常方便，其基本信息只有"0"或"1"，同时可以表达一些特殊的信息，例如，脉冲的"有"或"无"、电压的"高"或"低"、电路的"通"或"断"等。用"0"或

"1"两种状态表示，鲜明可靠，容易识别，实现方便，计算机正是利用这种只有两种状态的双稳态电路或元器件来表示和处理这种信息的。但二进制数位数多，书写和识读不便，在计算机软件编制过程中常用十六进制数替代二进制数。十进制数、二进制数、十六进制数之间的关系、相互转换和运算方法是学习计算机必备的基础知识。

1．数制

（1）十进制数

十进制主要特点如下。

1）基数是 10。由 10 个数码（数符）构成，即 0、1、2、3、4、5、6、7、8、9。

2）进位规则是"逢十进一"。当基数为 M 时，便是"逢 M 进一"。在进位计数制中常用"基数"来区别不同的进制。

例如：$1234.56 = 1 \times 10^3 + 2 \times 10^2 + 3 \times 10^1 + 4 \times 10^0 + 5 \times 10^{-1} + 6 \times 10^{-2}$

$$= 1000 + 200 + 30 + 4 + 0.5 + 0.06$$

式中，10^3、10^2、10^1、10^0、10^{-1}、10^{-2} 称为十进制数各数位的"权"。

（2）二进制数

二进制数的特点如下。

1）基数是 2。只有两个数码：0 和 1。

2）进位规则是"逢二进一"。每左移一位，数值增大一倍；每右移一位，数值减小一半。二进制数通常在数的后面紧跟一个字母 B（Binary）作为标识符，表示该数是二进制数。例如，二进制数 1101.01B，转化为十进制数可表达为

$$1101.01B = 1 \times 2^3 + 1 \times 2^2 + 0 \times 2^1 + 1 \times 2^0 + 0 \times 2^{-1} + 1 \times 2^{-2} = 13.25$$

式中，2^3、2^2、2^1、2^0、2^{-1}、2^{-2} 称为二进制数各数位的"权"。

（3）十六进制数

十六进制数的特点如下。

1）基数是 16。共由 16 个数符构成，即 0、1、…、9、A、B、C、D、E、F。其中 A、B、C、D、E、F 分别代表 10、11、12、13、14、15。

2）进位规则是"逢十六进一"。与其他进制的数一样，同一数符在不同数位所代表的权值是不相同的。每左移一位，数值增大 16 倍；每右移一位，数值缩小为 1/16。十六进制数需要在后面加一个字母 H（Hexadecimal），表示该数是十六进制数。例如，十六进制数 13BC.48H，转化为十进制数可表达为

$13BC.48H = 1 \times 16^3 + 3 \times 16^2 + 11 \times 16^1 + 12 \times 16^0 + 4 \times 16^{-1} + 8 \times 16^{-2}$

$$= 4096 + 768 + 176 + 12 + 0.25 + 0.03125 = 5052.28125$$

式中，16^3、16^2、16^1、16^0、16^{-1}、16^{-2} 称为十六进制数各数位的"权"。

十六进制数与二进制数相比，大大缩小了位数，缩短了字长。一个 4 位二进制数只需用 1 位十六进制数表示，一个 8 位二进制数只需用两位十六进制数表示。目前在计算机程序中普遍采用十六进制数。二进制数用尾缀 B 表示，十六进制数用尾缀 H 表示（在 C51 语言中，十六进制数用以"0x"开头的十六进制数数符表示），十进制数用尾缀 D（Decimal）表示，但通常十进制数尾缀 D 可省略，即无尾缀属十进制数，而对二进制数和十六进制数则必须加尾缀，否则出错。十六进制数、二进制数与十进制数的对应关系如表 1-6 所示。

表 1-6　十六进制数、二进制数与十进制数的对应关系表

十进制数	十六进制数	二进制数	十进制数	十六进制数	二进制数
0	00H	0000B	11	0BH	1011B
1	01H	0001B	12	0CH	1100B
2	02H	0010B	13	0DH	1101B
3	03H	0011B	14	0EH	1110B
4	04H	0100B	15	0FH	1111B
5	05H	0101B	16	10H	0001 0000B
6	06H	0110B	17	11H	0001 0001B
7	07H	0111B	18	12H	0001 0010B
8	08H	1000B	19	13H	0001 0011B
9	09H	1001B	20	14H	0001 0100B
10	0AH	1010B	21	15H	0001 0101B

需要说明的是，有些编译软件为便于区分英文字母与十六进制数码，要求在汇编语言中书写十六进制数时，若第一位数码为 A、B、C、D、E 或 F，就要在字母数码前加 "0"。例如，ABH 要求写成 0ABH。许多教材均按此要求编写，但这不是 80C51 单片机系统本身的要求。编者在编写本书时，遇此情况均不加 "0"，特此说明。

2. 数制转换

由于 4 位二进制数具有 16 个状态（$2^4 = 16$），而一位十六进制数也具有 16 个状态，所以一位十六进制数对应于 4 位二进制数，转换十分方便。对 0～16 之间二进制、十进制、十六进制数的对应关系和相互转换，要求熟记。

（1）二进制数与十六进制数的相互转换

1）二进制数转换成十六进制数。只要将二进制数的整数部分自右向左分成 4 位一组，最后不足 4 位时在左面用 0 填充；小数部分自左向右 4 位一组，最后不足 4 位时在右面用 0 填充，每组用相应的十六进制数代替即可。

例如：101 0010 1001 1100B=<u>0101 0010 1001 1100</u>B = 529CH

11011.01101B = <u>0001 1011.0110 1000</u>B = 1B.68H

2）十六进制数转换成二进制数。只要将每一位十六进制数用相应的 4 位二进制数表示即可。

例如：3AFEH = <u>0011 1010 1111 1110</u>B=11 1010 1111 1110B

70.D4H = <u>0111 0000.1101 0100</u>B=111 0000.1101 01B

（2）二进制数、十六进制数转换成十进制数

将二进制数及十六进制数转换成十进制数时，只要将一个二进制数或十六进制数按权展开，然后相加即可。

例如：$1101.11B=1\times2^3+1\times2^2+0\times2^1+1\times2^0+1\times2^{-1}+1\times2^{-2}=8+4+0+1+0.5+0.25=13.75$

也可先将二进制数转换成十六进制数，然后再转换成十进制数，计算可能更加方便。

例如：$1101.11B=DCH=13\times16^0+12\times16^{-1}=13.75$

（3）十进制数转换成二进制数、十六进制数

将十进制数转换成二进制数或十六进制数，整数部分和小数部分要分别进行转换，然后

将转换结果合并在一起。

1）整数部分的转换。将十进制整数转换成二进制整数用"除 2 取余法"。先用 2 去除整数，然后用 2 逐次去除所得的商，直到商为 0 止，依次记下得到的各个余数。第一个余数是转换后的二进制数的最低位，最后一个余数是最高位。

将十进制数整数转换成十六进制数用"除 16 取余法"。将十进制数连续用基数 16 去除，直到商为 0 止，依次记下得到的各个余数。第一个余数是转换后的十六进制数的最低位，最后一个余数是最高位。

例如，将十进制整数 41 和 8152 分别转换成二进制数和十六进制数，如图 1-62 所示。

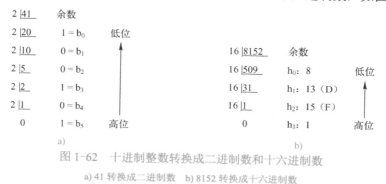

图 1-62　十进制整数转换成二进制数和十六进制数

a) 41 转换成二进制数　b) 8152 转换成十六进制数

因此，$41=(b_5b_4b_3b_2b_1b_0)B=101001B$，$8152=(h_3h_2h_1h_0)H=1FD8H$。

2）小数部分的转换。将十进制小数转换成二进制小数用"乘 2 取整法"。逐次用 2 乘小数部分，依次记下所得到的整数部分，直到积的小数部分为 0 止。第一个整数是二进制小数的最高位，最后一个整数是二进制小数的最低位。

将十进制小数转换成十六进制小数用"乘 16 取整法"。逐次用 16 乘小数部分，依次记下所得到的整数部分，直到积的小数部分为 0 止。第一个整数是十六进制小数的最高位，最后一个整数是十六进制小数的最低位。

例如，将十进制小数 0.6875 和 0.7145 分别转换成二进制数和十六进制数，如图 1-63 所示。

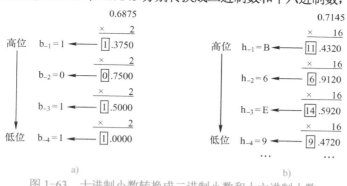

图 1-63　十进制小数转换成二进制小数和十六进制小数

a) 0.6875 转换成二进制小数　b) 0.7145 转换成十六进制小数

因此，$0.6875=0.(b_{-1}b_{-2}b_{-3}b_{-4})B = 0.1011B$，$0.7145=0.(h_{-1}h_{-2}h_{-3}h_{-4})H=0.B6E9\cdots H$。

需要指出的是：十进制整数都可以用二进制数或十六进制数准确地表示。但对于十进制小数，有可能不能准确地表示，只能转换成二进制或十六进制的无限小数。

例如：$0.8 = 0.110011001100\cdots B = 0.CCC\cdots H$

遇到这种情况，一般可根据精度要求取其足够的位数。

为了转换更加方便快捷，应记住一些关键的转换位权。常用二/十六进制数转换位权如表 1-7 所示。

3. 二进制数和十六进制数的运算

在计算机中采用二进制数，不仅因为计算机可以采用数字逻辑电路的两种稳定状态，而且还由于二进制数的运算特别简单。

表 1-7 常用二/十六进制数转换位权

二 进 制 数	十六进制数
$2^8 = 256$	$16^2 = 256$
$2^{10} = 1024$（1KB）	$16^3 = 4096$
$2^{16} = 65536$（64KB）	$16^4 = 65536$

（1）二进制数加法运算

运算规则：　　① $0+0 = 0$

　　　　　　　② $0+1 = 1+0 = 1$

　　　　　　　③ $1+1 = 10$，向高位进 1

两个二进制数相加时，先将相同权位对齐，然后按运算规则从低到高逐位相加，若低位有进位，则必须同时加入。例如，$00101101B+01011010B=10000111B$，如图 1-64 所示。

（2）二进制数减法运算

运算规则：　　① $0-0 = 0$

　　　　　　　② $1-0 = 1$

　　　　　　　③ $1-1 = 0$

　　　　　　　④ $0-1 = 1$，向高位借 1

```
    00101101B    加数
 +  01011010B    加数
    ─────────
    10000111B    和
```

图 1-64　二进制数加法运算

两个二进制数相减时，先将相同权位对齐，然后按运算规则从低到高逐位相减。不够减时可向高位借位，借 1 当 2。例如，$10110101B-00101010B =10001011B$，如图 1-65a 所示。$00101010B-10110101B =01110101B$，借位 1，如图 1-65b 所示。

```
    10110101B    被减数            00101010B    被减数
 -  00101010B    减数          -  10110101B    减数
    ─────────                    ─────────
    10001011B    差               01110101B    差
        a)                           b)
```

图 1-65　二进制数减法运算

需要说明的是，在计算机系统中，对于无符号二进制数减法，当被减数小于减数时，最高位可无条件向更高位借位，借位后计算机系统仅作借位标记，不出现负数。此时，有可能会出现差值比被减数还要大的现象。

（3）二进制数乘法运算

运算规则：　　① $0\times0 = 0\times1 = 1\times0 = 0$

　　　　　　　② $1\times1 = 1$

乘法运算时，若乘数为 1，则把被乘数照抄一遍，它的最后一位应与相应的乘数位对齐；若乘数为 0，则无作用；当所有的乘数乘过以后，再把各部分积相加，便得到最后的乘积。因而二进制数的乘法实质上是由"加"（即加被乘数）和"移位"（对齐乘数位）两种操作实现的。例如，$1101 B\times1010 B =10000010B$，如图 1-66 所示。

（4）二进制数除法运算

除法运算是乘法的逆运算。与十进制相类似，可从被除数的最高位数开始取出与除数相同的位数，减去除数。若够减，商记 1；若不够减，商记 0。然后将被除数的下一位移到余数上，继续够减商记 1，不够减商记 0。直至被除数的位都下移完为止。例如，1001110B÷110B =1101B，如图 1-67 所示。

图 1-66　二进制数乘法运算　　　　　　　图 1-67　二进制数除法运算

综上所述，二进制的加、减、乘、除等算术运算，可以归纳为加、减、移位 3 种操作。实际上，在计算机中为了简化设备，只设置加法器，而无减法器，此时需要将减法运算转化为加法运算。这样，计算机中二进制数的四则运算就可以都归纳为加法和移位两种操作。

（5）二进制数"与"运算

两个二进制数之间的"与"运算，是将该两个二进制数按权位对齐，然后逐位相"与"（有 0 出 0，全 1 出 1）。例如，11010011B∧10111001B = 10010001B，如图 1-68 所示。

（6）二进制数"或"运算

两个二进制数之间的"或"运算与"与"运算类似，按权位对齐后逐位相"或"（有 1 出 1，全 0 出 0）。例如，11010011B∨10111001B = 11111011B，如图 1-69 所示。

图 1-68　二进制数"与"运算　　　　　　　图 1-69　二进制数"或"运算

4. 原码、反码和补码

在数学中，数的正负是用"+""-"来表示的。在计算机中，数的正负也需要数码化，通常在最高位分别用"0"和"1"表示。对于 8 位有符号数，微型计算机中约定，最高位 D7 表示正负号，其他 7 位表示数值，如图 1-70 所示。D7=1 表示负数，D7=0 表示正数。

图 1-70　8 位有符号数符号的表示方法

例如：N_1 =+1001100B，N_2 =-1001100B，则在计算机中，N_1 = 01001100B，N_2 = 11001100B。为了区别原来的数与它在计算机中的表示形式，将已经数码化了的带符号数称为机器数。而把原来的数称为机器数的真值，上例中提到的+1001100B、-1001100B 为真值，而 0100110B、11001100B 为机器数。

在计算机中，机器数有 3 种表示方法：原码、反码和补码。

（1）原码

符号位用 0 表示正数，用 1 表示负数，而数值位保持原样的机器数称为原码。

例如：[+5]$_{原}$= 00000101B，[-5]$_{原}$=10000101B

0 的原码表示法有两种：正 0 和负 0。[+0]$_{原}$=00000000B，[-0]$_{原}$=10000000B。

由于最高位为符号位，因此，8 位二进制原码表示的数的范围为-127～+127。

（2）反码

正数的反码与正数的原码相同，负数的反码由其绝对值按位求反后得到，符号位取"1"。

例如：[+5]$_{反}$= 00000101B，[-5]$_{反}$=11111010B

0 的反码也有两种：正 0 和负 0。[+0]$_{原}$=00000000B，[-0]$_{原}$=11111111B。

8 位二进制反码表示的数的范围为-127～+127。

（3）补码

为了理解补码的意义，先以一个钟表的例子来说明。假若现在正确时间为 3 点整，而钟表却错误地指在 6 点整。为了校准时钟，可有两种拨正时针的方法：

一是倒拨 3 格，即 6-3=3。

二是顺拨 9 格，即 6+9=3+12（自动丢失）=3。

当时针拨过 12 点后重新从 0 开始，即 12 自动丢失。因此，"6-3"与"6+9"对时钟是等价的。这样，就可以把"6-3=3"这一减法运算化为加法运算"6+9=3（模 12）"。这个自动丢失的数（12）就叫作模，9 称为（-3）的模 12 的补码。

[X]$_{补}$、X 与模的关系为[X]$_{补}$ =模+X。8 位二进制数满 256 向更高位进位，即丢失。因此 8 位二进制数的模为 2^8=256。

求补码的具体方法是：正数的补码即该数的原码；负数的补码可由它的反码加 1 后得到：[X]$_{补}$ =[X]$_{反}$+1（X<0）；0 的补码只有一种，即 0。

例如：[+5]$_{补}$=00000101B，[-5]$_{补}$=[-5]$_{反}$+1=11111010B+1=11111011B。

对于 8 位二进制数，补码表示的范围为-128～+127。原码、反码和补码的对应关系如表 1-8 所示。

表 1-8　原码、反码和补码的对应关系

无符号二进制数	无符号十进制数	原码	反码	补码
00000000	0	+0	+0	0
00000001	1	+1	+1	+1
00000010	2	+2	+2	+2
…	…	…	…	…
01111101	125	+125	+125	+125
01111110	126	+126	+126	+126
01111111	127	+127	+127	+127
10000000	128	-0	-127	-128
10000001	129	-1	-126	-127
10000010	130	-2	-125	-126
…	…	…	…	…
11111101	253	-125	-2	-3
11111110	254	-126	-1	-2
11111111	255	-127	-0	-1

综上所述，8 位二进制数的原码、反码和补码具有下列关系。

1）对于正数：$[X]_原=[X]_反=[X]_补$

2）对于负数：$[X]_反=[X]_原$（数值位取反，符号位不变）

$\qquad\qquad [X]_补=[X]_反+1$

思考和练习 1

1.1 什么是单片机？

1.2 单片机应用的主要领域有哪些？试列出 10 个以上的应用实例。

1.3 80C51 共有几个 8 位并行 I/O 口？各有什么功能？其中 P3 口的第二功能是什么？

1.4 试述 80C51 的存储空间结构。各有什么功能？

1.5 80C51 内 RAM 是如何划分的？各有什么功能？

1.6 简述程序状态字寄存器 PSW 各位定义名、位编号和功能作用。

1.7 在计算机中为什么要用二进制数和十六进制数？

1.8 在 8 位计算机中，数的正负号如何表示？

1.9 试在 Keil μVision 中创建一个新项目 key_ctr1，设置单片机工作频率 f_{OSC}=6MHz，需生成可执行 Hex 文件，输入如下源程序，添加到目标项目组，并存盘。

```
#include <reg51.h>                      //包含访问 sfr 库函数 reg51.h
void delay1(unsigned long  i){          //定义单循环延时函数 delay1
  for (; i>0; i--);}                     //for 循环。若 i>0，则 i=i-1
void   main ( ){                         //主程序
  unsigned char   led[9]={              //定义循环灯数组 led 并赋值
    0xfe,0xfd,0xfb,0xf7,0xef,0xdf,0xbf,0x7f};
  unsigned char   n;                     //定义无符号字符型变量 n，用于循环次数
   for (; ;)                             //无限循环
    for (n=0; n<8; n++ ){               //循环执行以下循环体语句
      P1=led[n];                        //P1 口赋值数组中亮灯状态字
      delay1 (11000);}}                 //调用延时子函数 delay1，实参 11000，约延时 1s
```

1.10 试重新打开题 1.9，创建项目 key_ctr1，编译链接调试，并用全速运行、单步结合过程单步运行和断点运行 3 种操作方法，观测运行过程和结果（提示：全速运行时，为便于观测，可将调用延时子函数 delay1 的实参修改为 110000）。

1.11 试在已经画好的图 1-30 所示 Proteus ISIS 虚拟仿真循环灯电路中，装入题 1.9 调试后自动生成的 Hex 文件，并仿真运行，观测运行过程和结果。

第 2 章　C51 编程基础

80C51 系列单片机常用的编程语言有汇编语言和 C 语言。用 C 语言编写的单片机应用程序必须经 C 语言编译器，转换成单片机可执行的程序代码，这种用于 80C51 系列单片机编程的 C 语言，通常称为 C51。C51 实际上是一个编译系统，种类很多。其中，德国 Keil Software 公司推出的 Keil C51 软件应用最为广泛。为简便起见，本书后文中所述 C51 均指 Keil C51。

与 80C51 汇编语言相比，C51 程序简洁而清晰，使用者只需专注于软件编程，不需过多关注涉及的具体存储单元及其操作指令，编程相对方便，并便于实现各种复杂的运算和程序，方便调用各已有程序模块，可大大提高编程效率。不足之处是 C51 实时性不如汇编，但随着单片机芯片技术的发展，运行速度和内存容量有了较大提高，这些都为 C51 的应用创造了有利条件。近年来，80C51 系列单片机教学和工程实际应用大多转为 C51 编程。

项目 4　键控信号灯

键控信号灯电路如图 2-1 所示，要求实现如下功能。

1）S0、S1 均未被按下，VD0 亮，其余灯灭。

2）S0 单独被按下，VD1 亮，其余灯灭。

3）S1 单独被按下，VD2 亮，其余灯灭。

4）S0、S1 均被按下，VD3 亮，其余灯灭。

任务 4.1　编制键控信号灯程序

编制 C51 程序，首先要学习 C51 编程的基础知识。因此，读者应先阅读基础知识 2.1～2.4 节，达到初步理解 C51 程序的目的，并通过后续的程序编写，逐步熟悉和掌握 C51 编程技巧。

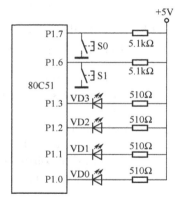

图 2-1　键控信号灯电路

在阅读理解基础知识 2.1～2.4 节的基础上，本任务通过对键控信号灯程序的编写，使读者重点理解程序中涉及的库函数 "reg51.h" 引用、变量及其定义、运算符、表达式和选择语句等基本概念。

根据按键状态控制信号灯的亮灭，应用选择语句。C51 选择语句有多种形式，因此，编制键控信号灯程序也有多种形式。

（1）if-else 语句

```
#include <reg51.h>              //包含访问 sfr 库函数 reg51.h
sbit   VD0=P1^0;                //定义位标识符 VD0 为 P1.0
sbit   VD1=P1^1;                //定义位标识符 VD1 为 P1.1
sbit   VD2=P1^2;                //定义位标识符 VD2 为 P1.2
sbit   VD3=P1^3;                //定义位标识符 VD3 为 P1.3
sbit   s0=P1^7;                 //定义位标识符 s0 为 P1.7
```

```
sbit   s1=P1^6;                              //定义位标识符 s1 为 P1.6
void   main ( ) {                            //主函数
  while(1){                                  //无限循环
    if ((s0!=0)&&(s1!=0)){                   //S0、S1 均未被按下
      VD0=0; VD1=VD2=VD3=1;}                 //VD0 亮，其余灯灭
    else   if ((s0!=1)&&(s1!=0)){            //S0 单独按下
      VD1=0; VD0=VD2=VD3=1;}                 //VD1 亮，其余灯灭
    else   if ((s0!=0)&&(s1!=1)){            //S1 单独按下
      VD2=0;VD0=VD1=VD3=1;}                  //VD2 亮，其余灯灭
    else {VD3=0;VD0=VD1=VD2=1;}}}            //S0、S1 均按下，VD3 亮，其余灯灭
```

（2）if 语句嵌套

```
#include <reg51.h>                           //包含访问 sfr 库函数 reg51.h
sbit   VD0=P1^0;                             //定义位标识符 VD0 为 P1.0
sbit   VD1=P1^1;                             //定义位标识符 VD1 为 P1.1
sbit   VD2=P1^2;                             //定义位标识符 VD2 为 P1.2
sbit   VD3=P1^3;                             //定义位标识符 VD3 为 P1.3
sbit   s0=P1^7;                              //定义位标识符 s0，为 P1 第 7 位
sbit   s1=P1^6;                              //定义位标识符 s1，为 P1 第 6 位
void   main ( ) {                            //主函数
  while(1){                                  //无限循环
    if (s0!=1)                               //若 S0 按下
      if (s1!=1) {VD3=0; VD0=VD1=VD2=1;}     //S0、S1 均被按下，则 VD3 亮，其余灯灭
      else   {VD1=0; VD0=VD2=VD3=1;}         //S0 被按下，S1 未被按下，则 VD1 亮，其余灯灭
    else                                     //若 S0 未被按下
      if (s1!=1) {VD2=0; VD0=VD1=VD3=1;}     //S0 未被按下，S1 被按下，则 VD2 亮，其余灯灭
      else   {VD0=0; VD1=VD2=VD3=1;}}}       //S0、S1 均未被按下，则 VD0 亮，其余灯灭
```

（3）switch 语句

```
#include <reg51.h>                           //包含访问 sfr 库函数 reg51.h
void   main ( ){                             //主程序
  unsigned char   k;                         //定义无符号字符型变量 k（键状态寄存器）
  P1=P1|0xcf;                                //置 P1.7、P1.6 输入态，4 灯灭，P1.5、P1.4 状态不变
  while(1){                                  //无限循环
    k=P1&0xc0;                               //读 P1.7、P1.6 键状态
    switch (k){                              //switch 语句开头，根据键状态 k 的值判断
      case 0: P1=P1&0xf0|0xc7; break;        //S0、S1 均按下，VD3 亮，其余灯灭，并终止 switch 语句
      case 0x80: P1=P1&0xf0|0xcb ;break;     //S1 单独按下，VD2 亮，其余灯灭，并终止 switch 语句
      case 0x40: P1=P1&0xf0|0xcd ;break;     //S0 单独按下，VD1 亮，其余灯灭，并终止 switch 语句
      default: P1=P1&0xf0|0xce;}}}           //S0、S1 均未按下，VD0 亮，其余灯灭
```

上述 switch 语句程序中，第 6 行"P1&0xc0"是屏蔽 P1 口后 6 位，单取 P1.7、P1.6 键状态值；第 8～11 行中"P1&0xf0|0x××"是保留 P1 口高 4 位状态（P1.5、P1.4 可能还有他用，不能随意改变），改变低 4 位 VD3～VD0 亮灭状态，高 4 位先"与"1，后"或"0，低 4 位先"与"0，后"或"灯亮灭状态值。

任务 4.2 键控信号灯 Keil 编译调试

学习本任务的目的是进一步熟悉 Keil 的编译调试方法。

图 2-1 所示键控信号灯电路的 Keil 编译调试可按下列步骤和方法进行。

1）打开 μVision，建立工程项目，设置工程属性。用鼠标左键双击桌面图标 μVision（）后，进入工程编辑启动界面，按任务 2.1 节所述步骤操作，直至出现图 1-8 所示的窗口为止。其中，对工程属性设置、单片机工作频率，可根据需要重新设置；生成可执行 Hex 代码文件（用于写入单片机 ROM 或 Proteus ISIS 虚拟硬件仿真）应在图 1-6 所示的"Create Hex File"复选框内打勾。其余设置项都可按默认值，不必修改。

2）编写和输入源程序。源程序已经在任务 4.1 节中完成，此处不再赘述，操作步骤可按任务 2.2 节所示进行。一般来讲，在 Word 中编写程序较为方便，而在 μVision 程序编写窗口，因幅面和字体较小，且不熟悉其功能图标和快捷键，编写相对不便。因此编者建议，可先在 Word 界面西文状态下编写源程序，然后再把该文本程序 copy 到 μVision 程序编写窗口中。

需要特别提醒的是，程序语句中不能加入全角符号。例如全角的分号、逗号、圆括号、引号、大于和小于号等。否则，编译器都将这些全角符号视为语法出错。

3）程序编译链接及纠错。按任务 2.3 节中的步骤操作。

① 用鼠标左键单击编译图标""，在屏幕下方输出窗口的 Build 选项卡中，将出现图 1-41a 所示的编译信息。若显示"0 Error(s)，0 Warning(s)"，表示源程序语法无错；否则，会有错误报告示出，用鼠标左键双击该行，可以定位到出错的位置，修改后重新编译，直至全部修正完毕为止。

② 用鼠标左键单击编译链接图标按钮""，在屏幕下方输出窗口的 Build 选项卡中，将出现图 1-41b 所示的链接信息。若显示"0 Error(s)，0 Warning(s)"，表示整个编译链接过程完成，可进入程序调试阶段。

4）调试设置准备。用鼠标左键单击图 1-40b 中的图标按钮""，可进入/退出调试状态。然后再根据需要打开所需界面，观测程序运行的过程和结果。

① 在变量观测窗口观测变量 P1 状态。用鼠标左键单击位于屏幕下方中间变量观测窗口的 Watch#1 选项卡，按图 1-47b 所示方法，在该选项卡窗口中，用鼠标左键单击"type F2 to edit"，然后按〈F2〉键，再输入变量名 P1，按〈Enter〉键，就可在程序运行时观测变量 P1 的状态。

② 在并行 I/O 口中观测变量 P1 口状态。按图 1-50 所示，用鼠标左键单击主菜单"Peripherals"，在下拉菜单中，光标指向"I/O-Port"，再在子下拉菜单中选择并用鼠标左键单击"Port 1"按钮，会弹出图 1-52b 所示 P1 口对话框。其中，上面一行（标记为 P1）为模拟 I/O 口输出变量，下面一行（标记为 Pins）为模拟 I/O 口引脚输入信号。打勾（√）为 1，空白为 0，用鼠标左键单击可改变其状态。

③ 设置断点。将光标移至第一条 if 语句行前用鼠标左键双击；或光标移至该程序行以后，用鼠标左键单击图 1-40b 中断点设置图标""，该行语句前会出现一个红色小方块标记，表示此处已被设置为断点。程序运行到此处时，会停下来等待调试指令。用同样方法分别在其余 if 和 else if 语句行设置断点。

5）程序调试。根据不同程序的调试要求，一般可分为断点运行、单步运行和全速运行。

① 断点运行。用鼠标左键单击全速运行图标""，由于预先设置了断点，因此当程序

全速运行至断点时，就停了下来。若程序运行之初，P1.7、P1.6（s0、s1）状态被设置为 11（两键断开），则 P1 口 P1.3～P1.0 状态为 1110，表示 VD0 灯亮，其余灯灭。若改变 P1.7、P1.6（s0、s1）的状态设置，例如，设置为 01、10 或 00，并再次用鼠标左键单击全速运行图标，则 P1.3～P1.0 状态会变成 1101、1011 和 0111，即分别表示 VD1 灯亮（其余灯灭）、VD2 灯亮（其余灯灭）和 VD3 灯亮（其余灯灭）。

与此同时，屏幕下方变量观测窗口 Watch#1 选项卡中，P1 口输出值依次相应为 0xFE、0xFD、0xFB、0xF7，该值对应了 VD0～VD3 灯的亮灭状态。

② 单步运行。单步运行需先去除原来设置的断点，用鼠标左键单击图 1-40b 中删除断点图标" 🐾 "，标志断点的红色小方块标记会全部消失，表示断点被删除。然后设置 P1.7、P1.6 状态，用鼠标左键不断单击图 1-43 中单步运行图标" 🔂 "，从 P1 口或 Watch#1 选项卡都可看到程序运行结果。此时会注意到，对于不同的 P1.7、P1.6 设置，不但程序运行最终结果不同，而且程序运行路径也不同。

③ 全速运行。全速运行也要先去除原来设置的断点，全速运行后，暂停图标" ⊗ "会变为红色。若改变 P1.7、P1.6 状态，P1.3～P1.0 状态会随之按题目要求改变。

任务 4.3　键控信号灯 Proteus 虚拟仿真运行

学习本任务的目的是进一步熟悉画 Proteus 虚拟仿真电路和虚拟仿真运行的方法。

1. 画 Proteus 虚拟仿真电路

画 Proteus 虚拟仿真电路，一般不需要每次从"新建原理图设计"→"设置编辑环境"开始，可利用已有 Proteus 虚拟仿真电路（复制→另存），在此基础上改画。

按任务 3.2 所述方法和步骤，画出图 2-1 电路的 Proteus ISIS 虚拟信号灯电路，如图 2-2 所示。其中，80C51 按表 1-1 所示在 Microprocessor ICs 库中；发光二极管在 Optoelectronics→LEDs 库中，建议选用有色 LED，虚拟仿真时比较直观；电阻器在 Resistors 库中，选 Chip Resistor 1/8W 5% 电阻；电源（⊥）、接地（⊥）等终端符号可用鼠标左键单击图 1-15 所示左侧配件模型工具栏中图标" ☰ "（见图 1-17b），在元器件选择窗口列出的终端选项中选择。

2. 虚拟仿真运行

按任务 3.3 所述方法和步骤，装入在 Keil 编译调试时自动生成的 Hex 文件，用鼠标左键单击位于原理图编辑窗口左下方的仿真运行工具栏（见图 1-18）中全速运行按钮" ▶ "（运行后该按钮颜色变为绿色），该单片机应用系统就开始虚拟仿真运行。在运行后的原理图中，各端点会出现红色或蓝色小方块，红色小方块代表高电平，蓝色小方块代表低电平。因此，当发光二极管阳极端小方块呈红色、阴极端小方块呈蓝色时，发光二极管导通；否则，发光二极管截止。但若选用有色发光二极管（如"LED-RED""LED-GREEN""LED-YELLOW"等），可直观地看到发光二极管发出有色亮光，观赏效果很好。即时操作带锁按钮 S0、S1（用鼠标左键单击按钮右侧小红点，按钮闭合；再次单击，按钮断开），信号灯会按题目要求随之变化。

若虚拟仿真运行不合要求，应从硬件和软件两个方面分析、查找原因，修改后重新进行 Keil 编译链接，生成 Hex 文件，再虚拟仿真运行。

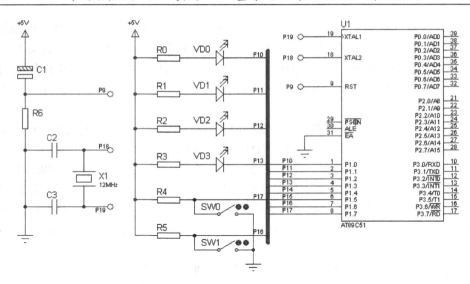

图 2-2　Proteus ISIS 虚拟信号灯电路

终止程序运行，可按停止按钮"■"。

项目 5　计算累加和

"计算累加和"是单片机应用编程常见的课题，不涉及外围硬件电路，主要应用 C51 循环语句，只需 Keil 软件调试。

试求：$sum=\sum_{n=1}^{100} n =1+2+\cdots+100$。

任务 5.1　编制累加和程序

"计算累加和"编程需应用 C51 循环语句。因此，读者应先阅读基础知识 2.4 节。在初步理解的基础上，再理解下面介绍的 3 种不同形式的程序，达到理解并熟悉 C51 循环语句应用的目的。

C51 循环语句主要有以下 3 种形式，现用这 3 种不同形式分别编写程序如下。

（1）while 循环

```
void   main ( ){                    //主函数
   unsigned char   n=1;             //定义无符号字符型变量 n，并赋初值
   unsigned int   sum=0;            //定义无符号整型变量 sum，并赋初值
   while (n<=100){                  //循环条件判断：当 n≤100 时循环，否则跳出循环
      sum=sum+n;                    //循环体语句：累加求和（本语句也可写成：sum+=n;）
      n++;}                         //修正循环变量，n=n+1，并返回循环条件判断
   while(1);}                       //原地等待
```

需要说明的是，"while (1)"语句括号内的值为 1，表示始终是真。因此，该语句为无限循环。为什么要在末尾无限循环呢？并非本题程序需要，而是为了便于程序调试。若程序中

没有该语句，则主程序运行结束后，临时开辟的局部变量存储单元将被释放，系统无法读到 n 和 sum 存储单元中的值，而有了"while (1)"语句，主程序运行尚未结束，仅在"while (1)"语句行无限循环、原地踏步，局部变量存储单元未被释放，因此能读到并显示 n 和 sum 的值。

（2）do-while 循环

```
void   main ( ){                    //主函数
    unsigned char   n=1;            //定义无符号字符型变量 n，并赋初值
    unsigned int   sum=0;           //定义无符号整型变量 sum，并赋初值
    do {sum=sum+n;                  //循环体语句：累加求和（也可写成：sum+=n;）
      n++;}                         //修正循环变量，n=n+1，并返回循环条件判断
    while(n<=100);                  //循环条件判断：当 n≤100 时循环，否则跳出循环
    while(1);}                      //原地等待
```

（3）for 循环

```
void   main ( ){                    //主函数
    unsigned char   n=1;            //定义无符号字符型变量 n，并赋初值
    unsigned int   sum=0;           //定义无符号整型变量 sum，并赋初值
    for (; n<=100; n++)             //循环条件 n<=100，循环变量更新 n++
      sum=sum+n;                    //循环体语句：累加求和（也可写成 sum+=n;）
    while(1);}                      //原地等待
```

任务 5.2　累加和 Keil 编译调试

学习本任务的目的是：通过对"计算累加和"程序的 Keil 编译调试，进一步理解和熟悉 C51 循环语句的 3 种不同形式；在变量观测窗口"Locals"和"Watch#1、#2"选项卡观测变量的变化状态；理解程序末尾添加"while (1)"语句的功效；同时进一步熟悉 Keil 编译的调试方法。

计算累加和 Keil 编译调试可按下列步骤和方法进行。

1）打开 μVision，输入源程序。用鼠标左键双击桌面图标 μVision（🔳）后，出现上次调试的工作界面。若不改变单片机机型和工作频率，不保留上次程序调试文件，仅用于本次调试，则不必按任务 2.1、2.2 节所述每一步骤重新操作一遍，而可直接将在 Word 界面西文状态下编写好的源程序，覆盖上次调试的程序。

2）程序编译、语法纠错及链接，操作步骤和要求同任务 2.3 节。

3）程序调试。可根据需要打开所需界面，本例只需观测程序运行的最后结果 sum 值。

① 用鼠标左键单击进入/退出调试状态的图标按钮"🔍"，此时程序处于待运行状态。变量观测窗口 Locals 选项卡显示程序中的两个局部变量，即 n 和 sum，值均为 0。调试时可有多种选择，即单步、全速等。本例只需观测程序运行的最后结果 sum 值，可先观测全速运行方式。

② 用鼠标左键单击全速运行图标"🔳"，此时调试工具条中暂停图标"⊗"变成红色（表示被激活，可操作），同时变量观测窗口 Locals 选项卡中局部变量 n 和 sum 消隐，用鼠标左键单击红色暂停图标，该图标复原为灰色，Locals 选项卡恢复显示：n=101，sum=5050（显示十进制数需按图 1-47c 所示方法操作）。表示 n=101 时停止累加，之前累加值 sum=5050。

需要说明的是，Locals 选项卡只能显示当前运行函数的局部变量，例如，本函数的局部变量 n 和 sum，函数运行结束，这些局部变量就会被释放（释放后就观察不到了）。为此，本例函数在程序末尾加了一句 "while (1)"，表示程序运行尚未结束，可避免局部变量释放。这样就可以从 Locals 选项卡读到 n 和 sum 的值。

但若在变量观测窗口 Watch#1 或 Watch#2 选项卡按图 1-47b 所示方法，设置观测变量 n 和 sum，则无论是否有 "while (1)" 语句，该选项卡均有 n 和 sum 值显示。设置方法是用鼠标左键单击该选项卡窗口中 "type F2 to edit"，然后按〈F2〉键，再输入变量名 n，按〈Enter〉键；再次单击 "type F2 to edit"，按〈F2〉键，用同样方法输入变量名 sum，即能显示该两个变量的动态值。

③ 若选择单步运行，可用鼠标左键不断单击单步运行图标 "{·}"，程序逐行依次运行。而本例程序大部分反复运行在循环体语句 "sum=sum+n" 和 "n++" 之间，变量观测窗口 Locals 选项卡中 n 和 sum 值依次逐步增加：n=1，sum=1；n=2，sum=3；n=3，sum=6；…；n=100，sum=5050。

④ 修改变量 n 赋值数据，重新编译、链接、调试，可得到不同 n 值的程序运行结果。

编译调试任务 5.1 节中的 3 种不同形式的程序，均能得到相同的结果。

项目 6　模拟交通灯

模拟十字路口交通灯电路如图 2-3 所示。共 4 组红、黄、绿灯，要求：相反方向相同颜色的灯显示相同，垂直方向相同颜色的红、绿灯显示相反。P1.0～P1.2 分别控制横向两组红、黄、绿灯，P1.3～P1.5 分别控制纵向两组红、黄、绿灯。横向绿灯先亮 4s（为便于观察运行效果而缩短时间），再快闪（亮暗各 0.1s，闪烁 5 次）1s；然后黄灯亮 2s；横向绿灯、黄灯亮闪期间，纵向红灯保持亮状态（共 7s）；再然后纵向绿灯、黄灯重复上述横向绿灯、黄灯亮闪过程，纵向与横向交替不断。

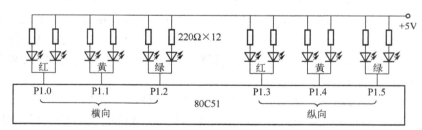

图 2-3　模拟十字路口交通灯电路

任务 6.1　编制模拟交通灯程序

编制模拟交通灯程序涉及函数及其调用。因此，读者宜先阅读理解基础知识 2.5 节。学习本任务的目的是理解和熟悉 C51 函数的基本概念。模拟交通灯编程如下。

```c
#include <reg51.h>          //包含访问 sfr 库函数 reg51.h
sbit  GA=P1^2;              //定义 GA 为横向绿灯 P1.2
sbit  GB=P1^5;              //定义 GB 为纵向绿灯 P1.5
```

```
void delay(unsigned int  i){        //定义无类型延时函数 delay，形参 i
  unsigned char   j;                //定义无符号字符型变量 j
  for (; i>0; i--)                  //for 循环。若 i>0，则 i=i-1
    for ( j=244; j>0; j--);}        //for 循环。j 赋初值 244，若 j>0，则 j=j-1
void   main ( ) {                   //主函数
  unsigned char   i;                //定义循环变量 i
  while(1) {                        //无限循环
    P1=0xf3;                        //横向绿灯、纵向红灯亮
    delay(8000);                    //延时 4s
    for(i=0;i<10;i++) {             //横向绿灯闪烁循环
      GA=!GA;                       //横向绿灯闪烁，纵向红灯保持亮
      delay(200);}                  //间隔 0.1s
    P1=0xf5;                        //横向黄灯亮、纵向红灯亮
    delay(4000);                    //延时 2s
    P1=0xde;                        //纵向绿灯、横向红灯亮
    delay(8000);                    //延时 4s
    for(i=0;i<10;i++) {             //纵向绿灯闪烁循环
      GB=!GB;                       //纵向绿灯闪烁，横向红灯保持亮
      delay(200);}                  //间隔 0.1s
    P1=0xee;                        //纵向黄灯亮、横向红灯亮
    delay(4000);}}                  //延时 2s
```

上述程序在不同时段调用了延时函数 delay，并赋予不同的延时实参，获得了不同的延时时间，即红、黄、绿灯获得了不同的亮灭时间。

任务 6.2　模拟交通灯 Keil 编译调试

学习本任务的目的除了验证程序能否实现任务 6.1 的要求之外，还要求学会比较精确的测定延时子函数的延时时间。

参照任务 2.3 中流水循环灯编译调试的方法和步骤，打开 P1 口对话框，全速运行，可以看到 P1.0～P1.5 快速闪变。

为了看清闪变过程是否符合题目要求，可适当延长延时时间。例如，用两条 delay(60000) 替代 delay(8000) 延时 4s，用 delay(60000) 替代 delay(4000) 延时 2s，用 delay(10000) 替代 delay(200) 延时 0.1s，重新编译链接，进入调试状态，全速运行，可以比较清楚地看到 P1.0～P1.5 闪变过程符合题目要求。为什么要用两条 delay(60000) 替代 delay(8000)，而不能用一条 delay(120000) 替代 delay(8000) 呢？原因是 delay 函数形参 i 的数据类型为 unsigned int，最大值为 65535，不能超越。

为了比较精确地测定延时时间，可以在 delay(8000)、delay(4000) 和 delay(200) 处设置断点（参照任务 2.3 节），全速运行，至断点处程序停运行，记录进入该延时子函数前的 sec 值，然后按过程单步键，快速执行该延时子函数完毕，再读取 sec 值，两者之差，即为该延时子函数执行时间。读者可看到延时时间非常接近题目要求。

任务 6.3　模拟交通灯 Proteus 虚拟仿真

按图 2-3 所示画出模拟交通灯 Proteus 虚拟仿真电路，若为节省时间，可利用已有 Proteus

虚拟仿真电路（复制→另存），在此基础上改画。

1. 画 Proteus 虚拟仿真电路

按任务 3.2 所述的方法和步骤，画出 Proteus ISIS 虚拟模拟交通灯电路，如图 2-4 所示。其中，80C51 按表 1-1 在 Microprocessor ICs 库中；发光二极管在 Optoelectronics→LEDs 库中，建议选用有色 LED，虚拟仿真时比较直观；电阻器在 Resistors 库中，选 Chip Resistor 1/8W 5%电阻；电容器在 Capacitors 库中，选"Ceramic Disc"（瓷片电容）和"Miniature Electrolytic"（微型电解电容）；晶振在 Miscellaneous 库中，选"CRYSTAL"；电源（↑）、接地（⏚）等终端符号可用鼠标左键单击图 1-15 左侧配件模型工具栏中图标"≣"（见图 1-17b），在元器件选择窗口列出的终端选项中选择。

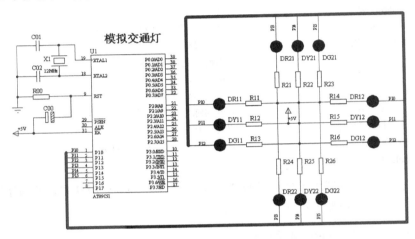

图 2-4　Proteus ISIS 虚拟模拟交通灯电路

2. 虚拟仿真运行

按任务 3.3 所述方法和步骤，装入在 Keil 编译调试时自动生成的 Hex 文件，用鼠标左键单击位于原理图编辑窗口左下方的仿真运行工具栏（见图 1-18）中全速运行按钮"▶"（运行后该按钮颜色变为绿色），观测仿真运行是否符合题目要求。

若虚拟仿真运行不符合要求，应从硬件和软件两个方面分析、查找原因，修改后重新进行 Keil 编译链接，生成 Hex 文件，再虚拟仿真运行。

终止程序运行，可按停止按钮"■"。

项目 7　花样循环灯

已知花样循环灯电路如图 2-5 所示。任务 2.2 中的程序已实现了流水循环，也可编程实现各色花样循环。

任务 7.1　编制花样循环灯程序

编制各色花样循环灯程序通常要涉及 C51 数组和指针。因此，读者应先阅读理解基础知识 2.6 节。学习本节的目的是理解和熟悉 C51 数组和指针的基本概念，特别是数组的应用。

现要求按以下两种方式改变亮灯循环，试编写程序。

1）程序 1。

① 全亮，全暗，并重复一次。

② 从上至下，每次亮两个，并重复一次。

③ 从上至下，每次亮 4 个，并重复一次。

④ 从上至下，每次间隔亮两个（亮灯中间暗一个），并重复一次。

⑤ 从上至下，每次间隔亮 4 个（亮灯中间暗一个），并重复一次。

⑥ 上述过程，更新间隔约 0.5s，不断循环重复。

编程如下。

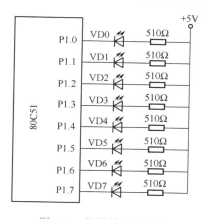

图 2-5　花样循环灯电路

```
#include <reg51.h>                                //包含访问 sfr 库函数 reg51.h
unsigned char   code   led[28]={                  //定义花样循环码数组，存在 ROM 中
   0x00,0xff,0x00,0xff,                           //全亮，全暗，并重复一次
   0xfc,0xf3,0xcf,0x3f,0xfc,0xf3,0xcf,0x3f,       //每次亮两个，并重复一次
   0xf0,0x0f,0xf0,0x0f,                           //每次亮 4 个，并重复一次
   0xfa,0xf5,0xaf,0x5f,0xfa,0xf5,0xaf,0x5f,       //每次间隔亮两个（亮灯中间暗一个），并重复一次
   0xaa,0x55,0xaa,0x55};                          //每次间隔亮 4 个（亮灯中间暗一个），并重复一次
void   main ( ) {                                 //主函数
   unsigned char   i;                             //定义循环变量 i
   unsigned long   t;                             //定义长整型延时参数 t
   while(1) {                                      //无限循环
      for(i=0;i<28;i++) {                          //花样循环
         P1=led[i];                                //读亮灯数组，并输出至 P1 口
         for (t=0; t<=11000; t++ );}}}             //延时 0.5s
```

2）程序 2。

① 全亮 2s。

② 从上至下依次暗灭（更新间隔约 0.5s），每次减少一个，直至全灭为止。

③ 从上至下依次点亮（更新间隔约 0.5s），每次增加一个，直至全亮为止。

④ 闪烁 5 次（亮暗时间各约 0.5s）。

⑤ 重复上述过程，不断循环。

编程如下。

```
#include <reg51.h>                                //包含访问 sfr 库函数 reg51.h
unsigned char   code   led[30]={                  //定义花样循环码数组，存在 ROM 中
   0,0,0,0,                                       //全亮 2s
   0x01,0x03,0x07,0x0f,0x1f,0x3f,0x7f,0xff,       //从上至下依次暗灭，每次减少一个，直至全灭
   0xfe,0xfc,0xf8,0xf0,0xe0,0xc0,0x80,0x00,       //从上至下依次点亮，每次增加一个，直至全亮
   0xff,0x00,0xff,0x00,0xff,0x00,0xff,0x00,0xff,0x00};    //闪烁 5 次
void   main ( ) {                                 //主函数
   unsigned char   i;                             //定义循环变量 i
   unsigned long   t;                             //定义长整型延时参数 t
```

```
while(1) {                            //无限循环
    for(i=0;i<30;i++) {               //花样循环
        P1=led[i];                    //读亮灯数组，并输出至 P1 口
        for (t=0; t<=11000; t++ );}}} //延时 0.5s
```

比较上述两例程序可知，它们的区别仅是花样循环码数组不同。因此，若要改变花样循环方式，只需编制相应的花样循环码数组和修改循环次数。

3）程序 3。对于上述程序，还可利用指针指向并输出数组元素。例如，可将上述程序 1 改写如下。

```
#include <reg51.h>                          //包含访问 sfr 库函数 reg51.h
unsigned char   code   led[28]={            //定义花样循环码数组，存在 ROM 中
    0x00,0xff,0x00,0xff,                    //全亮，全暗，并重复一次
    0xfc,0xf3,0xcf,0x3f,0xfc,0xf3,0xcf,0x3f, //每次亮两个，并重复一次
    0xf0,0x0f,0xf0,0x0f,                    //每次亮 4 个，并重复一次
    0xfa,0xf5,0xaf,0x5f,0xfa,0xf5,0xaf,0x5f, //每次间隔亮两个（亮灯中间暗一个），并重复一次
    0xaa,0x55,0xaa,0x55};                   //每次间隔亮 4 个（亮灯中间暗一个），并重复一次
void   main ( ) {                           //主函数
    unsigned long   t;                      //定义长整型延时参数 t
    unsigned char   *p;                     //定义指向数组的指针变量 p
    while(1) {                              //无限循环
        for(p=led;p<led+28;p++) {          //花样循环，循环变量为指针变量 p
            P1=*p;                          //按指针变量 p 读亮灯数组，并输出至 P1 口
            for (t=0; t<=11000; t++ );}}}   //延时 0.5s
```

读者可对比程序 1 与程序 3，找出规律，从而加深对指针和指针变量的理解。

任务 7.2　花样循环灯 Keil 编译调试

参照任务 2.3 所述的流水循环灯编译调试方法和步骤（应将两例程序分别进行编译调试），打开 P1 口对话框，全速运行，可以看到 P1.0～P1.7 快速闪变。

为了看清闪变过程是否符合题目要求，可适当延长更新间隔延时时间。例如，将"t<=11000"改为"t<=300000"。重新编译链接，进入调试状态，全速运行，可以比较清楚地看到 P1.0～P1.7 闪变过程符合题目要求。

测定延时循环语句延时时间：在最后一条语句"for (t=0; t<=11000; t++)"处设置断点（参照任务 2.3），全速运行，至断点处程序停运行，记录进入该延时循环语句前的 sec 值，然后单击过程"单步运行"按钮，快速执行该延时循环语句完毕，再读取 sec 值，两者之差，即为该延时循环语句执行时间。

任务 7.3　花样循环灯 Proteus 虚拟仿真

花样循环灯电路与流水循环灯电路相同，仅因驱动程序不同，而运行过程和结果也不同。为节省时间，可直接利用任务 3.2 中画出的图 1-30 所示的 Proteus ISIS 虚拟电路。

装入在 Keil 编译调试时自动生成的 Hex 文件（可将 3 种程序分别虚拟仿真运行），用鼠标左键单击位于原理图编辑窗口左下方的仿真运行工具栏中全速运行按钮"▶"（运行后按

钮颜色变为绿色），观测仿真运行过程。

若虚拟仿真运行不符合要求，应从硬件和软件两个方面分析、查找原因，修改后重新进行 Keil 编译链接，生成 Hex 文件，再虚拟仿真运行。

终止程序运行，可按停止按钮"⬛■▮"。

基础知识 2

2.1　C51 数据与数据类型

具有某种特定格式的数字或字符称为数据。数据是计算机操作的对象，计算机能够直接识别的只有二进制数据。但作为编程语言，只要符合该语言规定的格式，并最终能用二进制编码表示，就都可以作为该语言的数据。

1. 数据类型

数据的不同格式称为数据类型。C51 的数据类型主要可分为基本类型、构造类型、指针类型和空类型。其中，基本类型又可分为位型 bit、字符型 char、整型 int、长整型 long 和浮点型 float（也称为实型）；构造类型又可分为数组类型 array、结构体类型 struct、共用体 union 和枚举 enum 等，如图 2-6 所示。

数据类型决定了该数据占用存储空间的大小、表达形式、取值范围及可参与运算的种类。

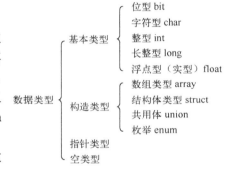

图 2-6　C51 的数据类型分类

2. 数据长度

数据长度，即数据占用存储器空间的大小（字节数）。不同的数据类型，其数据长度是不同的。其中，字符型 char 为单字节（8bit），整型 int 为双字节（16bit），长整型 long 和浮点型 float 均为 4B（32bit），位型 bit 的数据长度只有 1bit。位型 bit 和特殊功能寄存器 sfr 是 C51 针对 80C51 系列单片机扩展的特有数据类型。

根据有、无符号，字符型、整型和长整型又可分别分为有符号 signed 和无符号 unsigned，有符号时 signed 一般可省略不写。无符号时全部为正值；有符号时，其值域有正有负，最高位用于表示正负，"0"表示正，"1"表示负。因此，同类型数据有、无符号，其数据长度是相同的，但值域不同。C51 的数据长度和值域如表 2-1 所示。

表 2-1　C51 的数据长度和值域

数 据 类 型			长 度	值 域
ANSI C 标准	字符型	无符号 unsigned char	8 bit（单字节）	0～255
		有符号 char	8 bit（单字节）	−128～+127
	整型	无符号 unsigned int	16 bit（双字节）	0～65535
		有符号 int	16 bit（双字节）	−32768～+32767
	长整型	无符号 unsigned long	32 bit（4B）	0～4294967295
		有符号 long	32 bit（4B）	−2147483648～+2147483647

（续）

数据类型			长度	值域
ANSI C 标准	浮点型（实型）	float	32 bit（4B）	±1.175494E-38～±3.402823E+38
	指针型	*	1～3B	对象的地址
C51 特有	位型	bit	1 bit	0 或 1
		sbit	1 bit	0 或 1
	特殊功能寄存器	sfr	8 bit（单字节）	0～255
		sfr 16	16 bit（双字节）	0～65535

3. 标识符

在 C 语言程序中，数据、数据类型、变量、数组、函数和语句等常用标识符表示。实际上标识符就是一个代号，是上述这些数据和函数的名字。C 语言标识符命名规定如下。

1）标识符只能由字母、数字和下划线 3 种字符组成，且需以字母或下划线开头。

2）标识符不能与"关键词"同名。关键词是 C 语言中一种具有固定名称和特定含义的专用标识符，用户不能用它自行定义其他用途。ANSI C 和 Keil C51 扩展的关键词分别如表 2-2 和表 2-3 所示。

表 2-2　ANSI C 标准中的关键词

关 键 词	用 途	功 能 说 明
auto	存储种类声明	用以声明局部变量
break	程序语句	退出最内层循环体
case	程序语句	switch 语句中的选择项
char	数据类型声明	单字节整型数或字符型数据
const	存储种类声明	在程序执行过程中不可修改的常量
continue	程序语句	转向下一次循环
default	程序语句	switch 语句中的失败选择项
do	程序语句	构成 do…switch 循环结构
double	数据类型声明	双精度浮点数
else	程序语句	构成 if…else 选择结构
enum	数据类型声明	枚举
extern	存储种类声明	在其他程序模块中，声明全局变量
float	数据类型声明	单精度浮点数
for	程序语句	构成 for 循环结构
goto	程序语句	构成 goto 转移结构
if	程序语句	构成 if…else 选择结构
int	数据类型声明	基本整型数
long	数据类型声明	长整型数
register	存储种类声明	使用 CPU 内部寄存器的变量
return	程序语句	函数返回
short	数据类型声明	短整型数
signed	数据类型声明	有符号数

（续）

关　键　词	用　　途	功　能　说　明
sizeof	运算符	取表达式或数据类型的字节数
static	存储种类声明	静态变量
struct	数据类型声明	结构类型数据
switch	程序语句	构成 switch 选择结构
typedef	数据类型声明	重新进行数据类型定义
union	数据类型声明	联合数据类型
unsigned	数据类型声明	无符号数据
void	数据类型声明	无类型数据
volatile	数据类型声明	声明该变量在程序执行中可被隐含地改变
while	程序语句	构成 while 和 do…while 循环结构

表 2-3　Keil C51 扩展的关键词

关　键　词	用　　途	功　能　说　明
_at_	地址定位	为变量进行存储器绝对空间地址定位
alien	函数特性声明	用于声明与 PL/M51 兼容的函数
bdata	存储器类型声明	可位寻址的 8051 内部数据存储器
bit	位变量声明	声明一个位变量或位类型的函数
code	存储器类型声明	8051 程序存储器空间
compact	存储器模式	指定使用 8051 外部分页寻址数据存储器空间
data	存储器类型声明	直接寻址的 8051 内部数据存储器
far	存储器类型声明	访问超越 64kB 的扩展存储器（ROM 和 RAM）空间
idata	存储器类型声明	间接寻址的 8051 内部数据存储器
interrupt	中断函数声明	定义一个中断服务函数
large	存储器模式	指定使用 8051 外部数据存储空间
pdata	存储器类型声明	分页寻址的 8051 外部数据存储器
priority	多任务优先声明	规定 RTX51 或 RTX51Tiny 的任务优先级
reentrant	再入函数声明	定义一个再入函数
sbit	位变量声明	声明一个可位寻址变量
sfr	特殊功能寄存器声明	声明一个 8 位的特殊功能寄存器
sfr16	特殊功能寄存器声明	声明一个 16 位的特殊功能寄存器
small	存储器模式	指定使用 8051 内部数据存储空间
task	任务声明	定义实时多任务函数
using	寄存器组定义	定义 8051 工作寄存器组
xdata	存储器类型声明	8051 外部数据存储器

3）英文字母区分大小写。即标识符中的英文字母大小写不能通用。

4）有效长度随编译系统而异，一般多于 32 个字符，已足够用了。

需要说明的是，通常命名标识符宜简单而含义清晰，便于阅读理解，最好能达到见名知义的效果，即选用有英文含义的单词或其缩写。例如，Number_Of_Students，一看就容易明白是"学生人数"，而若取 aa、bb 之类的标识符，就无法见名知义。但标识符名也不宜取得过长，以 3～6 个字符为宜，标识符名过长，输入不便且易出错。例如，上述"学生人数"的标识符若取 num_s，就比较简洁明了。

4. 常量

C 语言中的数据可分为常量和变量。在程序运行过程中，其值不能被改变的量称为常量。按数据类型可分为位型常量、字符型常量、整型常量、浮点型常量、字符常量、字符串常量和符号常量。

（1）位型常量（bit）

位型常量是占据存储空间 1bit 的常数，它只有两种形式，即 0 和 1。

（2）字符型常量（char）

字符型常量不能单纯地理解为表示字符的数据常量，而应理解为一个 8bit 的数据常整数，数值小于 256。它可以代表数据，也可以代表用 8bit 数据表示的 ASCII 字符。字符型常量有以下 3 种表达形式。

1）十进制整数：由数字 0～9 和正负号表示，例如，12，–34，0。

2）八进制整数：由数字 0 开头，后跟数字 0～7 表示，例如，012，034，077。

3）十六进制整数：由 0x（或 0X）开头，后跟数字 0～9 或字母 a～f（大小写均可）表示，例如，0x12，0x3A，0Xff。

需要说明的是，八进制数是 20 世纪 70 年代微型计算机初级阶段（4 位机）用的，进入 20 世纪 80 年代末 90 年代初就已彻底淘汰。但八进制数是 C 语言认可的常整数，本书录入的原意，并不是为了使用八进制数，而是提醒读者，不要随意在十进制整数前加 0，否则 C51 编译器将误作为八进制数处理而出错。实际上，C51 所用的字符型常量只需十进制数和十六进制数。

（3）整型常量（16 位 int 和 32 位 long）

整型常量分为 16 位（int）和 32 位（long）。实际上，字符型（char）常量也属于整型（整数），区别是数据长度不同。字符型常量是 8bit，其无符号最大值 $\leqslant 2^8-1=255$；整型（int）常量是 16bit，其无符号最大值 $\leqslant 2^{16}-1=65535$。长整型（long）常量是 32bit，其无符号最大值 $\leqslant 2^{32}-1=4294967295$。

（4）浮点型常量（float）

浮点型又称为实型，就是带小数点或用浮点指数表示的数。浮点型有以下两种表示形式。

1）十进制小数。例如，0.123，45.6789。

2）指数形式。例如，1.23E4（表示 1.23×10^4），–1.23E4（表示 -1.23×10^4），1.23E–4（表示 1.23×10^{-4}）。字母 E(e) 之前必须有数字，且 E(e) 后面的指数必须是整数，否则都是不合法的。

（5）字符常量

字符常量可以表示单个字符和控制字符。其长度为 8bit，数值就是该字符的 ASCII 代码值，用单引号' '括起来表示，例如 'a'、'?'、'n'。

在 ASCII 码中，除了可显示的字母、标点符号和数字外，还有一些控制字符，这些控制字符也是用英文字母表示的，称为转义字符。为了避免混淆，使用时需在前面加反斜杠"\"表示，反斜杠后面跟该控制字符或该字符的 ASCII 代码值，例如，'\n'（请注意'n'与'\n'的区别）。C51 常用转义字符如表 2-4 所示。

表 2-4　C51 常用转义字符表

转义字符	含义	ASCII 码	转义字符	含义	ASCII 码	转义字符	含义	ASCII 码
\o	空字符 NUL	0	\n	换行符 LF	10	\"	双引号	34
\b	退格符 BS	8	\f	换页符 FF	12	\'	单引号	39
\t	水平制表符 HT	9	\r	回车符 CR	13	\\	反斜杠	92

字符常量与字符型常量长度均为 8bit，数值范围均为 0~255，有什么区别呢？从数据长度、数值范围上看，没有区别。从表达形式上看，字符常量通常指用单引号括起来的字符（也可用数值表示），字符型常量通常指用 0~255 数值表示的常量（也可代表 ASCII 字符）。读者可能会问，那么一个 8bit 的数字到底是代表一个字符常量还是一个字符型常量呢？答案是都可以。它们既可以字符形式输出（用格式控制符%c），也可以数字形式输出（用格式控制符%bd 或%bu）。因此，从本质上看，字符常量是字符型常量的一种表达形式，字符型常量的内涵概念更广。

（6）字符串常量

用双引号" "括起来的字符序列称为字符串常量。字符串常量与字符常量不同：字符常量只能表示单个字符，用单引号' '括起来；字符串常量可同时表示多个字符，用双引号" "括起来，例如，字符串"hello" "h"。

需要指出的是，每个字符串编译后在末尾自动加一个'\o'（空字符）作为字符串结束标志。因此，若字符串的字符数为 n，则其占用存储空间字节数为 n+1。例如，'h'与"h"，打印（或显示）出来是相同的，但它们所占用的存储空间长度不同，"h"要比'h'多占用内存一个字节。

（7）符号常量

在 C51 中，也可用标识符代表常量，称为符号常量。用标识符代替常量，可提高程序的可读性和灵活性，便于检查和修改。为便于识别和防止误读误用，建议符号常量用大写字母书写。符号常量有以下两种定义方式。

1）宏定义符号常量。定义格式如下。

#define　宏名称标识符　常量值

例如：#define　PAI　3.1416

在以后的程序中，PAI 就表示常量 3.1416。

定义符号常量属于宏定义，不属于 C 语句。因此，其末尾不需加分号"；"，否则 C51 将"；"和常量一起赋给标识符而出错。另外，宏定义是预处理命令，应放在程序之初，即在 C51 程序正式编译前，就将预处理完成。

2）C 语句定义符号常量。定义格式如下。

const　[数据类型]　标识符=常量值；

例如：const　float　PAI=3.1416；

常量定义必须以 const 开头（const 的作用是指明常量，而不是变量），且定义与赋值同时完成，句末加分号"；"（C 语句均要加分号）。数据类型允许缺省（本书表达允许缺省时一律用中括号[ ]括起），缺省时数据类型默认为 int。因此，若上例改为 const　PAI=3.1416；则编

57

译器会将其默认为 int，此时 PAI=3。

2.2 C51 变量及其定义方法

在程序运行过程中，其值可以改变的量称为变量。

1. 变量概述

变量有两个要素，即变量名和变量值。变量名要求按标识符规则定义；变量值存储在存储器中。变量必须先定义，后使用。程序运行中，通过变量名引用变量值。

变量分类按数据类型可分为字符型变量、整型变量、实型变量、位变量和指针变量。其中，位变量只能有两种取值，1（真）和 0（假）。位变量是 C51 为 80C51 硬件特性操作而设置的，它只能存储在 80C51 系列单片机片内 RAM 的可位寻址空间中。

需要注意的是，符号常量与变量均用字母标识符表示，为易于识别，习惯上，符号常量一般用大写字母书写，变量一般用小写字母书写。

变量的数据长度如表 2-1 所示。从表中看到，字符型、整型和长整型变量都有有符号（signed）和无符号（unsigned）之分，C51 默认的是有符号格式。80C51 为 8 位机，本身并不支持有符号运算。若变量使用有符号格式，C51 编译器要进行符号位检测并需调用库函数，生成的代码比无符号时长得多，占用的存储空间会变大，程序运行速度会变慢，出错的机会也会增多。80C51 单片机主要用于实时控制，变量一般为 8bit 无符号格式，16bit 较少，有符号和有小数点的数值计算也很少。因此，在已知变量长度及变量为正整数的情况下，应尽量采用 8bit 无符号格式：unsigned char。

2. 变量的存储区域

C51 程序中使用的常量和变量必须定位在 80C51 不同的存储区域内。有关存储区域的要素是存储器类型和编译模式。

（1）存储器类型

C51 编译器完全支持 80C51 单片机的硬件结构，可访问 80C51 硬件系统的所有存储单元，其存储器类型与 80C51 存储空间的对应关系如表 2-5 所示。

表 2-5　C51 存储器类型与 80C51 存储空间的对应关系表

存储器类型	地址长度	地址值域范围	与 80C51 存储空间的对应关系
data	8 bit（1B）	0～127	片内 RAM 00H～7FH，直接寻址（对应 MOV 指令），共 128B
bdata	8 bit（1B）	32～47	片内 RAM 20H～2FH，直接寻址，共 16B 128 位，允许位与字节混合访问
idata	8 bit（1B）	0～255	片内 RAM 00H～FFH，间接寻址（对应 MOV @Ri 指令），共 256B
pdata	8 bit（1B）	0～255	片外 RAM 00H～FFH，分页间接寻址（对应 MOVX @Ri 指令），共 256B
xdata	16 bit（2B）	0～65535	片外 RAM 0000H～FFFFH，间接寻址（对应 MOVX @DPTR 指令），共 64KB
code	16 bit（2B）	0～65535	ROM 区 0000H～FFFFH，间接寻址（对应 MOVC 指令），共 64KB

由于数据定位在 80C51 不同的存储区域中，所以其访问方式和速度也就不同。data、bdata 和 idata 类型是访问片内 RAM，对应汇编语言中的 MOV 指令，是直接寻址和寄存器间接寻址，因而读/写速度很快；pdata 类型是访问片外 RAM 某一页 256B，只有低 8 位地址，即 00H～FFH，对应汇编语言中的 MOVX @Ri 指令间接寻址，访问速度相对 data 和 idata 要慢；xdata

类型是访问片外 RAM 64KB，有 16 位地址，即 0000H～FFFFH，对应汇编语言中的 MOVX @DPTR 指令；而 code 类型是访问 ROM，对应汇编语言中的 MOVC 指令，访问速度要慢许多。

因此，由于 80C51 片内 RAM 空间有限，不同性质的数据应区别对待。位变量只能定位在片内 RAM 位寻址区，使用 bdata 存储器类型；常用的数据应定位在片内 RAM 中，使用 data 和 idata 存储器类型；不太常用的数据可定位在片外 RAM 中，使用 pdata 和 xdata 存储器类型；常量可采用 code 存储器类型。

（2）编译模式

若用户不对变量的存储器类型作出定义，系统将采用由源程序、函数或 C51 编译器设置的编译模式默认存储器类型。C51 编译模式选项有 3 种，可对变量的存储器类型和编译后的代码规模作出选择。其中对变量存储器类型的作用如表 2-6 所示。缺省时，系统默认的模式为 Small。

表 2-6　C51 对变量存储器编译模式的作用

存储器编译模式	默认存储器类型	可访问存储空间
Small（小模式）	data	直接访问片内 RAM，堆栈在片内 RAM 中
Compact（紧凑模式）	pdata	用 R0、R1 间址访问片外分页 RAM，堆栈在片内 RAM 中
Large（大模式）	xdata	用 DPTR 间址访问片外 RAM 64KB

Small 模式默认的存储器类型是 data，堆栈也被放在片内 RAM 中，因而访问速度很快。但由于片内 RAM 容量有限，堆栈易溢出，所以适用于小型应用程序。

Compact 模式属于紧凑型，默认的存储器类型是 pdata，堆栈也被放在片内 RAM 中，因而访问速度比 Small 模式慢，比 Large 模式快。

Large 模式默认的存储器类型是 xdata，访问空间是片外 RAM 64KB，编译为机器代码时效率很低，访问速度很慢；优点是变量空间大。

因此，只要有可能，就应尽量选择 Small 模式。而且，不论源程序和函数选择哪一种模式，用户仍可以用关键字（data、bdata、idata、pdata、xdata、code）分别定义源程序和函数中各变量的存储器类型。或者，用关键字（Small、Compact、Large）分别设置程序中某个函数的存储器编译模式。

3. 局部变量和全局变量

变量按使用范围可分为局部变量和全局变量。

（1）局部变量

局部变量是在某个函数内部定义的变量，其使用范围仅限于该函数内部。C51 程序在一个函数开始运行时才对该函数的局部变量分配存储单元，函数运行结束，即释放该存储单元。这正是 C 语言的优点之一，可大大提高内部存储单元的利用率。需要说明的是：

1）在不同函数中允许使用相同的局部变量名，但其含义可以不同，不会相互干扰。

2）主函数中的局部变量也仅在主函数中有效，不能理解为在整个文件或程序中有效，主函数也不能使用其他函数中定义的局部变量。

3）在复合语句（由若干条单语句组合而成的语句）中定义的局部变量只在该复合语句中

有效。

（2）全局变量

全局变量被定义在函数外部，在整个文件或程序中有效，可供各函数共用。使用全局变量可以增加各函数间数据联系的渠道，例如，如果在一个函数中改变了某全局变量的值，就能影响到也使用该全局变量的其他函数。全局变量一经定义，系统就给它分配了一个固定的存储单元，在整个文件或程序的执行过程中始终有效。因此，应将全局变量定义放在所有函数（包括主函数）之外。

需要说明的是，使用全局变量也存在如下一些缺点。

1）始终占用一个固定的存储单元，降低了内部存储单元的利用率。

2）降低了函数的通用性。若函数涉及某一全局变量，该函数移植到其他文件时需同时将全局变量一起移植。否则，若全局变量名与其他文件中的变量同名，就会出现问题。

3）过多使用全局变量，降低了程序的清晰度。若程序较大，人们较难清晰地判断程序执行过程中每个瞬间全局变量的变化状况，易出错。

因此，应尽量减少全局变量的使用，能不用就尽量不用。

4．变量的定义方式

C51 要求，所有变量均应先定义，后使用。定义时，除定义变量名外，一般还应包含变量的数据类型、存储器类型和存储种类等内涵。其格式如下。

数据类型　[存储器类型]　变量名表

该 3 项要素的含义已在前面阐述。其中，[存储器类型]允许缺省，缺省时由 C51 编译器默认。变量定义应集中放在函数的开头，可单个定义，也可多个一起定义（必须是同类型）；定义时，可赋值，也可不赋值。变量定义语句必须以";"结束。例如：

```
unsigned int   a;                  //定义无符号整型变量 a
char   b=100,c;                    //定义字符型变量 b 和 c，其中 b 赋值 100
float   idata   x,y,z;             //定义 3 个浮点型变量 x、y、z，存储器类型为 idata
unsigned char   code   t[ ]="CHINA";   //定义无符号字符型数组 t[ ]并赋值，存储器类型为 code
unsigned char   xdata   *ap;       //定义无符号字符型指针变量 ap，存储器类型为 xdata
```

需要注意的是，虽然在一条语句中可对多个变量同时定义，也可在变量定义时同时赋值，但不能在一条变量定义语句中给几个具有相同初值的变量用连等号赋值。例如，不能写成

```
int   u=v=w=0;                     //相当于定义 3 个变量永远相等
```

而应写成

```
int   u=0,v=0,w=0;
```

或分成两句，写成

```
int   u,v,w;
u=v=w=0;
```

在书写 C51 程序时，部分用户感觉 unsigned char 等数据类型字符冗长，常用简化形式定义变量的无符号数据类型。方法是，必须在源程序开头使用#define 语句自定义简化的类型标

识符。例如：

```
#define    uchar    unsigned char      //用 uchar 表示 unsigned char
#define    uint     unsigned int       //用 uint 表示 unsigned int
```

这样，在编程中，就可以用 uchar 代替 unsigned char，用 uint 代替 unsigned int 了。

5．80C51 特殊功能寄存器的定义方式

在 80C51 片内有 21 个特殊功能寄存器，在 C51 的文件夹里，有一个取名为 reg51.h 的库函数文件，对 80C51 片内 21 个特殊功能寄存器按 MCS-51 中取的名字（必须大写）全部作了定义，并赋予了既定的字节地址。因此，该 21 个特殊功能寄存器已不需重复定义，只需在程序开头的头文件部分写一条预处理命令，即#include〈reg51.h〉，表示程序可以调用该库函数 reg51.h（52 系列单片机应用#include <reg52.h>）。对于不符合 MCS-51 中特殊功能寄存器名的标识符，或未在头文件中写入上述预处理命令的，则应重新定义，否则出错。但编者还是建议读者不要去重新定义，而直接使用预处理命令，既省事又不易出错。

6．位变量的定义方式

80C51 片内 RAM 有 16 字节 128 位的可寻址位(字节地址为 20H～2FH，位地址为 00H～7FH)，还有 11 个特殊功能寄存器是可位寻址的。C51 编译器扩充了关键词 bit 和 sbit，用于定义这些可寻址位。位变量也需先定义，后使用。

（1）定义 128 位可寻址位的位变量，其格式如下。

bit   位变量名

例如：

```
bit    u,v;                    //定义位变量 u、v。
```

C51 编译器将自动为其在位寻址区安排一个位地址（1bit）。

对于表 2-5 中已经按存储器类型 bdata 定位的字节，其每一可寻址位，可按如下方法定义。

```
unsigned char    bdata    flag;        //定义字符型变量 flag，存储器类型 bdata
bit    f0= flag^0;                     //定义位标识符 f0，为 flag 第 0 位
bit    f1= flag^1;                     //定义位标识符 f1，为 flag 第 1 位
```

上述第一条语句先定义了一个字符型变量 flag，存储器类型 bdata，C51 编译器将自动为其在片内 RAM 位寻址区（20H～2FH）安排一个字节（8bit），第 2、3 条语句则分别定义 f0、f1 为该字节第 0、1 位的位标识符。注意，"^"不是运算符，仅指明其位置，相当于汇编中的"."。

（2）定义 11 个特殊功能寄存器可寻址位的位变量

在这 11 个可寻址位的特殊功能寄存器中，有 6 个 SFR（PSW、TCON、SCON、IE、IP 和 P3），每一可寻址位有位定义名称，C51 库函数 reg51.h 也已对其按 MCS-51 中取的位定义名称（必须大写）全部作了定义，并赋予了位地址。只要在头文件中声明包含库函数 reg51.h，就可按位定义名称直接引用。但是，还有 5 个 SFR（ACC、B、P0、P1 和 P2），可寻址位没有专用的位定义名称，只有位编号，但这些位编号不符合 ANSI C 标识符要求，例如，ACC.0、P1.0 等（C51 标识符规定不可用小数点），应重新定义。其格式如下：

sbit 位变量名=位地址常数

其中，位地址常数必须是该位变量既定的真实地址。例如：

sbit P10=0x90;   //定义位标识符 P10，位地址为 90H（P1.0）
sbit P10= 0x90^0;   //定义位标识符 P10，为 90H（P1 口）第 0 位
sbit P10= P1^0;   //定义位标识符 P10，为 P1 口第 0 位

上述第 1 条语句是直接用 P1.0 的位地址，第 2 条语句是用 P1 口的字节地址加位编号，第 3 条语句是用 P1 口特殊功能寄存器名加位编号。

需要说明的是，若用户不按既定的位定义名称引用 6 个 SFR 中的可寻址位，另起位变量名，则也需对其重新定义。虽然 C51 允许用关键词 sbit 定义这些位变量，体现了 C51 编译功能的多样性和完整性，但编者还是建议读者不要去重新定义 6 个 SFR 中的可寻址位，而直接使用预处理命令，既省事又不易出错。

需要指出的是，使用 sbit 定义 11 个特殊功能寄存器可寻址位的位变量，因其有既定的真实地址，属于全局变量，应放在主函数之前。

7. 绝对地址变量的定义方式

在对单片机应用系统硬件电路设计定型以后，片外扩展 I/O 口变量的地址也就被固定了。在 C51 程序中通常不固定变量的存储单元地址，而由编译系统自动完成地址的分配和使用。因此，在需要指定变量的存储单元地址（例如，片外扩展 I/O 口）时，就需要对该绝对地址变量进行定义。一般有如下两种方法。

（1）应用关键词

应用关键词 "_at_" 就可以将变量存放到指定的绝对存储单元。其格式如下。

数据类型 [存储器类型] 变量名_at_ 绝对地址

存储器类型允许缺省，缺省时使用存储器编译模式默认的存储器类型。例如：

unsigned char xdata PA_at_0x7fff;

上述语句表示，无符号字符型变量 PA 的绝对地址固定在片外 RAM 7FFFH 存储单元中。

（2）应用绝对地址访问

应用绝对地址访问，需引用 C51 库函数 absacc.h，将在基础知识 2.5 节的常用库函数中详述。

需要说明的是，定义绝对地址应放在头文件中。绝对地址属于全局变量，在整个项目程序系统中有效，常用于各函数间传递参数。

2.3 C51 运算符和表达式

表示各种运算的符号称为运算符。C 语言与汇编语言相比的一个突出优点，是 C 语言具有丰富且功能强大的运算符，能以简单的语句实现各种复杂的运算和操作。

C51 的运算符按运算类型主要可分为赋值运算符、算术运算符、关系运算符、逻辑运算符、位逻辑运算符、复合赋值运算符等。按参与运算对象的个数可分为单目运算符、双目运算符和三目运算符。

由运算符和运算对象（常量、变量和函数等）组成的具有特定含义的运算式称为表达式。

1. 赋值运算符

赋值运算符即大家所熟悉的 "=" 号。由赋值运算符组成的表达式称为赋值表达式，其基本格式为

　　　　　变量=表达式

有关赋值表达式，说明如下。

1）赋值运算的含义是将赋值运算符右边表达式的值赋给左边的变量，即将赋值存放在左边变量名所标识的存储单元中。

2）赋值运算符的左边必须是变量，右边既可以是常量、变量，也可以是函数调用或由常量、变量、函数调用组成的表达式。例如，x=y+10、z=sum()。其中 sum() 是被调用的自定义函数返回值。

3）赋值符 "=" 不同于数学的等号，它没有相等的含义。例如，y=y+1，在 C51 中是合法的，但该式在数学中一般是不合法的。

4）赋值表达式的运算过程是，先计算赋值运算符右边 "表达式" 的值，然后将运算结果值赋给左边的变量。若两边数据类型不同时，系统将自动把右边表达式的数据类型转换为左边变量的数据类型。

2. 算术运算符

C51 算术运算符如表 2-7 所示。需要说明的是如下几点。

1）自增 1 和自减 1 有两种写法：① 双加（减）号写在前面：++i 和--i。此时，变量先加（减）1，后使用；② 双加（减）号写在后面：i++ 和 i--。此时，变量先使用，后加（减）1。例如，设 i=10，执行 y=++i 时：先加 1，i=i+1=11；后使用，y=i=11。而执行 y=i++时：先使用，y=i=10；后加 1，i=i+1=11。

表 2-7　C51 算术运算符表

算术运算符	功能	算术运算符	功能
+	加法或取正	++	自增 1
-	减法或取负	- -	自减 1
*	乘法	%	求余
/	除法		

2）自增和自减运算符只能用于变量，而不能用于常量或表达式。例如，2++和(a+b)++都是不合法的。

3）除法运算的结果与参与运算数据的类型有关。若两个数据都是浮点数，则运算结果也为浮点数。若两个数据都是整数，则运算结果也为整数，即使有余数，也只取整数，舍去小数。例如，7/3，运算结果为 2。

4）求余运算时，"%" 符左侧为被除数，右侧为除数。且要求参与运算的数据都是整型，运算结果为两数相除的余数。例如 7%3，运算结果为 1。

5）算术运算符是双目运算符，即参与运算的对象必须有两个。但 "+" "-" 用于取正、取负运算时属于单目运算符，即参与运算的对象只需一个。

3. 关系运算符

C51 关系运算符如表 2-8 所示。关系运算符用于两个数据之间进行比较判断，用关系运算符连接起来的运算式称为关系表达式。关系表达式运算的结果只能有两种：条件满足，运算结果为

表 2-8　C51 关系运算符表

关系运算符	功能	关系运算符	功能
>	大于	<	小于
>=	大于等于	<=	小于等于
==	等于	! =	不等于

1（真）；条件不满足，运算结果为 0（假）。

需要注意的是，不要混淆关系运算符"=="与赋值运算符"="的区别，"="用于给变量赋值；而"=="用于判断是否相等，其结果是一个逻辑值，即 1（真）或 0（假）。

4．逻辑运算符

逻辑运算符用于求条件表达式整体之间逻辑运算的逻辑值。条件表达式的值只有两种，即 1（非 0 或真）或 0（假）；运算结果也只有两种，即 1（真）或 0（假）。C51 逻辑运算符如表 2-9 所示。

逻辑运算表达式的一般形式为

逻辑与：**条件表达式 1 && 条件表达式 2**

逻辑或：**条件表达式 1 ‖ 条件表达式 2**

逻辑非：**!条件表达式**

表 2-9　C51 逻辑运算符表

逻辑运算符	功能
&&	逻辑与
‖	逻辑或
!	逻辑非

在数字电路中，两个逻辑变量之间逻辑运算的口诀是：两数相与，有 0 出 0，全 1 出 1；两数相或，有 1 出 1，全 0 出 0。因此，在 C51 表达式整体之间求逻辑与时，两个条件表达式中只要有一个是 0，则运算结果就为 0；在求逻辑或时，两个条件表达式中只要有一个是 1，则运算结果就为 1。

5．位逻辑运算符

前述 C51 逻辑运算是两个条件表达式整体（值只有 1 或 0 两种）之间的逻辑运算，而位逻辑运算是变量数据本身（值可以是任意常整数）按位（化为二进制数）进行逻辑与、或、非、异或和左移、右移的逻辑运算。C51 位逻辑运算符如表 2-10 所示。例如，若 a=211，b=185，则 a&b（按位逻辑与）的结果是 145，但 a&&b（整体逻辑与）的结果却是 1。

表 2-10　C51 位逻辑运算符表

位逻辑运算符	功　能	位逻辑运算符	功能
&	按位逻辑与	～	按位取反
‖	按位逻辑或	>>	右移
^	按位逻辑异或	<<	左移

位左移时，低位移进 0，移出位作废；位右移时，无符号数和正数高位移进 0，负数补码移进 1，移出位作废。对于有符号数，无论位左移还是右移，符号位均不参与移位。

6．复合赋值运算符

复合赋值运算符由运算符和赋值运算符叠加组合，如表 2-11 所示。

表 2-11　C51 复合赋值运算符表

复合赋值运算符	功　能	复合赋值运算符	功　能	复合赋值运算符	功　能
+=	加法赋值	&=	逻辑与赋值	<<=	左移赋值
-=	减法赋值	‖=	逻辑或赋值	>>=	右移赋值
*=	乘法赋值	～=	逻辑非赋值	%=	求余赋值
/=	除法赋值	^=	逻辑异或赋值		

复合赋值运算符是先进行运算符所要求的运算，再把运算结果赋值给复合赋值运算符左侧的变量。例如，x+=y 等同于 x=x+y；x/=y+10 等同于 x=x/(y+10)。复合赋值运算符可以简化程序编译代码，提高效率，但会降低程序的可读性。对于初学者，更应注重程序清晰可读。

除上述 6 类运算符外，还有条件运算符、数组下标运算符、指针和地址运算符等，将分别在后续有关章节介绍。

需要特别提醒的是，读者在输入上述各类运算符时，必须在西文状态下以半角字符输入，否则 Keil C51 编译器不认可，将显示出错。

2.4　C51 基本语句

C 语言是一种结构化的程序设计语言，提供了相当丰富的程序控制语句，这些语句是组成程序的基本成分。因此，学习和掌握这些语句的用法是 C51 编程的基础。

C51 基本语句主要有表达式语句、复合语句、选择语句和循环语句。

1. 表达式语句

表达式语句是 C51 的最基本语句，在表达式后面加上 ";" 就构成表达式语句。例如：

```
a=b+c;
x=i++;
```

需要注意的是，编写语句时，不能忽略语句的有效组成部分 ";"，一条语句，应以 ";" 结束。有时为了使程序阅读清晰，由{;}组成空语句，此时 ";" 应与其他语句有效组成部分的 ";" 相区别。

2. 复合语句

由若干条单语句组合而成的语句称为复合语句，又称为语句块。其基本格式为

{[局部变量定义;] 语句 1; 语句 2; …; 语句 n;}

需要说明的是，对于 C51 中的单一语句，可不用花括号{}括起；复合语句，必须用花括号{}括起，且每个单语句后须有 ";"。花括号的功能是把复合语句中若干单语句组成一条语句，C51 将复合语句视为一条 "单" 语句。复合语句中定义的局部变量（允许缺省）仅在复合语句内部有效。复合语句中的单语句可以分行书写，也可以写在一行内。复合语句还允许嵌套，即在复合语句中引入另一条复合语句。例如，下列形式的复合语句都是合法的。

```
{a=b+c; i++; x=a+i;}              //3 条单语句：a=b+c、i++和 x=a+i 组成一条复合语句
{a=b+c; i++; x=a+i;{u=v-w; j--;}}   //复合语句嵌套，复合语句中引入另一条复合语句
```

注意，花括号{}内，是一条完整的复合语句；花括号{}外，就不需要再加 ";"。

3. 选择语句

选择语句是根据给定条件是否成立进行判断的，从而选择相应的操作。选择语句具有一定的逻辑分析能力和选择决策功能，按结构可分为单分支选择结构和多分支选择结构，主要有 if 语句和 switch 语句。

（1）if 语句

C51 中的 if 语句可分为以下几种形式。

1）条件成立就选择，否则就不选择。其格式为

if(条件表达式) {内嵌语句;}

上述语句中的条件表达式可以是符合 C 语言语法规则的任一表达式，例如，算术表达式、关系表达式、逻辑表达式等。语句首先计算并判断条件表达式是否成立，若成立（或值为非 0），

则执行内嵌语句；若不成立（或值为 0），则跳过内嵌语句，执行 if 语句外的后续其他语句。
if 语句流程如图 2-7a 所示。例如：

    if (x>y) max=x;   //若 x>y，最大值 max= x
    max=y;   //最大值 max= y

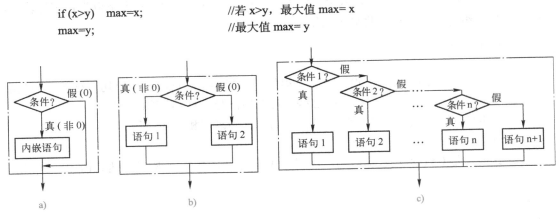

图 2-7　if 语句流程图

需要说明的是，内嵌语句若只有一条语句，可以不用花括号{ }括起；若多于一条语句，应该用花括号{ }括起来，以复合语句形式出现。否则，if 语句的范围到该内嵌语句的第一个"；"结束。因此，上例中，max=x 为内嵌语句；max=y 不是内嵌语句，不属于 if 语句，而是 if 语句外的后续语句。

2）不论条件成立与否，总要选择一个。其格式为

    if (条件表达式)　{内嵌语句 1;}
    else　{内嵌语句 2;}

该语句首先计算并判断条件表达式是否成立，若成立（或值为非 0），则执行内嵌语句 1；若不成立（或值为 0），则执行内嵌语句 2，如图 2-7b 所示。例如：

    if (x>y) max=x;   //若 x>y，最大值 max= x
    else max=y;   //否则，最大值 max= y

上例中的 max=x 为内嵌语句 1，max=y 为内嵌语句 2。需要说明的是，else 子句不能作为语句单独使用，它必须是整个 if 语句的一部分，与其前面的 if 配对使用。

这种形式的选择语句也可以用条件运算符"？："实现，条件运算符属于 C51 中唯一的三目运算符，要求有 3 个运算对象。由条件运算符组成选择语句的一般形式如下。

    表达式 1? 表达式 2:表达式 3

语句首先计算表达式 1 的值，若为非 0（真），则将表达式 2 的值作为整个条件表达式的值；若为 0（假），则将表达式 3 的值作为整个条件表达式的值。其效果与 if-else 语句相同，且编译代码相对少。例如：

    max = (x>y)？x : y;   //若 x>y，max= x；否则，max= y

3）串行多分支结构。其格式为

    if (条件表达式 1)　{内嵌语句 1;}

      else　if (条件表达式 2)　{内嵌语句 2;}
      ⋮
      else　if (条件表达式 n)　{内嵌语句 n;}
      else　{内嵌语句（n+1）;}

    这类语句运行时，依次计算并判断条件表达式，若成立（或值为非 0），则执行相应的内嵌语句；若不成立（或值为 0），计算并判断下一条件表达式，直至整个 if 语句结束。其语句流程如图 2-7c 所示。

    需要注意的是，if 与 else 应配对使用，少了一个就会语法出错，而且 else 总是与其前面最近的 if 相配对。

    4）if 语句嵌套。在 if 语句中又包含一个或多个 if 语句，称为 if 语句嵌套。其一般形式如下。

      if (条件表达式 0)
        if (条件表达式 1)　{内嵌语句 11;}　⎫
        else　{内嵌语句 12;}　　　　　⎬ 内嵌 if 语句 1
      else
        if (条件表达式 2)　{内嵌语句 21;}　⎫
        else　{内嵌语句 22;}　　　　　⎬ 内嵌 if 语句 2

    从上述嵌套形式看出，if 语句嵌套实际上是用另一个 if-else 语句替代原 if 语句中的普通内嵌语句。请注意嵌套 if 语句中 if 与 else 的配对关系，它与串行多分支 if 语句的含义是完全不同的。

    （2）switch 语句

    switch 语句是一种并行多分支选择语句，其作用为散转。与嵌套的 if 语句相比，更直接，层次更清晰，特别适用于分支较多时。其基本格式如下。

      switch (表达式)
        {case　常量表达式 1: {语句 1;}　break;
        case　常量表达式 2: {语句 2;}　break;
        ⋮
        case　常量表达式 n: {语句 n;}　break;
        default: {语句（n+1）;}}

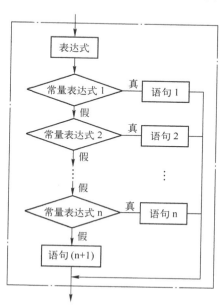

图 2-8　switch 语句流程图

    switch 语句的运行过程是首先计算表达式（可以是任何类型）的值，然后判断其值是否等于后续常量表达式的值。若相等（真），就执行相应的语句，执行完后终止（break）整个 switch 语句；若不相等（假），就继续与后续常量表达式比较。全部比较完毕，若没有与各常量表达式相等的选项，则执行 default 后的语句。switch 语句流程如图 2-8 所示。有关问题说明如下。

    1）case 后的各常量表达式值不能相同，否则会引起混乱，导致同一值有多种不同响应。

    2）允许不写 break 语句。此时，执行完相应语句后，不跳出整个 switch 语句，而是继续执行后续 case 语句。

3）多个 case 语句可共用一组执行语句。

4）default 后可不加执行语句，表示没有符合条件时就不做任何处理。

4．循环语句

在许多实际应用中，往往需要多次反复执行某种相同的操作，而只是参与操作的操作数不同，这时就可采用循环程序结构。循环程序常用于求和、统计、查找、排序、延时和求平均值等程序。循环程序可以缩短程序量，减少程序所占的内存空间。

C51 循环语句有无条件循环和有条件循环。无条件循环比较简单，直接 goto 至循环处；有条件循环应用广泛，可分为 while 循环语句和 for 循环语句。

（1）while 循环语句

while 循环根据判断语句在流程中执行的先后可分为 while 循环（也称为当型）和 do-while 循环（也称为直到型）。

1）while 循环。语句格式如下。

while (条件表达式)　{循环体语句;}

运行过程是先判断条件表达式是否成立，若不成立（或值为 0），则跳出循环；若成立（或值为非 0），则执行循环体语句，然后再返回判断条件表达式。while 循环语句流程如图 2-9a 所示。

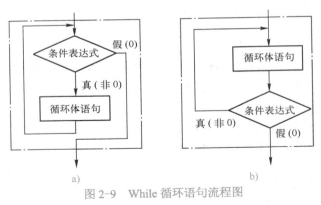

图 2-9　While 循环语句流程图

a) while 循环　b) do-while 循环

需要说明的是，循环体语句可由 0 条或若干条单语句组成。当用 0 条语句时，应用"；"表示结束；若包含一个以上的语句，应该用花括号 {} 括起来，以复合语句出现。否则，while 循环语句的范围到 while 后面第一个"；"结束。

2）do-while 循环。语句格式如下。

do　{循环体语句;}
while（条件表达式）;

do-while 循环的运行过程是先执行循环体语句，后判断条件表达式是否成立，若不成立（或值为 0），则跳出循环；若成立（或值为非 0），则再返回执行循环体语句。do-while 循环语句流程如图 2-9b 所示。

while 循环（当型）与 do-while 循环（直到型）的区别是，"先判断后执行"还是"先执行后判断"。当第一次判断为真时，两者的执行结果是完全相同的。但若第一次判断为假时，两者的执行结果就不同：while 循环一次也没执行，do-while 循环至少执行了一次。

（2）for 循环语句

for 循环是循环结构中语句最简洁、功能最强大的一种，其一般形式为

for (表达式 1；表达式 2；表达式 3)　{循环体语句;}

其中，表达式 1 为循环变量初值设定表达式，表达式 2 为终值条件判断表达式，表达式 3 为循环变量更新表达式。

for 循环语句的循环流程如图 2-10 所示，具体运行过程为：

① 首先对循环变量赋初值（表达式 1）。

② 判断表达式 2 是否满足给定的循环条件，若满足循环条件（或值为非 0），则执行循环体语句；若不满足循环条件（或值为 0），则结束循环。

③ 在满足循环条件（或值为非 0）的前提下，执行循环体语句。

④ 计算表达式 3，更新循环变量。

⑤ 返回判断表达式 2，重复②及以下操作，直至跳出 for 循环语句。

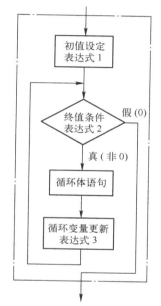

图 2-10　for 循环语句流程图

需要指出的是，for 循环语句括号内 3 个表达式之间必须用分号";"分隔。在这 3 个表达式中允许有一个或多个缺位，分别说明如下。

1）3 个表达式全部为空。3 个表达式全部为空：for(;;)。表示无初值、无判断条件、无循环变量更新，此时将导致一个无限循环，其作用与"while (1)"相同，例如，在任务 5.1 所述的 3 种程序中，完全可用"for (;;)"代替"while (1)"。对于"while (1)"和"for (;;)"语句，若后面有循环体语句，则反复无限执行循环体语句；若后面无实体循环语句（末尾应以";"结尾），则表示程序在原地踏步。

2）表达式 1 缺位。表达式 1 缺位表示在 for 语句体内未设定初值。有两种情况：一是在 for 语句之前未赋初值，则 C51 默认初值为 0；二是在 for 语句之前已赋初值，例如，任务 5.1 节中的 for 语句。

需要说明的是，for 语句体内循环变量初值缺位，可使 for 语句的应用更灵活。例如，有些用 for 语句构成的延时程序，在 for 语句体外改变初值就可改变延时时间（参阅任务 2.2 节）。

3）表达式 2 缺位。表达式 2 缺位表示不判断循环条件，认为表达式始终为真，循环将无限进行下去。

4）表达式 1、3 缺位。这种情况通常是在 for 语句体外设定循环初值，循环变量更新则放在循环体语句内。例如，在任务 5.1 的 for 循环程序中，循环初值 n 在定义时同时赋初值；循环变量更新"n++"可不放在 for 循环括号内，而放在 for 循环体语句内。for 循环语句可

改写为

```
for (; n<=100;){          //for 循环表达式 1、3 缺位，只有循环条件判断
    sum=sum+n;            //循环体语句：累加求和
    n++;}                 //循环体语句：循环变量更新
```

5）无循环体语句。无循环体的 for 语句通常用做延时程序，但语句末尾的";"不能少。例如：

```
unsigned long  t;         //定义无符号整型变量 t
for (t=0; t<22000; t++);  //无循环体语句，最后以";"号结束，延时约 1s
```

2.5 C51 函数

函数是 C 程序的基本单位，即 C51 程序主要是由函数构成的。

1. 函数的分类

从 C51 程序的结构上分，C51 函数可分为主函数和普通函数两种。主函数就是主程序，一个 C51 源程序必须有也只能有一个 main 函数，而且是整个程序执行的起始点。普通函数是被主函数调用的子函数。从用户使用的角度上分，普通函数又可分为标准库函数和用户自定义函数。

（1）标准库函数

标准库函数是由 C51 编译系统的函数库提供的。编译系统的设计者将常用的、具有独立功能的程序模块编成公用函数，集中存放在编译系统的函数库中，供用户使用。

C51 编译系统具有功能强大、资源丰富的标准函数库。因此，用户在程序设计时，应该善于充分利用这些函数资源，以提高效率，节省时间。

（2）用户自定义函数

用户自定义函数就是用户根据自己的需要编写的函数。

2. 函数的定义方式

函数的定义方式是指书写一个函数应有的完整结构或格式，一般为

```
返回值类型  函数名（[形式参数列表]）  [编译属性] [中断属性] [寄存器组属性]
    {
        局部变量说明
        函数体语句
    }
```

说明如下。

1）返回值类型是指本函数返回值的数据类型，若无返回值，则成为无类型（或称空类型），用 void 表示；若该项要素缺省（不写明），则 C51 编译系统默认为 int 类型。

2）函数名除了 main 函数有固定名称外，其他函数由用户按标识符的规则自行命名。

3）形式参数用变量名（标识符）表示，没有具体数值；可以是一个，或多个（中间用逗号","分隔），或没有形式参数，但圆括号不可少。同时，在列举形式参数变量名时应对该参数的数据类型一并说明（也允许将形式参数说明单独列一行，放在圆括号之外）。

4）编译属性是指定该函数采用的存储器编译模式，有 Small、Compact 和 Large 3 种选择，

缺省时，默认 Small 模式（参阅基础知识 2.2 节）。

5）中断属性是指明该函数是否中断函数；寄存器组属性是指明该函数被调用时准备采用哪组工作寄存器，这两个属性主要用于中断函数，允许缺省，将在基础知识 3.1 节中详述。

6）局部变量是仅应用于本函数内的变量。在执行本函数时，临时开辟存储单元使用，本函数运行结束即予释放；局部变量说明是说明该变量的数据类型、存储器类型等。

7）函数体语句是本函数执行的任务，是函数运行的主体。

8）不能颠倒局部变量说明与函数体语句的次序。即在一个函数中，所有局部变量说明须放在函数体语句之前，不能插在函数体语句之中，否则 C51 编译器将视作出错。

9）一对花括号是必须的。

3. 函数的参数

根据函数定义时有无形式参数，函数可分为无参数函数和有参数函数。无参数函数不能理解为函数内无参数，仅是无外界参数输入。因而上述函数定义格式中的形式参数表就没有了，但括号不能少。

函数的形式参数（简称为形参），在函数被调用时，主调用函数必须赋予形式参数实际数值（简称为实参）。实际参数可以是常量，也可以是变量或表达式，但必须有确定的值，且两者的数据类型必须一致，否则会发生"类型不匹配"的错误。调用函数时，形参与实参之间的传递是单方向的，只能是主调用函数向被调用函数传递，即只能是实参传递给形参。其好处是：

1）提高了函数的通用性与灵活性，使一个函数能对变量的不同数值进行功能相同的处理。例如，任务 6.1 节中的 delay 延时子函数，在调用时根据需要给形式参数 i 赋值，就可得到不同的延时时间。

2）提高 80C51 内存空间的利用率。函数的形式参数和局部变量在函数调用前并不占用 80C51 宝贵的内存空间，仅在调用时临时开辟存储单元寄存；该函数退出时，这些临时开辟的存储单元全部释放。因此，可大大提高 80C51 宝贵内存的利用率。同时，这些局部变量和形式参数的变量名可与其他函数体中的变量同名，不妨碍函数的移植。

4. 函数的返回值

如前所述，被调用函数调用时，临时开辟存储单元，寄存函数中的形式参数和局部变量；调用结束退出后，临时开辟的存储单元全部释放，可以提高 80C51 内存空间的利用率。但是，也带来了一个问题，即：如果还需要用到被调用函数中执行某段程序的结果，然而调用该函数已经结束，存储单元已被释放，程序运行的结果就找不到了。因此，需要把这个结果（称为函数值或函数返回值）返回给主调用函数。返回语句的一般形式为

　　　return　表达式；

需要说明的是，① 函数的返回值只能通过 return 语句返回，return 语句可有多条，但最终只能返回一个返回值。② 函数的返回值必须与函数的类型一致，若不相同，则按函数类型自动转换。③ 允许函数没有返回值，但为减少出错和提高可读性，凡是不需要返回值的函数均宜明确定义为无类型 void。④ 无类型函数不能使用 return 语句。

5．函数的调用

C 语言中的函数在定义时都是相互独立的，即在一个函数中不能再定义其他函数。函数不能嵌套定义，但可以互相调用。调用规则是：主函数 main 可以调用其他普通函数；普通函数之间也可以互相调用，但普通函数不能调用主函数 main。

因此，一个 C51 程序的执行过程是从 main 函数开始的，调用其他函数后再返回到主函数 main 中，最后在主函数 main 中结束程序运行。

（1）函数的调用说明

函数调用与函数定义不分先后，但若调用在定义之前，则调用前必须先进行函数说明。规则如下：

1）若是库函数，则须在头文件中用#include <函数库名.h>包含指明。

2）若是自定义函数，并出现在主调用函数之前，则可不加说明直接调用。

3）若自定义函数出现在主调用函数之后，则须在主调用函数中先说明被调用函数，而后才能调用。

函数调用说明格式如下。

返回值类型　函数名（形式参数表）；

初看，函数说明格式与函数定义格式相近，但含义完全不同。函数定义是对函数功能的确立，（）号后没有分号"；"，定义尚未结束，后面应有一对花括号括起的函数体，组成整个函数单位。而函数说明仅说明了函数返回值类型和形式参数，是一条语句，（）号后用分号"；"表示结束。而且，C 语言规定，不能在一个函数中定义另一个函数，但允许在一个函数中说明并调用另一个函数。

（2）函数的调用格式

函数的调用格式如下。

函数名（实际参数表）；

对于无参数函数，实际参数表可以省略，但函数名后一对圆括号不能少。对于有参数函数，形参必须赋予实参；若包含多个实参，实参数量与形参数量应相等；且顺序应一一对应传递；实参与实参之间应用逗号分隔。

（3）函数被调用的方式

主调用函数对被调用函数的调用可以有以下两种方式。

1）作为主调用函数中的一个语句。例如：

```
delay (2000);                    //主调用函数调用延时函数 delay，实参 i=2000
```

在这种情况下，不要求被调用函数返回结果数值，只完成某种操作。

2）将函数结果作为其他表达式的一个运算对象或另一个函数的实际参数。例如：

```
s=sum(n);                        //sum(n) 函数的返回值作为表达式的一个运算对象
printf ("max=%u\n",max(x,y));    //max(x,y) 函数的返回值作为串行信息窗口的输出值
```

在这种情况下，被调用函数必须有返回值。例如，sum(n)函数的返回值是 Σn ，max(x,y)函数的返回值是 x、y 中的较大值。

（4）函数的嵌套调用

在 C 语言中，函数不但可以互相调用，而且允许嵌套调用，即在调用一个函数的过程中，允许这个被调用函数调用其他另外的函数。例如：

y=sum(max(x,y));　　　　　　　　//本语句调用了 sum 函数，而 sum 函数又调用了 max 函数

6．常用库函数

库函数是 C51 在库文件中已经定义好的函数，C51 编译器提供了丰富的库函数（位于 KEIL\C51\LIB 目录），使用库函数可以大大提高编程效率，用户可以根据需要随时调用。每个库函数都在相应的头文件中给出了函数原型声明，用户若需调用，应在源程序的开头采用预处理指令# include 将其包含进来。具体格式如下。

#include <函数库名.h>

include 命令必须以"#"号开头，系统库函数用一对尖括号括起来。需要说明的是，由于 include 命令不是 C 语言语句，因此不能在末尾加分号";"。

本节介绍 C51 编程常用的几个库函数。

（1）访问 80C51 特殊功能寄存器库函数 REGxxx.H

REGxxx.H 为访问 80C51 系列单片机特殊功能寄存器及其可寻址位的库函数，其中 xxx 为与 80C51 单片机兼容的单片机型号，通常有 reg51.h（对应 51 子系列）和 reg52.h（对应 52 子系列）等。例如，若需在程序中直接引用 80C51 单片机特殊功能寄存器及其有位定义名称的可寻址位，可在头文件中写入下述预处理命令。

#include <reg51.h>　　　　　　　//包含访问 sfr 库函数 reg51.h

需要说明的是：

1）C51 编译器对 80C51 片内 21 个特殊功能寄存器（必须大写）全部作了定义，并赋予了既定的字节地址。若在头文件中用#include 命令包含进来后，可以 MCS-51 标准 SFR 名直接引用。

2）21 个特殊功能寄存器中有 11 个 SFR 可进行位操作，而 11 个 SFR 中，只有 6 个 SFR（PSW、TCON、SCON、IE、IP 和 P3），每一可寻址位有位定义名称，C51 库函数 reg51.h 对其按 MCS-51 中取的位定义名称（必须大写）全部作了定义，并赋予了既定的位地址。只要在头文件中声明包含库函数 reg51.h，就可按位定义名称直接引用。其余 5 个 SFR（ACC、B、P0、P1 和 P2），可寻址位没有专用的位定义名称，只有位编号，但这些位编号不符合 ANSI C 标识符要求，例如，ACC.0、P1.0 等（C51 标识符规定不可用小数点），应按基础知识 2.2 节阐述的方法重新定义。

（2）绝对地址访问库函数 ABSACC.H

在基础知识 2.2 节中，已对定义变量的绝对地址作了介绍，其中一种方法是应用库函数 ABSACC.H。在程序中，若需要对指定的存储单元进行绝对地址访问，可在头文件中写入下述预处理命令。

include <absacc.h>　　　　　　　//包含绝对地址访问库函数 absacc.h

然后就可以在程序中直接引用绝对地址。引用时，这些绝对地址按字节可分为单字节和

双字节；按存储区域又可分为片内 RAM、片外 RAM 页寻址、片外 RAM 和 ROM，如表 2-12 所示。

表 2-12 绝对地址

存 储 区 域	单 字 节	双 字 节
data 区（片内 RAM）	DBYTE	DWORD
pdata 区（片外 RAM 页寻址）	PBYTE	PWORD
xdata 区（片外 RAM）	XBYTE	XWORD
code 区（ROM）	CBYTE	CWORD

需要注意的是，绝对地址属于全局变量，必须放在文件之初。而且，已经定义为绝对地址后，不能再在函数中重复定义，否则，系统将视为局部变量。

（3）内联函数 INTRINS.H

内联函数也称为内部函数，编译时将被直接替换为汇编指令或汇编指令序列，如表 2-13 所示。例如，"_nop_" 相当于汇编 NOP 指令；"_testbit_" 相当于汇编 JBC 指令；"_crol_" 相当于汇编 RL 循环左移指令（n 次）；"_cror_" 相当于汇编 RR 循环右移指令（n 次）。

表 2-13 C51 内联函数

函数名	原 型	功能说明
nop	void _nop_ (void)	空操作
testbit	bit _testbit_ (b)	判位变量 b。b=1，返回 1，并将 b 清 0；b=0，返回 0
crol	unsigned char _crol_ (unsigned char val, unsigned char n)	8 位变量 val 循环左移 n 位
cror	unsigned char _cror_ (unsigned char val, unsigned char n)	8 位变量 val 循环右移 n 位
irol	unsigned int _irol_ (unsigned int val, unsigned char n)	16 位变量 val 循环左移 n 位
iror	unsigned int _iror_ (unsigned int val, unsigned char n)	16 位变量 val 循环右移 n 位
lrol	unsigned long _lrol_ (unsigned long val, unsigned char n)	32 位变量 val 循环左移 n 位
lror	unsigned long _lror_ (unsigned long val, unsigned char n)	32 位变量 val 循环右移 n 位

2.6 C51 数组和指针

基础知识 2.1 节所述的数据为 C 语言中的基本类型。此外，C 语言还提供了扩展的数据类型，称为构造类型数据，主要有数组和指针等。

1. 数组

数组是一组具有相同类型数据的有序集合。每一数组用一个标识符表示，称为数组名，数组名同时代表数组的首地址；数组内数据有序排列的序号称为数组下标，放在方括号内，根据数组下标可访问组成数组的每一个数组元素。

数组可分为一维数组和多维数组，常用的是一维数组。

（1）定义格式

一维数组的定义格式如下。

数据类型 [存储器类型] 数组名[元素个数]

数据类型是指数组中数据的数据类型，数组内每一元素的数据类型应一致；存储器类型是指数组的存储区域，它决定了访问数组速度的快慢。存储器类型允许缺省，缺省时由存储器编译模式默认。例如：

unsigned char　code　a[10];

上式表示，该数组名为 a，数组内的数据类型为 unsigned char，存储器类型为 code，元素个数（也称为数组长度，即数组内数据的个数）为 10 个。

（2）引用格式

引用数组即引用数组的元素，数组元素的表达格式为

数组名[下标]

例如，数组 a[10]中的 10 个元素可分别表示为：a[0]、a[1]、a[2]、…、a[9]。其中 0~9 称为数组下标，下标是从 0 开始编号的，可以是整型常量或整型表达式。例如：

s= a[6]; 或 s= a[2*3];

需要指出的是，数组引用的格式和数组定义的格式极其相似，均为数组名加一个方括号，方括号内为正整数。但是数组定义时方括号内的是元素个数，是定值；而数组引用时方括号内是下标，是变量。例如，a[6]，既可理解为定义数组，有 6 个元素的数组，又可理解为引用数组，即编号为 6 的数组元素，关键是看其出现在什么地方。因此，应注意两者的区别。

引用数组时，C 语言规定：① 数组必须先定义后使用；② 数组元素不能整体引用，只能单个引用。

（3）数组赋值

1）数组元素的值，一般在数组初始化时（即数组定义时）赋值。例如：

unsigned char　a[10]={10,11,22,33,44,55,66,77,88,99};

初始化赋值后，上述数组的数组元素值分别为：a[0]=10，a[1]=11，a[2]=22，a[3]=33，a[4]=44，a[5]=55，a[6]=66，a[7]=77，a[8]=88，a[9]=99。

初始化赋值时，若赋值数据个数与方括号内的元素个数相同，则数组定义方括号内的元素个数可以省略，即用赋值数据个数指明元素个数。因此，上例也可表达为

unsigned char　a[ ]={10,11,22,33,44,55,66,77,88,99};

2）数组初始化时，也可只给一部分数组元素赋值。例如：

unsigned char　a[10]={10,11,22,33,44};

此时，该数组前 5 个数组元素被赋值，其后的数组元素均为 0。即若赋值个数少于数组元素个数时，只将有效数值赋给最前一部分数组元素，其后的数组元素均赋值 0。

3）若未在数组初始化时赋值，则数组定义后只能单个赋值，一般要用循环语句。例如：

```
unsigned int　xdata　s[100];      //定义无符号整型数组 s，存储在片外 RAM，数组元素 100 个
unsigned char　i;                 //定义无符号字符型变量 i
for (i=0; i<100; i++)             //for 循环。循环条件：i=0~99
  s[i]=i*i;                       //循环体。数组元素赋值：s[i]= i²
```

在单片机应用中，数组的主要功能是查表。一般来说，实时控制系统没有必要按繁复的控制公式进行精确的计算，而只需预先将计算或检测结果形成表格，使用时一一查表对应，特别是对于一些传感器的非线性转换，既方便又快捷。

（4）字符数组

数组的数据除了用数字表示外，还可用字符表示。其定义和引用格式与数值数组类同，只不过用字符代替了数值。例如：

　　　unsigned char　welcom[7]={'W','e','l','c','o','m','e'};

其含义是将"Welcome" 7 个英文字母赋给字符数组 welcom，数组元素值为相应字母的 ASCII 码值。C51 还允许用字符串直接给字符数组赋值，例如：

　　　unsigned char　welcom[8]={"Welcome"};　或 unsigned char　welcom[8]="Welcome";

需要注意的是，用单引号括起来的是字符（本例中是英文字母）；用双引号括起来的是字符串，两者含义不同。而且，用双引号括起来的字符串直接给字符数组赋值时，所占的数组长度（方括号内是 8）比用单引号括起来的字符赋值时的长度（方括号内是 7）要多占一个位置，即增加了一个'\o'（空字符）作为结束标志。

（5）数组作为函数的形式参数

函数的形式参数除了基本类型和指针变量外，还可以用数组。通常形参数组不指定大小，仅在数组名后跟一个空方括号；另设一个形参作为数组元素个数，这样可适用于不同大小的数组。用数组作为函数的参数时，并不是把数组值传递给形参，而是将实参数组的起始地址传递给形参数组，这样就使两个数组占用同一段存储单元。一旦形参数组某元素值发生变化，将会导致实参数组相应元素值随之变化。这种传递不同于数值传递，称为地址传递。

地址传递的结果具有双向性，若在被调用函数中该地址存储单元中的内容发生了变化，在调用结束后这些变化将被保留下来，即其结果会被返回到主调用函数。因此，用数组作为函数的形式参数，可以得到多于一个的函数返回值。

2．指针

指针是 C 语言中的一个重要概念，也是 C 语言的重要特色。指针可以有效而方便地表示和使用各种数据结构，能动态地分配存储空间，能像汇编语言那样直接处理存储单元地址，在调用函数时能输入或返回多于一个的变量值，使程序更简洁而高效。

（1）指针和指针变量

在 C51 中，可以这样理解：指针就是地址；变量的指针就是变量的地址；存放指针（地址）的变量称为指针变量，而且也只允许指针变量存放地址。

（2）指针变量定义方式

为了有别于其他变量，定义指针变量时用类型说明符"*"标记。定义格式如下：

　　　[指针存储器类型]　数据类型　[数据存储器类型]　*指针变量名

对上述指针变量定义格式中的名称概念说明如下：

1）数据类型。指针变量定义格式中的数据类型为指针所指向变量的数据类型，而不是指针本身的数据类型，指针本身就是一种数据类型，如图 2-6 中的指针类型。指针所指向的变量的数据类型是数据的基本类型，可以是 char、int、long 和 flort。

数据类型与指针运算有关，例如，指针变量 ap+1，并不是简单的加 1，而是根据数据类型的字节长度增加一个长度单位，指向下一个同类型的数据。因此，char 型增加 1B，int 型增加 2B，long 型和 flort 型增加 4B。

2）数据存储器类型。数据存储器类型是指针变量所指向的变量数据的存储器类型，允许缺省。C51 编译器支持两类指针：基于存储器的指针和通用指针（也称为一般指针）。

① 基于存储器的指针。这是 C51 根据 80C51 单片机增加的类型。其中，data 和 idata 类型是直接寻址片内 RAM，pdata 类型是间接寻址片外 RAM 某一页 256B。data、idata 和 pdata 地址均为 8bit（1B），即指针长度为 1B。xdata 类型是访问片外 RAM 64kB，code 类型是访问 ROM 64KB，xdata 和 code 地址均为 16bit（2B），即指针长度为 2B。

② 通用指针。用户未指定（缺省）数据存储器类型时，被默认为通用指针，可访问任何存储空间，其具体类型由存储器编译模式默认。通用指针的指针长度有 3B：其中 1B 表达存储器类型编码，2B 表达指针偏移量。

需要说明的是数据存储器类型涉及指针概念的两个问题：

① 指针长度，即指针占用存储空间的大小。基于存储器的指针是 1B 或 2B，通用指针是 3B。

② 指针运行速度，影响到程序运行的速度。基于存储器的指针运行速度较快，但不够灵活；通用指针运行速度较慢，但应用灵活；用户可根据需要选择。

3）指针存储器类型。指针存储器类型是指针变量本身的存储器类型，即指针变量本身存储在什么区域。与一般变量的存储器类型相同，有 data、idata、pdata、xdata 和 code 类型。允许缺省，缺省时由存储器编译模式默认。在片内时，访问速度较快；在片外时，访问速度较慢。

4）指针变量名。指针变量名需符合 C51 标识符的要求，可任取。为防止与普通变量误读误用，笔者建议，指针变量名末尾加字母 p，以示区别（仅是建议，不是 C51 规则）。例如：ap、bp、a_p、b_p 等。

（3）取地址运算符和指针运算符

在基础知识 2.3 节中，已经介绍了 C51 的各种运算符，但还有如下两个与指针有关的运算符。

&：取地址运算符

*：指针运算符（或称为间接访问运算符、取指针内容运算符）

例如，若变量 a 的地址为 30H，值为 50H；指针变量 ap 指向变量 a，则下列语句含义为：

```
w=ap;           //指针变量 ap 指向变量 a，其值为变量 a 的地址，w=30H
x=a;            //将变量 a 的值赋给变量 x，x=50H
y=&a;           //取出变量 a 的地址赋给变量 y，y=30H
z=*ap;          //取出指针变量 ap 所指向的变量 a 的值赋给变量 z，z=50H
```

根据该两个运算符的特性和上述设定，可以得出如下结论：

1）*ap 与 a 是等价的，即*ap 就是 a。

2）由于*ap 与 a 等价，因此，&*ap 与&a 也是等价的。

3）由于 ap=&a，因此，*ap 与*&a 等价，*&a 与 a 等价。

（4）数组的指针变量

在 C51 中，指针和指针变量常用于数组，数组的指针就是数组的起始地址。

1）数组指针变量的赋值。设某数组 a[ ]和指向该数组的指针变量 ap，给指针变量 ap 赋值时，下列两种方式均为合法语句。

ap=a;	//数组名 a 同时代表数组 a 的首地址，直接赋值给指针变量 ap
ap=&a[0];	//a[0]为数组 a 的第一个元素，取它的地址赋值给指针变量 ap

指针变量赋值也可以在指针变量定义时一并完成。例如：

int　*ap=a;	//定义指针变量*ap 并赋值，数组名 a 代表数组 a 的首地址
int　*ap=&a[0];	//定义指针变量*ap 并赋值，a[0]的地址为数组首地址

2）数组指针引用数组元素。前面已经介绍了用下标法引用数组元素，即用 a[i]表示数组中第 i 个元素。除此之外，还可以运用指针法引用数组元素。设某数组 a[ ]与指向该数组的指针变量 ap，则有：

① a+i 与 ap+i 等价。由于数组名 a 同时代表数组的首地址，而指针变量 ap 指向数组的首地址。因此，a+i 和 ap+i 均为数组元素 a[i]的地址&a[i]，或者说它们均指向数组 a[ ]的第 i 个元素（注意，不能将 a+i 看成数组元素加 i）。

② *(a+i)、*(ap+i)与 a[i]等价。既然(a+i)、(ap+i)均指向数组 a[ ]的第 i 个元素，则加上取指针内容运算符"*"后，就表示(a+i)或(ap+i)所指向的数组元素，即 a[i]。

③ 指向数组的指针变量可以带下标，即 ap[i]与*(ap+i)等价。

（5）指针变量作为函数的形式参数

函数的形式参数不仅可以是字符型、整型、实型或数组，还可以用指针变量，其作用是将一个变量的地址传送到另一个函数中去，这种参数传递属于地址传递。与数组地址传递作用相同，它具有双向性。若在被调用函数中，该指针变量指向的存储单元中的内容发生了变化，在调用结束后这些变化将被保留下来，即其结果会被返回到主调用函数中。因此，用指针变量作为函数的形式参数，可以得到多于一个的函数返回值。

思考和练习 2

2.1　C51 编程与 80C51 汇编语言相比，主要有什么优势？

2.2　C51 基本数据类型有哪几种？其数据长度为多少？

2.3　C51 标识符命名有何要求？

2.4　怎样理解变量的存储器类型和编译模式？

2.5　为什么变量要尽量使用无符号字符型格式？

2.6　为什么变量要尽量使用局部变量？

2.7　for 循环语句括号内 3 个表达式分别表示什么含义？能否缺位？

2.8　while (1)和 for (;;)表示什么含义？

2.9　什么是数组？如何定义和表示？

2.10　对于函数参数传递，值传递与地址传递有什么不同？

2.11　已知双键控 3 灯电路如图 2-11 所示，要求实现：

① S_0 单独按下，红灯亮，其余灯灭。

② S_1 单独按下，绿灯亮，其余灯灭。

③ S_0、S_1 均未按下，黄灯亮，其余灯灭。

④ S_0、S_1 均按下，红绿黄灯全亮。

试按任务 4.1 节中介绍的 3 种形式编写 C51 程序，画出 Proteus ISIS 虚拟电路，并仿真调试。

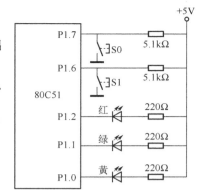

图 2-11　双键控 3 灯电路

2.12　求：sum=1+3+5+…+99。试用"while 循环"编写、输入源程序并调试运行。

2.13　求：sum=2+4+6+…+100。试用"do-while 循环"编写、输入源程序并调试运行。

2.14　求：sum=1!+2!+…+10!。试用"for 循环"编写、输入源程序并调试运行。

2.15　电路如图 2-5 所示，按以下要求亮灯循环，间隔约 1s，试编写程序，并仿真调试。

① 从两边到中心依次点亮，每次增加两个，直至全亮为止。

② 从两边到中心依次暗灭，每次减少两个，直至全暗为止。

③ 重复上述过程，不断循环重复。

2.16　电路和亮灯循环同上题，要求用指针指向并输出数组元素，试编写程序，并仿真调试。

① 从两边到中心依次点亮，每次增加两个，直至全亮为止。

② 从两边到中心依次暗灭，每次减少两个，直至全暗为止。

③ 重复上述过程，不断循环重复。

2.17　电路如图 2-5 所示，按以下要求亮灯循环，间隔约 0.5s，试编写程序，并仿真调试。

① 从上至下依次点亮，点亮灯先闪烁 3 次，后保持点亮为止，直至全亮。

② 全亮全暗闪烁 3 次。

③ 重复上述过程，不断循环重复。

2.18　电路如图 2-5 所示，按以下要求亮灯循环，间隔约 0.5s，试编写程序，并仿真调试。

① 全亮，保持 2s。

② 从上至下依次暗灭，暗灭灯先闪烁 3 次，后保持暗灭，直至全暗。

③ 全暗，保持 2s。

④ 重复上述过程，不断循环重复。

第3章 中断和定时/计数器

中断系统和定时/计数器是单片机片内非常重要的功能部件。在早期的计算机中，计算机与外设交换信息时，慢速工作的外设与快速工作的 CPU 之间形成很大的矛盾。例如，计算机与打印机相连接，CPU 处理和传送字符的速度是微秒级的，而打印机打印字符的速度比 CPU 慢得多，CPU 不得不花费大量时间等待和查询打印机打印字符，中断就是为了解决这类问题而提出来的。可以这样说，只有有了中断系统后，计算机才能演绎出多姿多彩的功能。

项目 8 输出脉冲波

要求在 80C51 P1.0 引脚输出周期为 400μs 的脉冲方波（f_{OSC}=12MHz）。

任务 8.1 编制输出脉冲波程序

控制脉冲波周期涉及 80C51 定时/计数器和中断系统的基础知识。因此，读者应先阅读基础知识 3.1～3.2 节，而学习本任务的目的，也正是为了理解和熟悉 80C51 中断系统和定时/计数器的基本概念。

编制输出脉冲波程序可用定时器控制脉冲波周期，其中以工作方式 1、方式 2 比较合适。

（1）工作方式 1

1）用定时器方式 1 设置 TMOD，如图 3-1 所示。

2）计算定时初值。

周期为 400μs，脉宽为 200μs。

T1 $_{初值}$=2^{16}-200μs/1μs=65536-200=65336=FF38H

因此：TH1=FFH，TL1=38H

3）编制程序如下：

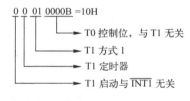

图 3-1 用定时器方式 1 设置 TMOD

```
#include <reg51.h>              //包含访问 sfr 库函数 reg51.h
sbit   P10=P1^0;               //定义位标识符 P10 为 P1.0
void   main ( ){               //主函数
  TMOD=0x10;                   //TMOD=00010000B，置 T1 为定时器方式 1
  TH1=0xff; TL1=0x38;          //置 T1 定时初值
  IP=0x08;                     //IP=00001000B，置 T1 为高优先级
  IE=0xff;                     //IE=11111111B，全部开中
  TR1=1;                       //T1 运行
  while(1);}                   //无限循环，等待 T1 中断，主函数结束
void   t1( )   interrupt 3{    //T1 中断函数
```

```
        P10=! P10;                     //P1.0 引脚端输出电平取反
        TH1=0xff; TL1=0x38;}           //重置 T1 为定时初值
```

（2）工作方式 2

1）设置 TMOD，令工作方式选择位 M1M0=10，因此，TMOD=20H。

2）计算定时初值：T1 $_{初值}$=2^8-200μs/1μs=38H。因此，TH1=38H，TL1=38H。

3）编制程序如下：

```
    #include <reg51.h>                //包含访问 sfr 库函数 reg51.h
    sbit   P10=P1^0;                  //定义位标识符 P10 为 P1.0
    void   main ( ){                  //主函数
      TMOD=0x20;                      //TMOD=00100000B，置 T1 为定时器方式 2
      TH1=TL1=0x38;                   //置 T1 为定时初值
      IP=0x08;                        //IP=00001000B，置 T1 为高优先级
      IE=0xff;                        //IE=11111111B，全部开中
      TR1=1;                          //T1 运行
      while(1);}                      //无限循环，等待 T1 中断，主函数结束
    void   t1( )   interrupt 3        //T1 中断函数
      {P10=! P10;}                    //P1.0 引脚端输出电平取反
```

比较两种程序，方式 2 的优点是不需重装定时初值。

任务 8.2　输出脉冲波 Keil 编译调试

用 Keil C51 软件调试：编译链接并进入调试状态后，打开 P1 对话框（见图 1-52b），全速运行，可看到 P1 对话框中的 P1.0 端口状态不断跳变，从"√"（高电平）到"空白"（低电平），再从"空白"到"√"，这表明 P1.0 输出脉冲方波。适当加大定时脉冲宽度，可更清晰观察。

读者可能发现，P1.0 端口状态跳变状态似乎不符合方波高低电平对称的规律，其原因不是程序的问题，而是 Keil 编译器编译处理的问题。在 Proteus 虚拟仿真示波器中，读者将看到高低电平对称占空比 50%的方波。

任务 8.3　输出脉冲波 Proteus 虚拟仿真

1. 画 Proteus 虚拟仿真电路

画出 Proteus 虚拟电路如图 3-2 所示。其中，80C51 在 Microprocessor ICs 库中；示波器，可用鼠标左键单击图 1-17b 所示的虚拟仪表图标"☜"，在仪表选择窗口下拉菜单中选择"OSCILLOSCOPE"放置。

需要说明的是，Proteus 虚拟仿真电路，若缺省晶振和复位电路，系统仍默认连接，工作频率可在 CPU 芯片属性中设置，不影响仿真运行。因此，为使电路版面整洁，也可不画晶振和复位电路。

2. 虚拟仿真运行

用鼠标左键双击图 3-2 所示电路中的 AT89C51，装入任务 8.2 节中 Keil 编译调试时自动生成的 Hex 文件，用鼠标左键单击全速运行按钮，弹出示波器，如图 3-3 所示（若示波器关

闭，可鼠标左键单击主菜单 Debug→Digital Oscilloscope），显示周期为 400μs 的脉冲方波。其中，虚拟示波器可按实体示波器那样设置幅度、脉宽和波形位置，进行测量和调节，观测脉冲方波周期是否符合要求。本例可设置纵向幅度为 1V/格，横向幅度为 0.1ms/格，读者可看到输出方波幅度为 5 格（5V），脉宽为 2 格（0.2ms），符合题目所求。

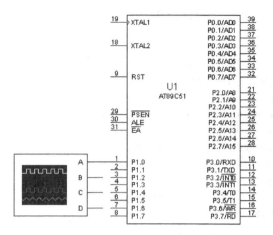

图 3-2 示波器虚拟仿真电路 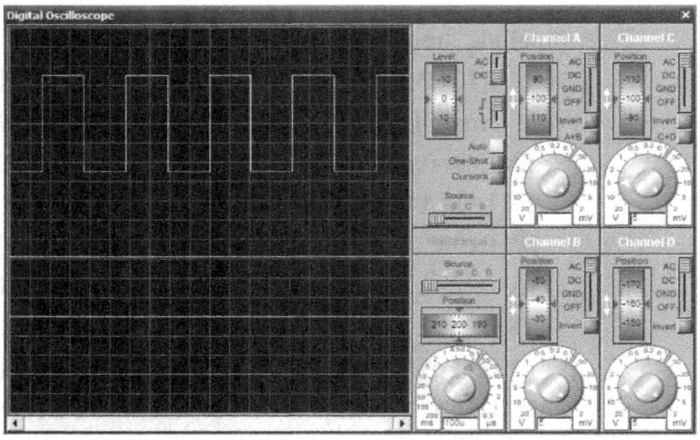   图 3-3 示波器显示周期脉冲方波

读者若有兴趣，还可改变程序中计数设置，重新编译链接，生成 Hex 文件，装入 AT89C51，观测运行后的波形变化。

项目 9   播放生日快乐歌

播放生日快乐歌涉及音频频率和节拍时间，均要用到定时/计数器。因此，学习本节可进一步熟悉中断和定时/计数器的基本概念和应用。

音频是指正常人耳能听到的声波频率，范围一般为 16Hz～16kHz。若单片机某 I/O 端口输出这些频率的方波，并驱动发声器，就能发出各种声音。

任务 9.1   编制播放生日快乐歌程序

生日快乐歌谱如图 3-4 所示。设 80C51 乐曲播放电路中，P1.7 接发声器 SOND，P1.0 接启动键〈K0〉，要求按一次〈K0〉键，播放一遍生日快乐歌（$f_{OSC}=12MHz$）。

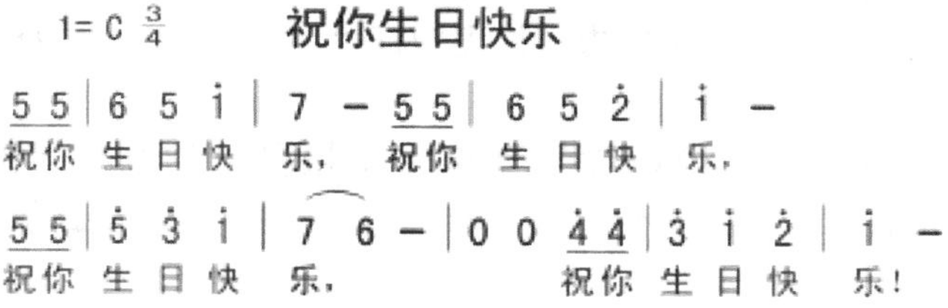

$1=C \frac{3}{4}$ **祝你生日快乐**

$\underline{5\ 5}\ |\ 6\ 5\ \dot{1}\ |\ 7\ -\ \underline{5\ 5}\ |\ 6\ 5\ \dot{2}\ |\ \dot{1}\ -$
祝你 生 日 快 乐， 祝你 生 日 快 乐，

$\underline{5\ 5}\ |\ \dot{5}\ \dot{3}\ \dot{1}\ |\ 7\ 6\ -\ |\ 0\ 0\ \underline{4\ 4}\ |\ \dot{3}\ \dot{1}\ \dot{2}\ |\ \dot{1}\ -$
祝你 生 日 快 乐， 祝你 生 日 快 乐！

图 3-4   生日快乐歌谱

控制输出方波频率可用延时程序或定时/计数器。用延时程序，不够准确；用定时/计数器控制，频率更为准确些。表 3-1 所示为 C 音调音频频率、半周期和定时初值。其中，定时初值是根据音频频率半周期、f_{OSC}=12MHz 条件下，选 T0 定时器方式 0 计算出来的。

表 3-1　音频频率及其半周期和定时时间常数（C 音调）

参数 音符	低　音			中　音			高　音		
	频率/Hz	半周期/μs	TH0/TL0	频率/Hz	半周期/μs	TH0/TL0	频率/Hz	半周期/μs	TH0/TL0
1	262	1 908	196/12	523	956	226/4	1 046	478	241/2
2	294	1 701	202/27	587	852	229/12	1 175	426	242/22
3	330	1 515	208/21	659	759	232/9	1 318	379	244/5
4	349	1 433	211/7	698	716	233/20	1 397	358	244/26
5	392	1 276	216/4	784	638	236/2	1 568	319	246/1
6	440	1 136	220/16	880	568	238/8	1 760	284	247/4
7	494	1 012	224/12	988	506	240/6	1 976	253	248/3

播放乐曲，除了控制频率，还有控制节拍（时间）的问题。现用 T0 方式 0 控制音符频率，T1 方式 1 控制音符节拍，编制生日快乐歌曲音符序号数组 s[26] 和生日快乐歌曲音符节拍长度数组（50ms 整倍数）L[26]，两数组序号具有对应关系。例如，播放生日快乐歌第 1 个音符 "5"，1/8 拍，取 4×50ms=200ms；第 3 个音符 "6"，1/4 拍，取 8×50ms=400ms；以此类推。遇休止符 0，停发音频，但仍当作一个音符，按其节拍长短控制定时时间。当一个音符播放结束，T1 停，转入下一音符，中间间隔延时 10ms。

设 T1 定时时间：50ms

计算 T1 定时初值：$T1_{初值} = 2^{16} - 50000\mu s/1\mu s = 65536 - 50000 = 15536 = 3CB0H$

因此：TH1=0x3c，TL1=0xb0。

编程如下。

```
#include <reg51.h>              //包含访问 sfr 库函数 reg51.h
sbit   K0=P1^0;                 //定义启动键 K0 为 P1.0
sbit   SOND=P1^7;               //定义发声器 SOND 为 P1.7
unsigned char i,j;              //定义字符型循环变量 i（音符序数）、j（50ms 整倍数）
unsigned char code   th[22]={   //定义音符频率定时数组高 8 位（12MHz，定时方式 0）
  0,196,202,208,211,216,220,224,226,229,232,233,236,238,240,241,242,244,244,246,247,248};
unsigned char code   tl[22]={   //定义音符频率定时数组低 8 位（12MHz，定时方式 0）
  0,12,27,21,7,4,16,12,4,12,9,20,2,8,6,2,22,5,26,1,4,3};
unsigned char   s[26]={         //定义生日快乐歌曲音符序号数组
  12,12,13,12,15,14,12,12,13,12,16,15,12,12,19,17,15,14,13,0,18,18,17,15,16,15};
unsigned char   L[26]={         //定义生日快乐歌曲音符节拍长度数组（50ms 整倍数）
  4,4,8,8,8,16,4,4,8,8,8,16,4,4,8,8,8,16,8,4,4,8,8,8,16};
void   main ( ) {               //主函数
  unsigned int   t;             //定义循环变量 t（用于音符发声后间隙延时）
  TMOD=0x10;                    //T0 定时器方式 0，T1 定时器方式 1
  TH1=0x3c;TL1=0xb0;            //置 T1 初值 50ms
  IP=0x02; IE=0x8a;             //置 T0 为高优先级中断，T0、T1 开中
  while (1){                    //无限循环
```

```
    while (K0= =1);                 //等待 K0 按下
    while (K0= =0);                 //等待 K0 释放
    for(i=0; i<26; i++){            //歌曲音符节拍循环
        if (s[i]= =0)  {SOND=0;     //若歌曲音符序号为 0，停发声
            TR0=0;}                 //T0 停运行
        else  {TH0=th[s[i]];        //否则，置 T0 初值高 8 位（音符方波半周期）
            TL0=tl[s[i]];           //置 T0 初值低 8 位（音符方波半周期）
            TR0=1;}                 //T0 运行
        j=L[i]; TR1=1;             //置 50ms 计数器初值，T1 运行
        while (TR1= =1);            //等待 T1 停运行
        TR0=0; SOND=0;             //T0 停运行，停发声
        for (t=0; t<2000; t++ );}}} //音符间隔延时为 10ms
void  t0 ( )  interrupt 1{          //T0 中断函数
    SOND=~SOND;                     //输出取反（产生音频方波）
    TH0=th[s[i]]; TL0=tl[s[i]];}    //重置 T0 初值
void  t1 ( )  interrupt 3{          //T1 中断函数
    TH1=0x3c;TL1=0xb0;             //重置 T1 初值 50ms
    if ((j--)= =0)  TR1=0;}         //若 50ms 计数器减 1 为 0，T1 停
```

分析上述生日快乐歌程序，不难看到，只要编制音符序号数组 s[ ] 和音符节拍长度数组 L[ ]，同时修改音符节拍循环的中止条件（音符总数），即可实现播放新的乐曲。

任务 9.2 播放生日快乐歌 Keil 编译调试

编译链接后，打开 P1 对话框，单步运行至 "while (K0==1)" 语句行，用鼠标左键单击 P1 对话框中 P1.0，"√" 变为 "空白"（K0 按下）；再次单步运行，至 "while (K0==0)" 语句行，用鼠标左键单击 P1 对话框中 P1.0，"空白" 变为 "√"（K0 释放）。光标指向下一行，全速运行，P1.7 跳变了一下，暂停图标变为红色。P1.7 跳变了一下，表示播放了一遍生日快乐歌，中间过程瞬间完成，实在看不出什么。因此，本例 Keil 调试意义不大，主要目的是自动生成 Hex 文件。

若有耐心，可观测到程序运行的全过程。打开 P1、T0、T1 对话框，并分别在 T0、T1 中断函数第一条语句处设置断点。全速运行，至 "while (K0==1)" 和 "while (K0==0)" 语句行，按上述方法完成 K0 按下和释放的模拟动作。然后仍全速运行，至 T0 中断断点处，继续全速运行，P1.7（SOND）取反。用鼠标左键不断单击全速运行图标，P1.7 不断取反，共 78 次后，程序运行至 T1 中断断点处。表明在 50ms（T1 定时时间）中，P1.7 输出了 $78 \div 2 = 39$ 个音频方波，该方波半周期为 50ms/78=641μs，与生日快乐歌第一个音符中音 "5" 的半周期 638 基本相同（用定时/计数器控制音符频率还是有误差的）。上述过程仅是程序运行第一个 50ms，按数组 L[26]，音符 "5" 共有 4 个 50ms，还有其他 25 个音符，耐心可能不够了，还是直接去 Proteus 虚拟仿真吧。

任务 9.3 播放生日快乐歌 Proteus 虚拟仿真

1. 画 Proteus 虚拟仿真电路

画出 Proteus ISIS 虚拟乐曲播放电路如图 3-5 所示。其中，80C51 在 Microprocessor

ICs 库中；发声器 SOND 在 Microprocessor ICs 库中；按键在 Switches & Relays→Switches
库中，选 BUTTON 型；电源（↑）、接地（⏚）
等终端符号可用鼠标左键单击图 1-15 所示左侧配
件模型工具栏中的图标"▤"（见图 1-17b），在
元器件选择窗口列出的终端选项中选择。

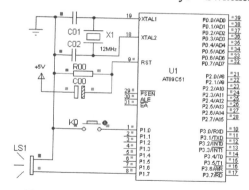

需要说明的是，Proteus 虚拟仿真电路，若
缺省晶振和复位电路，系统仍默认连接，工作
频率可在 CPU 芯片属性中设置，不影响仿真运
行。因此，为使电路版面整洁，也可不画晶振
和复位电路。

图 3-5　Proteus ISIS 虚拟乐曲播放电路

2．虚拟仿真运行

用鼠标左键双击图 3-5 所示电路中 AT89C51，
装入任务 9.2 中 Keil 编译调试时自动生成的 Hex 文件，用鼠标左键单击全速运行按钮，电路
进入虚拟仿真运行状态。用鼠标左键单击 K0（不锁定），可听到播放的生日快乐歌。播完
后，再次单击"K0"，再次播放。

基础知识 3

3.1　80C51 中断系统

CPU 暂时中止其正在执行的程序，转去执行请求中断的那
个外设或事件的服务程序，等处理完毕后再返回执行原来中止
的程序，叫作中断。其中断运行过程示意图如图 3-6 所示。

80C51 单片机的中断必须由中断源发出中断请求，由中断
控制寄存器控制各项中断操作。

图 3-6　中断运行过程示意图

1．中断源

中断源是指能发出中断请求，引起中断的装置或事件。80C51 单片机的中断源共有 5
个，其中两个为外部中断源，3 个为内部中断源。

1）INT0——外部中断 0，中断请求信号由 P3.2 输入。

2）INT1——外部中断 1，中断请求信号由 P3.3 输入。

3）T0——定时/计数器 0 溢出中断，对外部脉冲计数由 P3.4 输入。

4）T1——定时/计数器 1 溢出中断，对外部脉冲计数由 P3.5 输入。

5）串行中断（包括串行接收中断 RI 和串行发送中断 TI）。

2．中断控制特殊功能寄存器

涉及中断控制的有中断请求、中断允许和中断优先级控制的 3 项功能 4 个特殊功能寄
存器。

（1）中断请求控制寄存器

80C51 涉及中断请求的控制寄存器有两个。定时和外中断用 TCON，串行中断用
SCON。

85

1）TCON。TCON 的结构、位名称、位地址和功能如表 3-2 所示。

表 3-2　TCON 的结构、位名称、位地址和功能

位编号	D7	D6	D5	D4	D3	D2	D1	D0
位名称	TF1		TF0		IE1	IT1	IE0	IT0
位地址	8FH		8DH		8BH	8AH	89H	88H
功能	T1 中断标志		T0 中断标志		INT1 中断标志	INT1 触发方式	INT0 中断标志	INT0 触发方式

① TF1——T1 溢出中断请求标志。在定时/计数器 T1 计数溢出后，由 CPU 片内硬件自动置"1"，表示向 CPU 请求中断。CPU 响应该中断后，片内硬件自动对其清"0"。TF1 也可由软件程序查询其状态或由软件置位清"0"。

② TF0——T0 溢出中断请求标志。其含义及功能与 TF1 相似。

③ IE1——外中断 INT1 中断请求标志。当 P3.3 引脚信号有效时，触发 IE1 置"1"，在 CPU 响应该中断后，由片内硬件自动清"0"（自动清"0"只适用于边沿触发方式）。

④ IT1——外中断 INT1 触发方式控制位。IT1=1，边沿触发方式，当 P3.3 引脚出现下跳边脉冲信号时有效；IT1=0，电平触发方式，当 P3.3 引脚为低电平信号时有效。IT1 由软件置位或复位。

⑤ IE0——外中断 INT0 中断请求标志。其含义及功能与 IE1 相似。

⑥ IT0——外中断 INT0 触发方式控制位。其含义及功能与 IT1 相似。

TCON 的字节地址为 88H，另两位与中断无关，将在定时/计数器一节中阐述。

2）SCON。SCON 的结构、位名称、位地址和功能如表 3-3 所示。

表 3-3　SCON 的结构、位名称、位地址和功能

位编号	D7	D6	D5	D4	D3	D2	D1	D0
位名称							TI	RI
位地址							99H	98H
功能							串行发送中断标志	串行接收中断标志

① TI——串行口发送中断请求标志。

② RI——串行口接收中断请求标志。

CPU 在响应串行发送、接收中断后，TI、RI 不能自动清"0"，必须由用户用指令清"0"。

（2）中断允许控制寄存器 IE

80C51 对中断源的开放或关闭（屏蔽）是由中断允许控制寄存器 IE 控制的，可用软件对各位分别置"1"或清"0"，从而实现对各中断源开中（开启中断）或关中（关闭中断）。IE 的结构、位名称和位地址如表 3-4 所示。

表 3-4　IE 的结构、位名称和位地址

位编号	D7	D6	D5	D4	D3	D2	D1	D0
位名称	EA	—	—	ES	ET1	EX1	ET0	EX0
位地址	AFH	—	—	ACH	ABH	AAH	A9H	A8H
中断源	CPU	—	—	串行口	T1	INT1	T0	INT0

1）EA——CPU 中断允许控制位。EA=1，CPU 开中；EA=0，CPU 关中，且屏蔽所有 5 个中断源。

2）EX0——外中断 $\overline{\text{INT0}}$ 中断允许控制位。EX0=1，INT0 开中；EX0=0，INT0 关中。

3）EX1——外中断 $\overline{\text{INT1}}$ 中断允许控制位。EX1=1，INT1 开中；EX1=0，INT1 关中。

4）ET0——定时/计数器 T0 中断允许控制位。ET0=1，T0 开中；ET0=0，T0 关中。

5）ET1——定时/计数器 T1 中断允许控制位。ET1=1，T1 开中；ET1=0，T1 关中。

6）ES——串行口中断（包括串行发、串行收）允许控制位。ES=1，串行口开中；ES=0，串行口关中。

需要说明的是，80C51 对中断实行两级控制，总控制位是 EA，每一中断源还有各自的控制位对该中断源开中或关中。首先要 EA=1，其次还要自身的控制位置"1"。

例如，要使 INT0 开中（其余关中），可执行下列 C51 指令

  IE=0x81;   //0x81=10000001B

或者

  EA=1; EX0=1;

（3）中断优先级控制寄存器 IP

80C51 有 5 个中断源，划分为两个中断优先级：高优先级和低优先级。若 CPU 在执行低优先级中断时，又发生高优先级请求中断，CPU 会中断正在执行的低优先级中断，转而响应高优先级中断。中断优先级的划分是可编程的，即可以用指令设置哪些中断源为高优先级，哪些中断源为低优先级。控制 80C51 中断优先的寄存器为 IP，只要对 IP 各位置"1"或清"0"，就可对各中断源设置为高优先级或低优先级。相应位置"1"，定义为高优先级；相应位清"0"，定义为低优先级。IP 的结构、位名称和位地址如表 3-5 所示。

表 3-5　IP 的结构、位名称和位地址

位编号	D7	D6	D5	D4	D3	D2	D1	D0
位名称	—	—	—	PS	PT1	PX1	PT0	PX0
位地址	—	—	—	BCH	BBH	BAH	B9H	B8H
中断源	—	—	—	串行口	T1	INT1	T0	INT0

1）PX0——INT0 中断优先级控制位。PX0=1，INT0 为高优先级；PX0=0，INT0 为低优先级。

2）PX1——INT1 中断优先级控制位。控制方法同上。

3）PT0——T0 中断优先级控制位。控制方法同上。

4）PT1——T1 中断优先级控制位。控制方法同上。

5）PS——串行口中断优先级控制位。控制方法同上。

例如，若要将 INT1、串行口设置为高优先级，其余中断源设置为低优先级，可执行下列 C51 指令。

  IP=0x14;   //0x14=00010100B

需要指出的是，若置 5 个中断源全部为高优先级，就等于不分优先级。

3．中断处理过程

中断处理过程大致可分为 4 步：中断请求、中断响应、中断服务和中断返回。图 3-7 所示为中断处理过程流程图。

（1）中断请求

当中断源要求 CPU 为它服务时，必须发出一个中断请求信号。若是外部中断源，则需将中断请求信号送到规定的外部中断引脚上，CPU 将相应的中断请求标志位置"1"。为保证该中断得以实现，中断请求信号应保持到 CPU 响应该中断后才能取消。若是内部中断源，则内部硬件电路将自动置位该中断请求标志。CPU 将不断地及时地查询这些中断请求标志，一旦查询到某个中断请求标志置位，就响应该中断源中断。

（2）中断响应

CPU 查询（或称为检测）到某中断标志为"1"，在满足中断响应条件下，响应中断。

1）中断响应条件如下。

① 该中断已经"开中"。

② CPU 此时没有响应同级或更高级的中断。

③ 当前正处于所执行指令的最后一个机器周期。前述中断源发出中断请求，无论外中断、内中断均使中断请求标志置位，以待 CPU 查询。80C51 CPU 是在执行每一条指令的最后一个机器周期去查询（检测）中断标志是否置位，查询到有中断标志置位就响应中断。在其他时间，CPU 不查询，即不会响应中断。

④ 正在执行的指令不是 RETI 或者是访问 IE、IP 的指令，否则必须再另外执行一条指令后才能响应。因为：若正在执行 RETI 指令，则牵涉前一个中断断口地址问题，必须等待前一个中断返回后，才能响应新的中断；若是访问 IE、IP 指令，则牵涉到有可能改变中断允许开关状态和中断优先级次序状态，必须等其确定后，按照新的 IE、IP 控制执行中断响应。

2）中断响应操作。在满足上述中断响应条件的前提下，进入中断响应，CPU 响应中断后，进行下列操作。

① 保护断点地址。因为 CPU 响应中断是中断原来执行的程序，转而执行中断服务程序。中断服务程序执行完毕后，还要返回到原来的中断点，继续执行原来的程序。因此，必须把中断点的 PC 地址记下来（保存在堆栈之中），以便正确返回。

② 撤除该中断源的中断请求标志。前述 CPU 是在执行每一条指令的最后一个机器周期（简称为机周）查询各中断请求标志位是否置位，响应中断后，必须将其撤除。否则，中断返回后将因重复响应该中断而出错。对于 80C51 来讲，有的中断请求标志在 CPU 响应中断后，由 CPU 硬件自动撤除。但有的中断请求标志（如串行口中断），必须由用户在软件程序中对该中断标志复位（清"0"）。需要指出的是，对外中断电平触发方式时的中断请求标志，CPU 虽能自动撤除，但引起外中断请求的信号必须由用户设法清除。否则，仍会触发外

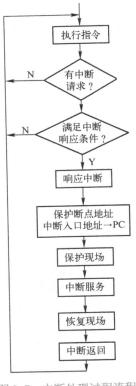

图 3-7　中断处理过程流程图

中断请求标志置位。

③ 关闭同级中断。在一种中断响应后，同一优先级的中断即被暂时屏蔽。待中断返回时再重新自动开启。

④ 将相应中断的入口地址送入 PC 中。对 80C51 来讲，每一个中断源都有对应的固定不变的中断入口地址，哪一个中断源中断，在 PC 中就装入哪一个中断源相应的中断入口地址。80C51 五个中断源的中断入口地址如下。

INT0:　　　　0003H

T0:　　　　　000BH

INT1:　　　　0013H

T1:　　　　　001BH

串行口:　　　0023H

可以注意到上述地址有以下特点：中断入口地址固定；其排列顺序与 IE、IP 及中断优先权中 5 个中断源的排列顺序相同，且相互间隔只有 8 个字节。一般来说，8 个字节是安排不下一个完整中断服务程序的，因此需要安排一个跳转指令，跳转到其他合适的区域编制真正的中断服务程序。在汇编程序中，跳转指令由用户编写；在 C51 程序中，由中断函数自动完成，用户不必编写。

以上中断响应操作，除撤除串行口中断请求标志外，均由 CPU 自动完成。

（3）执行中断服务程序

一般来说，中断服务程序应包含以下几部分。

1）保护现场。在中断服务程序中，通常会涉及一些特殊功能寄存器，例如，ACC、PSW 和 DPTR 等，而这些特殊功能寄存器中断前的数据在中断返回后还要用到，若在中断服务程序中被改变，返回主程序后将会出错。因此，要求把这些特殊功能寄存器中断前的数据保存起来，待中断返回时恢复。

所谓保护现场是指把断点处有关寄存器的内容压入堆栈保护，以便中断返回时恢复。"有关"是指中断返回时需要恢复，不需要恢复就是无关。通常有关的是特殊功能寄存器 ACC、PSW 和 DPTR 等。

2）执行中断服务程序主体，完成相应操作。中断服务程序中的操作内容和功能是中断源请求中断的目的，是 CPU 完成中断处理操作的核心和主体。

3）恢复现场。与保护现场相对应，中断返回前，应将进入中断服务程序时保护的有关寄存器内容从堆栈中弹出，送回到原有关寄存器中，以便返回断点后继续执行原来的程序。需要指出的是，对 80C51，利用堆栈保护和恢复现场需要遵循先进后出、后进先出的原则。

上述 3 个部分，中断服务程序是中断源请求中断的目的，用程序指令实现相应的操作要求。保护现场和恢复现场是相对应的，但不是必需的，需要保护就保护，不需要或无保护内容则不需要保护现场。在汇编语言中断服务程序中，保护现场和恢复现场应由用户编写；在 C51 程序中，由中断函数自动完成，用户不必编写。执行中断服务程序中的内容，CPU 不能自动完成，均需由用户编制程序。

（4）中断返回

在中断服务程序最后，CPU 执行中断返回指令 RETI 指令（汇编程序由用户编写，C51 程序由编译器自动安排）时，自动完成下列操作。

1）恢复断点地址。将原来压入堆栈中的 PC 断点地址从堆栈中弹出，送回 PC。这样 CPU 就返回到原断点处，继续执行被中断的原程序。初学者容易模糊的是，中断返回，返回哪里？答案是：从什么地方来，回什么地方去。不是返回到相应中断的入口地址，而是返回到中断断点地址。

2）开放同级中断，以便允许同级中断源请求中断。上述中断响应过程大部分操作是 CPU 自动完成的。用户只需要了解来龙去脉。用户需要做的事情是编制中断服务程序，并在此之前完成中断初始化（定义外中断触发方式，定义中断优先级，开放中断等）。

4．中断优先控制和中断嵌套

（1）中断优先控制

80C51 中断优先控制首先根据中断优先级，此外还规定了同一中断优先级之间的中断优先权。其从高到低的顺序为：INT0、T0、INT1、T1 和串行口。

需要强调的是：中断优先级是可编程的，而中断优先权是固定的，不能设置，仅用于同级中断源同时请求中断时的优先次序。因此，80C51 中断优先控制的基本原则如下。

1）高优先级中断可以中断正在响应的低优先级中断，反之则不能。

2）同优先级中断不能互相中断。即某个中断（不论是高优先级或低优先级）一旦得到响应，与它同级的中断就不能再中断它。

3）同一中断优先级中，若有多个中断源同时请求中断（实际上发生这种情况的概率几乎为 0），CPU 将先响应优先权高的中断，后响应优先权低的中断。

（2）中断嵌套

当 CPU 正在执行某个中断服务程序时，如果发生更高一级的中断源请求中断，CPU 可以"中断"正在执行的低优先级中断，转而响应更高一级的中断，这就是中断嵌套，其示意图如图 3-8 所示。

中断嵌套只能高优先级"中断"低优先级，低优先级不能"中断"高优先级，同一优先级间也不能相互"中断"。

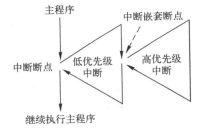

图 3-8　中断嵌套示意图

中断嵌套结构类似于调用子程序嵌套，不同的是：

1）子程序嵌套是在程序中事先安排好的；中断嵌套是随机发生的。

2）子程序嵌套无次序限制，中断嵌套只允许高优先级"中断"低优先级。

5．C51 中断应用

C51 中断以子函数的形式出现，其格式如下。

```
void    函数名()  interrupt   n  [using  m]
{ 中断函数体语句；}
```

说明如下。

1）中断函数无返回值，也不带参数。因此，返回值类型为 void，函数名后括号内无形式参数表。

2）interrupt 是 C51 关键字，表示该函数是一个中断服务子函数；n=0～4（常正整数），对应中断源编号，如表 3-6 所示（对于新型 51 单片机还可再扩展，最大达 31。例如，

80C52，定时/计数器 T2 编号为 5）。

表 3-6　C51 中断源编号

中断源	外中断 INT0	定时/计数器 T0	外中断 INT1	定时/计数器 T1	串行口中断（RI 和 TI）
中断编号	0	1	2	3	4

3）using 是 C51 关键字，主要用于中断函数（其他自定义函数也可用）内选择工作寄存器组，m=0～3（常正整数），对应工作寄存器区编号（参阅基础知识 1.2 节）。[using m]允许缺省，缺省时，不进行工作寄存器组切换，但所有在中断函数内用到的工作寄存器将被压栈保护。

4）中断函数不能被非中断调用。即不能在程序中，安排指令调用中断函数，只有在系统发生中断时由系统硬件产生自然调用：按前述中断响应操作，PC 指向相应的中断入口地址；在中断函数中用到的特殊功能寄存器 ACC、B、PSW、DPH 和 DPL 会自动压栈保护，退出中断前恢复；最后以 RETI 功能结束调用返回断点。

5）允许在中断函数中调用其他子函数，但被调用子函数使用的工作寄存器组必须与中断函数使用的工作寄存器组相同（编译器对此不查错），否则会出错。

需要说明的是，由于中断函数无返回值，也不带参数。因此，若需要在中断函数外用到中断函数中的某个变量值，则必须将其设置为全局变量。否则，中断函数运行结束后，中断函数内的局部变量被释放，无法保全。

3.2　80C51 定时/计数器

定时/计数器是单片机系统一个重要的部件，其工作方式灵活、编程简单和使用方便，可用来实现定时控制、延时、频率测量、脉宽测量、信号发生和信号检测等。此外，定时/计数器还可作为串行通信中波特率发生器。

1．定时/计数器概述

80C51 单片机内部有 T0 和 T1 两个定时/计数器，其核心是计数器，基本功能是加 1。对外部事件脉冲（下降沿）计数，是计数器；对片内机周脉冲计数，是定时器。因为片内机周脉冲频率是固定的，是 f_{osc} 的 1/12。所以，若 f_{osc}=12MHz，则 1 机周为 1μs；若 f_{osc}=6MHz，1 则机周为 2μs，机周脉冲时间乘以机周数就是定时时间。

计数器由两个 8 位计数器组成。T0 的两个 8 位计数器是 TH0 和 TL0，TH0 是高 8 位，TL0 是低 8 位；T1 的两个 8 位计数器是 TH1 和 TL1，合起来是 16 位计数器。

可以编程设定定时时间和计数值，其方法是在计数器内设置一个初值，然后加 1 计满后溢出。调整计数器初值，可调整从初值到计满溢出的数值，即调整了定时时间和计数值。

需要指出的是，定时/计数器作为计数器时，外部事件脉冲必须从规定的引脚输入，T0 的外部事件脉冲应从 P3.4 引脚输入，T1 的外部事件脉冲应从 P3.5 引脚输入，从其他引脚输入无效。且外部脉冲的最高频率不能超过时钟频率的 1/24，因为 CPU 确认一次脉冲跳变需要两个机器周期。例如，f_{osc}=12MHz，则外部事件脉冲的频率不能高于 500kHz。

2．定时/计数器的控制寄存器

80C51 定时/计数器是可编程的，其编程操作通过 TCON 和 TMOD 两个特殊功能寄存器的状态设置来实现。

（1）定时/计数器控制寄存器 TCON

TCON 的结构和各位名称、位地址如表 3-7 所示。

表 3-7　TCON 的结构和各位名称、位地址

TCON	T1 中断标志	T1 运行控制	T0 中断标志	T0 运行控制	INT1 中断标志	INT1 触发方式	INT0 中断标志	INT0 触发方式
位名称	TF1	TR1	TF0	TR0	IE1	IT1	IE0	IT0
位地址	8FH	8EH	8DH	8CH	8BH	8AH	89H	88H

TCON 的低 4 位与外中断 INT0、INT1 有关，已在中断系统中介绍。高 4 位与定时/计数器 T0、T1 有关，介绍如下。

1）TF1——定时/计数器 T1 溢出标志。在 T1 被允许计数后，T1 从初值开始加 1 计数，至最高位产生溢出时，TF1 置"1"，既表示计数溢出，又表示请求中断。CPU 响应中断后由硬件自动对 TF1 清"0"。也可在程序中用指令查询 TF1 或置"1"、清"0"。

2）TF0——定时/计数器 T0 溢出标志，其含义及功能与 TF1 相似。

3）TR1——定时/计数器 T1 运行控制位。TR1=1，T1 运行（T1 是否运行还有其他条件）；TR1=0，T1 停。

4）TR0——定时/计数器 T0 运行控制位，其含义及功能与 TR1 相似。

TCON 的字节地址为 88H，每一位有位地址，均可位操作。

（2）定时/计数器工作方式控制寄存器 TMOD

TMOD 用于设定定时/计数器的工作方式，低 4 位用于控制 T0，高 4 位用于控制 T1。TMOD 的结构和各位名称、功能如表 3-8 所示。

表 3-8　TMOD 的结构和各位名称、功能

高 4 位控制 T1				低 4 位控制 T0			
门控位	计数/定时方式选择	工作方式选择		门控位	计数/定时方式选择	工作方式选择	
GATE	$C/\overline{T}$	M1	M0	GATE	$C/\overline{T}$	M1	M0

1）M1M0——工作方式选择位。M1M0 两位二进制数可表示 4 种状态，因此 M1M0 可选择 4 种工作方式，如表 3-9 所示。

表 3-9　M1M0 的 4 种工作方式

M1M0	工作方式	功　能	M1M0	工作方式	功　能
00	方式 0	13 位计数器	10	方式 2	两个 8 位计数器，初值自动装入
01	方式 1	16 位计数器	11	方式 3	两个 8 位计数器，仅适用于 T0

2）$C/\overline{T}$——计数/定时方式选择位。

① $C/\overline{T}=1$，为计数工作方式，对外部事件脉冲计数，负跳变脉冲有效。

② $C/\overline{T}=0$，为定时工作方式，对片内机周脉冲计数，用做定时器。

3）GATE——门控位。

① GATE=0，定时/计数器的运行只受 TCON 中运行控制位 TR0/TR1 的控制。

② GATE=1，定时/计数器的运行同时受 TR0/TR1 和外中断输入信号（INT0/ INT1）的

双重控制，只有当 INT0/INT1=1 且 TR0/TR1=1 时，T0/T1 才能开始运行。运行后，若出现 INT0/ INT1=0，T0/T1 立即停止运行。

以 T0 为例。GATE=0 时，TR0=1，T0 运行；TR0=0，T0 停。GATE=1 时，TR0=1，且 INT0 为高电平时，T0 运行。如果两个条件有一个不满足，T0 就不能运行。

TMOD 字节地址为 89H，不能位操作。因此，设置 TMOD 需用字节操作指令。

3.　定时/计数器工作方式

前述 80C51 定时/计数器有 4 种工作方式，由 TMOD 中 M1M0 的状态确定。下面以 T0 为例进行分析。

（1）工作方式 0

当 M1M0=00 时，定时/计数器 T0 工作于方式 0，如图 3-9 所示。在方式 0 情况下，内部计数器为 13 位。由 TL0 低 5 位和 TH0 8 位组成，TL0 低 5 位计数满时不向 TL0 第 6 位进位，而是向 TH0 进位，13 位计满溢出时，TF0 置"1"，最大计数值 2^{13} = 8192（计数器初值为 0）。

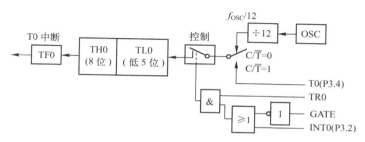

图 3-9　定时/计数器 T0 工作于方式 0

（2）工作方式 1

当 M1M0=01 时，定时/计数器工作于方式 1，如图 3-10 所示。在方式 1 情况下，计数器为 16 位。由 TL0 作低 8 位，TH0 作高 8 位。16 位计满溢出时，TF0 置"1"。

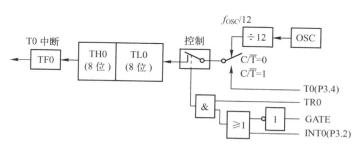

图 3-10　定时/计数器 T0 工作于方式 1

方式 1 与方式 0 的区别在于，方式 0 是 13 位计数器，最大计数值 2^{13} = 8192；方式 1 是 16 位计数器，最大计数值为 2^{16} = 65536。用做定时器时，若 f_{OSC}=12MHZ，则方式 0 最大定时时间为 8 192μs，方式 1 最大定时时间为 6 5536μs。

（3）工作方式 2

当 M1M0=10 时，定时/计数器工作于方式 2，如图 3-11 所示。在方式 2 情况下，定时/

计数器为 8 位，能自动恢复定时/计数器初值。在方式 0、方式 1 时，定时/计数器的初值不能自动恢复，计满后若要恢复原来的初值，需在程序中用指令重新给 TH0、TL0 赋值。但当为工作方式 2 时，仅用 TL0 计数，最大计数值为 $2^8 = 256$，计满溢出后，一方面进位 TF0，使溢出标志 TF0 = 1，另一方面，使原来装在 TH0 中的初值装入 TL0（TH0 中的初值允许与 TL0 不同）。所以，工作方式 2 既有优点，又有短处。优点是定时初值可自动恢复，短处是计数范围小。因此，工作方式 2 适用于需要重复定时且定时范围不大的应用场合。

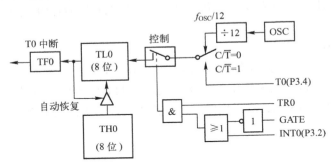

图 3-11 定时/计数器 T0 工作于方式 2

（4）工作方式 3

当 M1M0=11 时，定时/计数器工作于方式 3，但方式 3 仅适用于 T0，T1 无方式 3。

1）T0 方式 3。在方式 3 情况下，T0 被拆成两个独立的 8 位计数器 TH0、TL0，如图 3-12 所示。

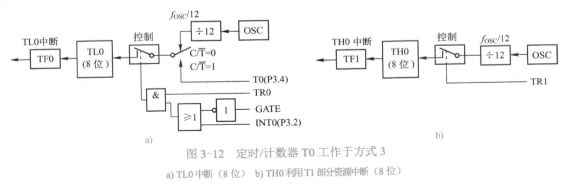

图 3-12 定时/计数器 T0 工作于方式 3

a) TL0 中断（8 位） b) TH0 利用 T1 部分资源中断（8 位）

① TL0 使用 T0 原有的控制寄存器资源（TF0、TR0、GATE、C/$\overline{T}$ 和 INT0）组成一个 8 位的定时/计数器。

② TH0 借用 T1 的中断溢出标志 TF1、运行控制开关 TR1，只能对片内机周脉冲计数，组成另一个 8 位定时器（不能用作计数器）。

2）T0 方式 3 情况下的 T1。T1 由于其 TF1、TR1 被 T0 的 TH0 占用，计数器溢出时，只能将输出信号送至串行口，即用做串行口波特率发生器。但 T1 工作方式仍可设置为方式 0～方式 2，C/$\overline{T}$ 控制位仍可使 T1 工作在计数器方式或定时器方式。T0 方式 3 情况下的 T1 的 3 种工作方式如图 3-13 所示。

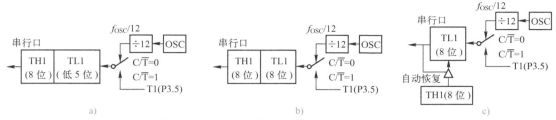

图 3-13 T0 方式 3 情况下的 T1 的 3 种工作方式

a) T1 方式 0 b) T1 方式 1 c) T1 方式 2

从图 3-13c 中看出，T0 方式 3 情况下的 T1 方式 2，因定时初值能自动恢复，用做波特率发生器更为合适。

4. 定时/计数器的应用

（1）计算定时/计数初值

80C51 定时/计数初值（有的书中称为时间常数）的计算公式为

$$T_{初值} = 2^N - \frac{定时时间}{机周时间} \qquad (3-1)$$

式中，N 与工作方式有关。方式 0 时，$N=13$；方式 1 时，$N=16$；方式 2、方式 3 时，$N=8$。机周时间与主振频率有关，机器周期是时钟周期的 12 倍。因此，机周时间=12/f_{OSC}。当 f_{OSC} = 12MHz 时，1 机周=1μs；当 f_{OSC}=6MHz 时，1 机周=2μs。

（2）应用步骤

1）合理选择定时/计数器工作方式。根据所要求的定时时间长短、定时的重复性，合理选择定时/计数器的工作方式，确定实现方法。一般来讲，定时时间长，用方式 1（尽量不用方式 0）；定时时间短（≤255 机周）且需重复使用自动恢复定时初值，用方式 2；串行通信波特率，用 T1 方式 2。

2）计算定时/计数器定时初值按式（3-1）计算。

（3）编制应用程序

1）定时/计数器的初始化。包括定义 TMOD，写入定时初值，设置中断系统，启动定时/计数器运行等。

2）正确编制定时/计数器的中断服务程序。注意是否需要重装定时初值。若需要连续反复使用原定时时间，且未工作在方式 2，则应在中断服务程序中重装定时初值。

3）若将定时/计数器用于计数方式，则外部事件脉冲必须从 P3.4（T0）或 P3.5（T1）引脚输入，且外部脉冲的最高频率不能超过时钟频率的 1/24。

思考和练习 3

3.1 什么叫中断？为什么要设置中断？

3.2 80C51 有几个中断源？

3.3 涉及 80C51 单片机中断控制的有哪几个特殊功能寄存器？各有什么作用？

3.4 80C51 中断优先控制有什么基本原则？

3.5　中断初始化包括哪些内容?

3.6　80C51 定时/计数器在什么情况下是定时器?什么情况下是计数器?

3.7　80C51 定时/计数器有哪几种工作方式?各有什么特点?

3.8　对于 80C51 定时/计数器,当 f_{OSC}=6MHz 和 f_{OSC}=12MHz 时,最大定时各为多少?

3.9　对定时/计数器初始化应设置哪些参数?

3.10　已知 P1.0 端口接一个发光二极管。要求定时控制该发光二极管闪烁(亮暗各 0.5s)。

3.11　已知 f_{OSC}=12MHz。要求在 80C51 P1.0、P1.1、P1.2 和 P1.3 引脚分别输出周期为 500μs、1ms、5ms 和 10ms 的脉冲方波。试编制程序,画出 Proteus ISIS 虚拟电路,并仿真调试。

3.12　已知 f_{OSC}=6MHz。要求 80C51 P1.7 输出图 3-14 所示的连续矩形脉冲波。

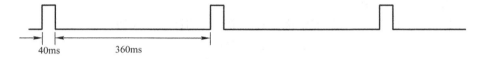

40ms　　360ms

图 3-14　连续矩形脉冲波

3.13　乐曲播放电路如图 3-5 所示,"世上只有妈妈好"曲谱如图 3-15 所示。设 f_{OSC}=12MHz,试编制该歌曲程序,并仿真调试。

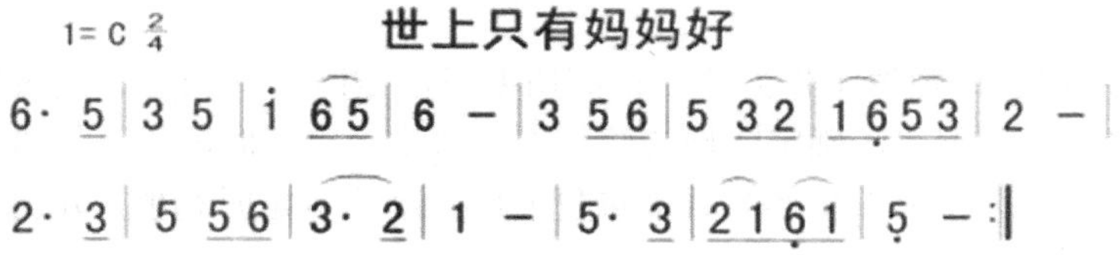

图 3-15　"世上只有妈妈好"曲谱

第4章 串行口应用

80C51 串行口，是单片机片内非常重要的功能部件，既可实现串行通信，又可用做串行扩展。近年来，串行扩展得到了很大的发展和应用，逐渐成为系统扩展的主流形式。

项目 10 串行输出控制循环灯

任务 2.2 节已经实现了 P1 口输出控制流水循环灯，现要求从 80C51 串行口输出控制流水循环灯。80C51 串行口扩展并行输出时，要有"串入并出"的移位寄存器配合。例如，74HC164、74HC595 或 CC4094 等。需要说明的是，串行输出扩展应用不仅可扩展 8 位，而且可扩展 N×8 位。

任务 10.1 编制 74HC164 串行输出控制循环灯程序

从串行输出控制循环灯涉及 80C51 串行口的基础知识。其中，重点内容是串行同步移位输出和输入（串行工作方式 0）。因此，读者应先阅读理解和熟悉基础知识 4.1 节。同时，还应熟悉"串入并出"移位寄存器 74HC164 的芯片功能和应用特性。

74HC164 为 CMOS "串入并出"移位寄存器，电平与 TTL 兼容，其功能表如表 4-1 所示。其中，移位脉冲（上升沿）从 CLK 端输入；当 S_A、S_B 同时为 1 时，移入"1"，否则移入"0"；串入数据信号从最低位 Q0 移入，然后依次移至 Q1～Q7 并出；CLR 为输出清 0 端。

74HC164 串入并出电路如图 4-1 所示。要求 8 个发光二极管依次点亮，循环不断。

表 4-1 74HC164 功能表

输　入				输　出
$\overline{CLR}$	CLK	S_A	S_B	Q0～Q7
L	×	×	×	清 0
H	L	×	×	保持
H	↑	H	H	从 Q0 移入 1，其余各位依次右移
H	↑	L	×	从 Q0 移入 0，其余各位依次右移
H	↑	×	L	

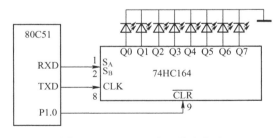

图 4-1 74HC164 串入并出电路

循环灯程序的编制方法有多种：利用 C51 位逻辑移位（参阅任务 2.2）、利用内联函数循环移位和利用数组（程序比较清晰，适用面宽）等，这些方法并行输出和串行输出均能应用。现用数组方法编程如下。

```
#include <reg51.h>              //包含访问 sfr 库函数 reg51.h
sbit   CLR=P1^0;                //定义位标识符 CLR 为 P1.0
```

```
void   main ( ) {                                //主函数
  unsigned char   i;                             //定义数组序号 i
  unsigned long   t;                             //定义延时参数 t
  unsigned char   led[8]={                       //定义亮灯数组 led，并赋值
    0x01,0x02,0x04,0x08,0x10,0x20,0x40,0x80};
  SCON=0;                                        //置串行口方式 0
  ES=0;                                          //禁止串行中断
  while (1) {                                    //无限循环
    for (i=0; i<8; i++ ) {                       //循环执行以下循环体语句
      CLR=0; CLR=1;                              //清除 74HC164 原并行输出，开启新输出
      SBUF =led[i];                              //亮灯状态字送串行缓冲寄存器
      while (TI= =0);                            //等待串行发送完毕
      TI=0;                                      //串行发送完毕，清发送中断标志
      for (t=0; t<11000; t++);}}}                //延时 0.5s
```

任务 10.2　编制 CC4094 串行输出控制花样循环灯程序

任务 10.1 给出了 74HC164 串行输出控制循环灯的程序。本节用 CC4094 实现"串入并出"功能，其电路如图 4-2 所示，要求 8 个发光二极管按下列顺序要求（间隔 0.5s）运行。

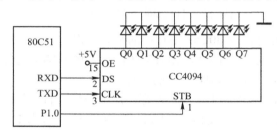

图 4-2　CC4094 串入并出电路

1）全部点亮。

2）从左向右依次暗灭，每次减少一个，直至全灭为止。

3）从左向右依次点亮，每次亮一个。

4）从右向左依次点亮，每次亮一个。

5）从左向右依次点亮，每次增加一个，直至全亮为止。

6）返回 2），不断循环。

CC4094 为 CMOS 4000 系列"串入并出"移位寄存器，串入并出功能与 74HC164 相似，其功能表如表 4-2 所示。移位脉冲（上升沿）从 CLK 端输入；移位数据信号从 DS 端移入，QS/$\overline{\text{QS}}$ 端移出；OE 为输出允许端；STB 为选通端：STB=0 时，输出锁定；STB=1 时，并行输出端在 CLK 上升沿随串行输入而变化。

表 4-2　CC4094 功能表

输　　入				输　　出									
OE	CLK	STB	DS	Q0	Q1	Q2	Q3	Q4	Q5	Q6	Q7	QS	$\overline{\text{QS}}$
0	↑	×	×	高阻								Q7	不变
0	↓	×	×									不变	Q7

（续）

输　入				输　出									
OE	CLK	STB	DS	Q0	Q1	Q2	Q3	Q4	Q5	Q6	Q7	QS	$\overline{QS}$
1	×	0	×	不变								Q7	不变
1 1	↑ ↑	1 1	0 1	0 1	Q0	Q1	Q2	Q3	Q4	Q5	Q6	Q7	不变
1	↓	1	1	不变								不变	Q7

编程如下。

```
#include <reg51.h>                              //包含访问 sfr 库函数 reg51.h
sbit   STB=P1^0;                                //定义位标识符 STB 为 P1.0
unsigned char   code   led[30]={               //定义彩灯循环码数组，存在 ROM 中
    0xff,0x7f,0x3f,0x1f,0x0f,0x07,0x03,0x01,0,  //从左向右依次暗灭，每次减少一个，直至全灭为止
    0x80,0x40,0x20,0x10,0x08,0x04,0x02,0x01,    //从左向右依次点亮，每次亮一个
    0x02,0x04,0x08,0x10,0x20,0x40,0x80,         //从右向左依次点亮，每次亮一个
    0xc0,0xe0,0xf0,0xf8,0xfc,0xfe};             //从左向右依次点亮，每次增加一个，直至全亮为止
void   main ( ) {                               //主函数
    unsigned char   i;                          //定义循环序号 i
    unsigned long   t;                          //定义延时参数 t
    SCON=0;                                      //置串行口方式 0
    ES=0;                                        //禁止串行中断
    while(1) {                                   //无限循环
      for (i=0; i<30; i++) {                     //彩灯循环输出
        SBUF=led[i];                             //依次串行发送彩灯数组元素
        while (TI==0);                           //等待串行发送完毕
        TI=0;                                    //串行发送完毕，清发送中断标志
        STB=1;STB=0;                             //开启 CC4094 并行输出并锁定
        for (t=0; t<11000; t++);}}}              //延时 0.5s
```

任务 10.3　Keil 编译调试和 Proteus 虚拟仿真

1．Keil 编译调试

编译链接并进入调试状态后，打开串行口对话框（参阅图 1-53），全速运行，可看到串行口对话框中的 SBUF 数值按 led[ ]（亮灯数组）快速跳变，这表明串口正在不断发送亮灯数据。若适当延长延时间隔或在"SBUF =led[i]"程序行设置断点，可比较清楚地观测 SBUF 跳变过程。

延时语句"for (t=0; t<11000; t++);"的延时时间可在 Keil 调试时检测一下。具体方法是，单步或断点运行至该语句处，记录寄存器窗口中进入该子程序的 sec 值（参阅图 1-45），然后按过程单步键，快速执行该语句完毕，再读取 sec 值，两者之差，即为该子程序的执行时间。

两种程序调试方法相同。

2．画 Proteus ISIS 虚拟仿真电路

按任务 3.2 所述的方法和步骤，分别画出 74HC164 和 CC4094 "串入并出"的 Proteus 虚拟仿真电路，如图 4-3 和图 4-4 所示。其中，80C51 在 Microprocessor ICs 库中；74HC164 在 TTL 74HC series 库中；CC4094 在 CMOS 4000 series 库中；发光二极管在 Optoelectronics→LEDs 库中，建议选用有色 LED，虚拟仿真时比较直观。

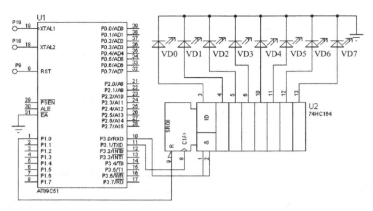

图 4-3　Proteus ISIS 虚拟仿真 74HC 164 串入并出电路

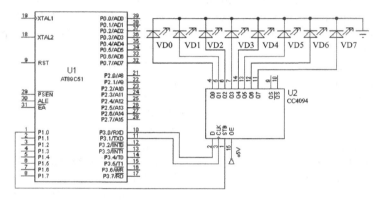

图 4-4　Proteus ISIS 虚拟仿真 CC4094 串入并出电路

3．虚拟仿真运行

按任务 3.3 所述的方法和步骤，装入在 Keil 编译调试时自动生成的 Hex 文件，全速运行（运行后按钮颜色变为绿色），观测仿真运行是否符合题目要求。这两种电路和程序均能达到题目要求。

项目 11　串行输入键状态信号

80C51 串行口不仅能实现串行输出，而且能实现串行输入。但需与"并入串出"移位寄存器配合，例如，74HC165、CC4014/4021 等。

需要说明的是，串行输入扩展应用不仅可扩展 8 位，而且可扩展 N×8 位。

任务 11.1　编制 74HC165 串行输入 8 位键状态程序

任务 10.1、10.2 是学习、理解 80C51 串行同步移位输出，而本任务是学习、理解 80C51 串行同步移位输入。同时，还应熟悉"并入串出"移位寄存器 74HC165 的芯片功能和应用特性。

74HC165 为 CMOS"并入串出"移位寄存器，与 TTL 电平兼容，其功能表如表 4-3 所示。其中，S/$\overline{\text{L}}$ 端为移位/置入端，当 S/$\overline{\text{L}}$=0 时，从 D0～D7 并行置入数据；当 S/$\overline{\text{L}}$=1 时，允许从 SO 端移出数据。

表 4-3　74HC165 功能表

输　　　入					内 部 输 出		输　　出	
S/$\overline{\text{L}}$	INH	CLK	SI	D0～D7	Q0	Qn	SO	$\overline{\text{SO}}$
L	×	×	×	d0～d7	d0	dn	d7	$\overline{\text{d7}}$
H	L	L	×	×	保持		保持	
H	H	×	×	×				
H	×	H	×	×				
H	L	↑	0	×	0	依次移位	原 Q7	原 $\overline{\text{Q7}}$
H	L	↑	1	×	1			
H	↑	L	0	×	0			
H	↑	L	1	×	1			

需要说明的是，74HC165 的时钟脉冲输入端有两个：CLK 和 INH，功能可互换使用。一个为时钟脉冲输入（CLK 功能），另一个为时钟禁止控制端（INH 功能）。当其中一个为高电平时，该端履行 INH 功能，禁止另一端时钟输入；当其中一个为低电平时，允许另一端时钟输入，时钟输入上升沿有效。本书采用 INH 端接地，CLK 端输入时钟脉冲。

80C51 与 74HC165 组成串行输入 8 位键状态信号电路。要求从 74HC165 并行口输入 K0～K7 状态数据，并从 80C51 P1 口输出（驱动发光二极管，以亮暗表示 K0～K7 的状态，图 4-5 所示的电路中未画出）。74HC165 并入串出电路如图 4-5 所示。

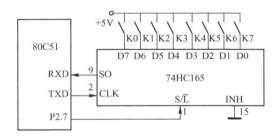

图 4-5　74HC165 并入串出电路

编程如下。

```c
#include <reg51.h>        //包含访问 sfr 库函数 reg51.h
sbit   SL=P2^7;           //定义位标识符 SL 为 P2.7
void   main ( ) {         //主函数
  SCON=0;                 //置串行口方式 0
  ES=0;                   //禁止串行中断
  while(1) {              //无限循环，不断读取键值
    SL=0; SL=1;           //先锁存并行口数据，然后允许串行移位操作
    REN=1;                //启动 80C51 串行移位接收
    while (RI==0);        //等待串行接收完毕
```

101

```
REN=0;                    //串行接收完毕，禁止接收
RI=0;                     //清接收中断标志
P1=~SBUF;}}               //接收数据输出到 P1 口验证
```

需要说明的是，80C51 串行传送（包括发送和接收）是低位在前、高位在后。因此，74HC165 的 D0～D7 对应于 80C51 SBUF 中的 D7～D0，位秩序相反。

任务 11.2　编制 CC4021 串行输入 8 位键状态程序

任务 11.1 给出了 74HC165 串行输入 8 位键状态的电路和程序，用 CC4014/4021 也能实现"并入串出"功能，其电路如图 4-6 所示。要求将 K0～K7 状态数据从 CC4014/4021 并行口输入，从 80C51 P1 口输出（驱动发光二极管，以亮暗表示 K0～K7 状态，图 4-6 所示的电路未画出）。

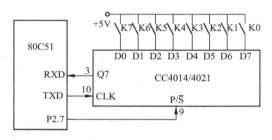

图 4-6　CC4014/4021 并入串出电路

CC4014/4021 为 CMOS 4000 系列"并入串出"移位寄存器，并入串出功能与 74HC165 相似，但并入串出控制端 P/S̄ 控制电平不同。P/S̄=1 时，从 D0～D7 并行置入数据；P/S̄=0 时，允许从 Q7 端移出数据。CC4014/4021 功能表如表 4-4 所示。

表 4-4　CC4014/4021 功能表

输入				输出				功能
P/S̄	CLK	SI	D0～D7	内部 Q0	Q5	Q6	Q7	
H	↑（4014）/×（4021）	×	d0～d7	d0	d5	d6	d7	并行送数
L	↓	×	×	不变				保持
L	↑	0	×	0	原 Q4	原 Q5	原 Q6	依次移位
L	↑	1	×	1				

CC4021 程序如下：

```
#include <reg51.h>        //包含访问 sfr 库函数 reg51.h
sbit  ps=P2^7;            //定义位标识符 ps 为 P2.7
void  main ( ) {          //主函数
  SCON=0;                 //置串行方式 0
  ES=0;                   //禁止串行中断
  while(1) {              //无限循环，不断读取键值
    ps=1; ps=0;           //先锁存并行口数据，然后允许串行移位操作
    REN=1;                //启动 80C51 串行移位接收
```

```
while (RI==0);                    //等待串行接收完毕
REN=0;                           //串行接收完毕，禁止接收
RI=0;                            //清接收中断标志
P1=~SBUF;}}                      //键状态输出 P1 口验证
```

需要说明的是，80C51 串行传送（包括发送和接受）是低位在前、高位在后。因此，CC4021 的 D0~D7 对应于 80C51 SBUF 中的 D7~D0，位秩序相反。

若选用 CC4014，置入并行数据时需由 TXD 端 CP 脉冲上升沿触发，只需将 "ps=1; ps=0;" 程序行改为 "ps=1; TXD=0; TXD=1; ps=0;"，其余相同。

任务 11.3　Keil 编译调试和 Proteus 虚拟仿真

本任务因牵涉接口元器件电路，仅靠 Keil 软件调试无法得到 K0~K7 键状态数据，且读入键状态数据后，无法验证，需借助 Proteus ISIS 虚拟硬件仿真，在 P1 口输出 K0~K7 键状态数据，增加驱动发光二极管显示电路，可一并检测 CPU、接口元器件电路和程序运行的效果。程序运行结果是，发光二极管 D0~D7 亮灯状态与 K0~K7 按键状态数据一一对应，并能即时跟踪。

1. Keil 编译调试

在 Keil C51 中编译链接，查看有否语法错误，若无错，则自动生成 Hex 文件。

2. 画 Proteus 虚拟仿真电路

按任务 3.2 所述的方法和步骤，分别画出 74HC165 和 CC4021 并入串出的 Proteus ISIS 虚拟仿真电路，如图 4-7 和图 4-8 所示。其中，80C51 在 Microprocessor ICs 库中；74HC165 在 TTL 74HC series 库中；CC4021 在 CMOS 4000 series 库中；发光二极管在 Optoelectronics→LEDs 库中，建议选用有色 LED，虚拟仿真时比较直观；电阻器在 Resistors 库中，选 Chip Resistor 1/8W 5%电阻；按键需带锁（SPST），可选择 "SW-SPST"。

需要说明的是，图 4-7 和图 4-8 将虚拟电路中 74HC165 和 CC4021 的 D7~D0 与按键 K0~K7 连接次序相反，这是由于 80C51 串行发送/接收的帧格式均为低位在前、高位在后，进入 SBUF 的数据 D0~D7 与 74HC165 和 CC4021 中的 D0~D7 位秩序相反。接反后，进入 SBUF 的数据 D0~D7 与按键 K0~K7 的数据位秩序就相同了。

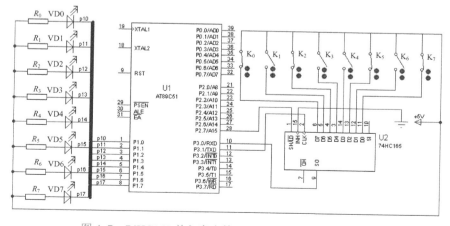

图 4-7　74HC165 并入串出的 Proteus ISIS 虚拟仿真电路

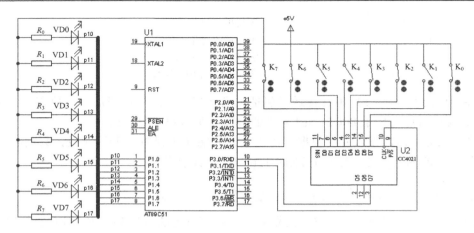

图 4-8   CC4021 并入串出的 Proteus ISIS 虚拟仿真电路

3. 虚拟仿真运行

按任务 3.3 所述的方法和步骤，装入在 Keil 编译调试时自动生成的 Hex 文件，全速运行（运行后该按钮颜色变为绿色），可看到两种电路的 8 个 LED 亮暗状态均与 K0～K7 按键状态一一对应。用鼠标左键单击按键小红点，改变 K0～K7 键状态，8 个 LED 显示状态随之改变。

若虚拟仿真运行不合要求，应从硬件和软件两个方面分析、查找原因，修改后重新仿真运行。

终止程序运行，可按停止按钮"　▅　"。

项目 12   双机串行通信

80C51 单片机串行口不仅可以与移位寄存器配合，输出同步脉冲，控制移位寄存器"串入并出"或"并入串出"，而且可以实现双机、多机或与 PC 串行异步通信。

80C51 串行口共有 4 种工作方式。其中，工作方式 0 是同步移位输出输入；工作方式 1、2、3 是串行异步发送和接收，均可实现双机通信。

任务 12.1   编制双机串行通信方式 1 程序

在 80C51 串行异步收发 3 种工作方式中，读者应重点理解和熟悉方式 1（可阅读基础知识 4.1 节），另两种工作方式仅是帧格式和波特率不同。

设甲乙机以串行方式 1 进行数据传送，f_{OSC}=11.0592MHz，波特率为 1 200bit/s，SMOD=0。甲机发送 16 个数据（设为十六进制数 0～9、A～F 的共阳字段码），发送后，输出到 P1 口显示；乙机接收后输出到 P2 口显示。

串行方式 1 的波特率取决于 T1 溢出率（定时器方式 2），根据波特率计算 T1 定时初值为

$$T1_{初值}=256-\frac{2^0}{32}\times\frac{11059200}{12\times1200}=232=E8H$$

因此，TH1=TL1=0xe8。

（1）甲机发送程序

```
#include <reg51.h>                    //包含访问 sfr 库函数 reg51.h
unsigned char    code    c[16]={      //定义共阳字段码数组，并赋值
  0xc0,0xf9,0xa4,0xb0,0x99,0x92,0x82,0xf8,0x80,0x90,0x88,0x83,0xc6,0xa1,0x86,0x8e};
void    main ( ){                     //甲机主函数
  unsigned char    i;                 //定义循环序号 i
  unsigned long    t;                 //定义延时参数 t
  TMOD=0x20;                          //置 T1 定时器工作方式 2
  TH1=TL1=0xe8;                       //置 T1 计数初值
  SCON=0x40;                          //置串行方式 1，禁止接收
  PCON=0;                             //置 SMOD=0
  ET1=0; ES=0;                        //禁止 T1 和串行中断
  TR1=1;                              //T1 启动
  while(1){                           //无限循环
    for (i=0; i<16; i++){             //依次串行发送 16 个数据
      SBUF= c[i];                     //串行发送一帧数据
      while (TI==0);                  //等待一帧数据发送完毕
      TI=0;                           //清发送中断标志
      P1=c[i];                        //输出 P1 口显示
      for (t=0; t<21740; t++);}}}     //约延时 1s
```

（2）乙机接收程序

```
#include <reg51.h>                    //包含访问 sfr 库函数 reg51.h
void    main ( ){                     //乙机主函数
  unsigned char    i;                 //定义循环序号 i
  TMOD=0x20;                          //置 T1 定时器工作方式 2
  TH1=TL1=0xe8;                       //置 T1 计数初值
  SCON=0x40;                          //置串行方式 1，禁止接收
  PCON=0;                             //置 SMOD=0
  ET1=0; ES=0;                        //禁止 T1 和串行中断
  TR1=1;                              //T1 启动
  while(1) {                          //无限循环
    for (i=0; i<16; i++){             //依次串行接收 16 个数据
      REN=1;                          //启动串行接收
      while (RI==0);                  //等待一帧数据串行接收完毕
      REN=0;                          //禁止串行接收
      RI=0;                           //清接收中断标志
      P2= SBUF;}}}                    //输出 P2 口显示
```

任务 12.2　Keil 编译调试和 Proteus 虚拟仿真

1．Keil 编译调试

本例牵涉双机，发送和接收应分别编译调试，查看有否语法错误，若无错，则分别生成发送和接收 Hex 文件。

2. 画 Proteus 虚拟仿真电路

按任务 3.2 所述的方法和步骤，画出 Proteus ISIS 虚拟仿真双机串行通信电路，如图 4-9 所示。其中，80C51 在 Microprocessor ICs 库中；数码管在 Optoelectronics→7-Segment Displays 库中，选 7SEG-MPX1-CA（共阳型）。

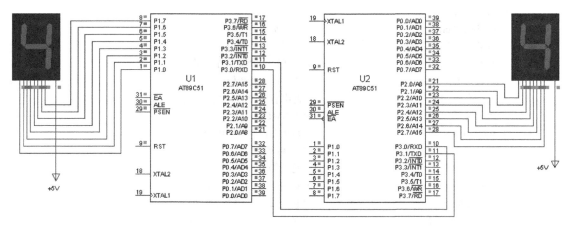

图 4-9　Proteus ISIS 虚拟仿真双机串行通信电路（运行中）

3. 虚拟仿真运行

由于电路中有两片 AT89C51，因此应分别装入发送和接收的 Hex 文件中，U1 发送，U2 接收。然后全速运行，可看到两个数码管分别依次显示串行发送和接收的数据，循环不断。

项目 13　读/写 AT24C02

串行扩展方式具有显著的优点，不需占用 P0 口、P2 口，近年来得到了很大的发展和应用，逐渐成为系统扩展的主流形式。根据信号传输线总线的根数（不包括电源接地线和片选线），串行扩展可以分为一线制、二线制、三线制和移位寄存器串行扩展。其中，二线制的典型代表为 Philips 公司推出的 I^2C 总线（Intel Integrated Circuit BUS），典型器件是 AT24C02 系列串行 E^2PROM 存储器，常用于希望在关机和断电时保存少量现场数据的场合。

任务 13.1　编制读/写 AT24C02 程序

学习本任务前，应先阅读基础知识 4.2 节，理解和熟悉 I^2C 总线的基本概念和读、写方法。

AT24C02 读/写应用电路如图 4-10 所示。80C51 芯片内部并无 I^2C 总线接口，但可由通用 I/O 口中任一端线虚拟 I^2C 时钟线 SCL 和数据线 SDA，严格按照 I^2C 总线数据传送的时序要求，就可满足串行数据传送的可靠性要求。本题定义 P1.0 为 SCL，P1.1 为 SDA，A2、A1、A0 接地（只有一片 AT24C02），数组 a[8]存于内 RAM，

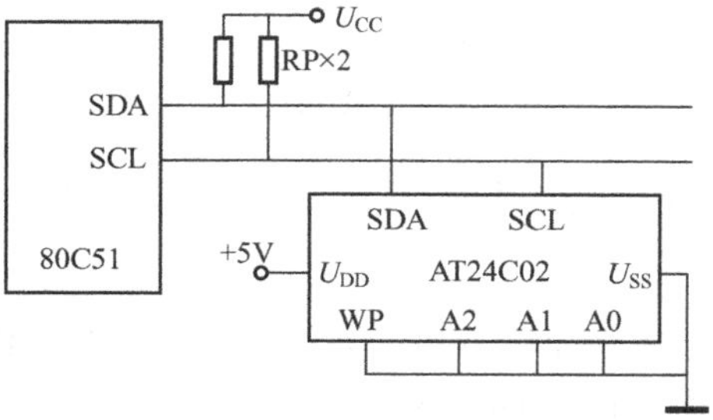

图 4-10　AT24C02 读/写应用电路

试将其写入 AT24C02 50H～57H 单元中；再将其读出，存在 80C51 内 RAM 数组 b[8]中。
C51 程序如下。

```
#include <reg51.h>                        //包含访问 sfr 库函数 reg51.h
sbit   SCL =P1^0;                         //定义时钟线 SCL 为 P1.0
sbit   SDA =P1^1;                         //定义数据线 SDA 为 P1.1
void   STAT ( );                          //启动信号 C51 子函数 STAT（见基础知识 4.2）
void   STOP ( );                          //终止信号 C51 子函数 STOP（见基础知识 4.2）
void   ACK ( );                           //发送应答 A C51 子函数 ACK（见基础知识 4.2）
void   NACK ( );                          //发送应答 Ā C51 子函数 NACK（见基础知识 4.2）
bit    CACK ( );                          //检查应答 C51 子函数 CACK（见基础知识 4.2）
void   WR1B (unsigned char   x);          //写 1B C51 子函数 WR1B（见基础知识 4.2）
unsigned char   RD1B ( );                 //读 1B C51 子函数 RD1B（见基础知识 4.2）
void   WRNB (unsigned char   a[],n,sadr); //写 n 字节 C51 子函数（见基础知识 4.2）
void   RDNB (unsigned char   b[],n,sadr); //读 n 字节 C51 子函数（见基础知识 4.2）
void   main ( ) {                         //主函数
  unsigned char   a[8]={                  //定义写入数组 a[8]，并赋值
    0x1a,0x2b,0x3c,0x4d,0x5e,0x6f,0x79,0x80};
  unsigned char   b[8];                   //定义存入数组 b[8]
  WRNB (a,8,0x50);                        //调用写 n 字节子函数，写入数组 a[8]
  RDNB (b,8,0x50);                        //调用读 n 字节子函数，存入数组 b[8]
  while(1);}                              //原地等待
```

在上述程序中，STAT ( )、STOP ( )、ACK ( )、NACK ( )、CACK ( )、WR1B ( )、RD1B ( )、
WRNB ( )和 RDNB ( )子函数的具体程序在基础知识 4.2 节中，调试时须插入。

任务 13.2　Keil 编译调试和 Proteus 虚拟仿真

1. Keil 编译调试

本例因牵涉外围元器件而无法得到其状态数据。因此，主要是在 Keil C51 中编译链接，
查看有否语法错误，若无错，则自动生成 Hex 文件。

同时，需在 Keil 中获得数组 a 和数组 b 的存储单元首地址，以便在 Proteus ISIS 虚拟
内 RAM 中观察。方法是，在编译链接、全速
运行后，变量观察窗口 Locals 选项卡（参阅
图 1-46）显示：数组 a 首地址为 0x08，数组
b 首地址为 0x10（程序不同，编译后的存储
区域不同）。

2. 画 Proteus 虚拟仿真电路

按任务 3.2 所述的方法和步骤，画出 Proteus
ISIS 虚拟仿真 AT24C02 电路，如图 4-11 所示。
其中，80C51 在 Microprocessor ICs 库中；
AT24C02 在 Memory ICs 库中；电阻器在 Resistors
库中，选 Chip Resistor 1/8W 5% 10kΩ 电阻。

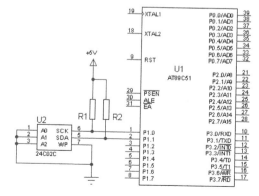

图 4-11　Proteus ISIS 虚拟仿真 AT24C02 电路

3. 虚拟仿真运行

按任务 3.3 所述的方法和步骤，用鼠标左键双击图 4-11 所示电路中的 AT89C51，装入 Hex 文件。全速运行后按暂停钮按，打开 AT24C02 片内 Memory 和 80C51 片内 RAM（参阅图 1-55 和图 1-57），就会看到 AT24C02 片内 Memory 0x50～0x57 区域已被写入数组 a 数据，如图 4-12a 所示；同时看到在 80C51 片内 RAM 0x08～0x0f 和 0x10～0x17 区域分别显示数组 a 和数组 b 的数据，如图 4-12b 所示。其中，数组 a 的数据是 Keil C51 编译后生成的，数组 b 的数据是从 AT24C02 读出后存进去的。

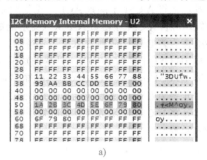
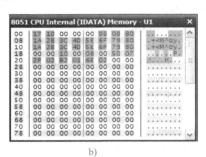

图 4-12 AT24C02 典型应用电路

a) AT24C02 片内 Memory b) 80C51 片内 RAM

修改写入数组 a[8]，再次编译链接，生成 Hex 文件，装入 AT89C51，全速运行，上述存储单元中的数据会被刷新。

需要说明的是，Proteus ISIS 中虚拟存储器数据刷新后会呈现黄色。80C51 片内 RAM 重新复位运行，每次均会显示黄色。而 AT24C02 是 ROM，写入后能保持不变，包括很早以前写入的，并不因重新运行而复位 FF。因此，若重新运行后写入的数据与以前写入的相同，则不会呈现黄色。这样，就分不清是以前写入的还是本次写入的。为清楚观测 AT24C02 片内数据是否是新写入的，可用鼠标左键单击主菜单"Debug"→"Reset Persistent Model Data"，弹出对话框"Reset all Persistent Model Data to initial values?"，用鼠标左键单击"OK"按钮，即可清除 AT24C02 片内原仿真数据（复位 FF），使重新运行后新写入的数据呈现黄色。

基础知识 4

4.1 80C51 串行口

80C51 系列单片机有一个全双工的串行口，既可实现串行异步通信，又可作为同步移位寄存器使用。

1. 基本概念

（1）并行通信和串行通信

计算机与外界的信息交换称为通信。通信的基本方式可分为并行通信和串行通信：并行通信是数据的各位同时发送或同时接收；串行通信是数据的各位依次逐位发送或接收。8 位数据并行传送，至少需要 8 条数据线和一条公共线，有时还需要状态、应答等控制线，长距离传送时，价格较贵且不方便，优点是传送速度快。串行通信只需要一至两根数据线，长距离传送时，比较经济，但由于每次只能传送一位数据，传送速度较慢。随着通信信号频率的提高，传送速度较慢的矛盾已逐渐缓解。

（2）异步通信和同步通信

串行通信按同步方式可分为异步通信和同步通信。异步通信依靠起始位、停止位保持通信同步；同步通信依靠同步字符保持通信同步。

（3）串行通信波特率

波特率（bit per second，bit/s）的定义是每秒传输数据的位数，即串行传输数据的速率。互相通信的甲乙双方必须具有相同的波特率，否则无法成功地完成串行数据通信。

1 波特 = 1 位/秒（1bit/s）

2. 串行口特殊功能寄存器

80C51 有关串行通信的特殊功能寄存器有串行数据缓冲器（SBUF）、串行控制寄存器（SCON）和电源控制寄存器（PCON）。

（1）串行数据缓冲器（SBUF）

80C51 单片机串行口是由发送缓冲寄存器、接收缓冲寄存器和移位寄存器 3 部分组成的。

SBUF 是串行发送寄存器和串行接收寄存器的总称。在逻辑上，SBUF 只有一个，既表示发送寄存器，又表示接收寄存器，具有同一个单元地址 99H。在物理上，SBUF 有两个，一个是发送缓冲寄存器，另一个是接收缓冲寄存器，以便能以全双工方式进行通信。而且，发送缓冲寄存器和接收缓冲寄存器在结构上是不同的。在接收寄存器之前还有移位寄存器，构成串行接收双缓冲结构，以避免在数据接收过程中出现帧重叠错误。与接收数据情况不同，发送数据时，由于 CPU 是主动的，不会发生帧重叠错误，因此发送电路就不需双重缓冲结构。

在完成串行初始化后，发送时，只需将发送数据输入 SBUF 中，CPU 将自动启动和完成串行数据的发送；接收时，CPU 将自动把接收到的数据存入 SBUF 中，用户只需从 SBUF 中读出接收数据即可。

（2）串行控制寄存器（SCON）

SCON 的结构和各位名称、位地址如表 4-5 所示。

表 4-5　SCON 的结构和各位名称、位地址

位编号	D7	D6	D5	D4	D3	D2	D1	D0
位名称	SM0	SM1	SM2	REN	TB8	RB8	TI	RI
位地址	9FH	9EH	9DH	9CH	9BH	9AH	99H	98H
功能	工作方式选择		多机通信控制	接收允许	发送第 9 位	接收第 9 位	发送中断	接收中断

下面将各位功能说明如下。

1）SM0 SM1——串行口工作方式选择位。其状态组合所对应的串行口工作方式如表 4-6 所示。

表 4-6 串行口工作方式

SM0 SM1	工作方式	功能说明
0　0	0	同步移位寄存器输入/输出，波特率固定为 $f_{osc}/12$
0　1	1	8 位 UART，波特率可变（T1 溢出率/n，n=32 或 16）
1　0	2	9 位 UART，波特率固定为 f_{osc}/n，（n=64 或 32）
1　1	3	9 位 UART，波特率可变（T1 溢出率/n，n=32 或 16）

注：通用异步接收/发送器（Universal Asynohronous Receiver/Transmitter，UART）。

2）SM2——多机通信控制位。方式 0 时，SM2 必须为 0。方式 1 时，若 SM2=1，则只有收到有效停止位时，RI 才置"1"。方式 2 和方式 3 时，若 SM2=1，且 RB8（接收到的第 9 位数据）=1 时，将接收到的前 8 位数据送入 SBUF 中，并置位 RI 产生中断请求；否则，将接收到的 8 位数据丢弃。而当 SM2=0 时，则不论 RB8 为 0 还是为 1，都将前 8 位数据装入 SBUF 中，并产生中断请求。

3）REN——允许接收控制位。REN 位用于对串行数据的接收进行控制：REN=0，禁止接收；REN=1，允许接收。该位由软件置位或复位。

4）TB8——方式 2 和方式 3 中要发送的第 9 位数据。在方式 2 和方式 3 时，TB8 是发送的第 9 位数据。在多机通信中，以 TB8 位的状态表示主机发送的是地址还是数据：TB8=0 表示数据，TB8=1 表示地址。该位由软件置位或复位。

TB8 还可用于奇偶校验位。

5）RB8——方式 2 和方式 3 中要接收的第 9 位数据。在方式 2 或方式 3 时，RB8 存放接收到的第 9 位数据。

6）TI——发送中断标志。当方式 0 时，发送完第 8 位数据后，该位由硬件置位。在其他方式下，遇发送停止位时，该位由硬件置位。因此 TI=1，表示帧发送结束，可软件查询 TI 位标志，也可以请求中断。TI 位必须由软件清 0。

7）RI——接收中断标志。当方式 0 时，接收完第 8 位数据后，该位由硬件置位。在其他方式下，当接收到停止位时，该位由硬件置位。因此 RI=1，表示帧接收结束。可用软件查询 RI 位标志，也可以请求中断。RI 位也必须由软件清 0。

（3）电源控制寄存器（PCON）

PCON 主要是为 CHMOS 型单片机电源控制而设置的专用寄存器，其中最高位 SMOD 是串行口波特率的倍增位，当 SMOD=1 时，串行口波特率加倍。系统复位时，SMOD=0。PCON 寄存器如表 4-7 所示。

表 4-7 PCON 寄存器

PCON	D7	D6	D5	D4	D3	D2	D1	D0
位名称	SMOD	—	—	—	GF1	GF0	PD	IDL

需要说明的是，PCON 寄存器不能进行位寻址，必须按字节整体读/写。

3. 串行工作方式

80C51 串行通信共有 4 种工作方式，由串行控制寄存器 SCON 中 SM0、SM1 决定，如表 4-6 所示。

（1）串行工作方式 0

在方式 0 下，串行口是作为同步移位寄存器使用的。这时，以 RXD（P3.0）端作为数据移位的输入/输出端，而由 TXD（P3.1）端输出同步移位脉冲。移位数据的发送和接收以 8 位为一帧，不设起始位和停止位，无论输入/输出，均低位在前、高位在后。其帧格式如图 4-13 所示。

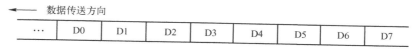

图 4-13 串行方式 0 帧格式示意图

使用方式 0 可通过外接移位寄存器将串行输入/输出数据转换成并行输入/输出数据。

1）数据发送。串行口作为并行输出口使用时，要有"串入并出"的移位寄存器配合。例如，74HC164、74HC595 或 CC4094 等。串行方式 0 数据发送电路如图 4-14 所示。

图 4-14a 所示为 74HC164 数据发送电路。在移位时钟脉冲（TXD）的控制下，数据从串行口 RXD 端逐位移入 74HC164 S_A、S_B 端，并逐位从 Q0→Q7。在 8 位数据全部移出后，SCON 寄存器的 TI 位被自动置 1。然后，74HC164 的内容即可并行输出。$\overline{CLR}$ 为清"0"端，输出时 $\overline{CLR}$ 必须为 1，否则 74HC164 Q0～Q7 输出为 0。

图 4-14b 所示为 CC4094 数据发送电路。CC4094 为 CMOS 4000 系列"串入并出"移位寄存器，DS 端为串行数据输入端，Q0～Q7 为并行数据输出端，CLK 为移位脉冲输入端，STB 为输出选通端，STB=0 时，输出锁定；STB=1 时，在 CLK 上升沿随串行输入而变化。

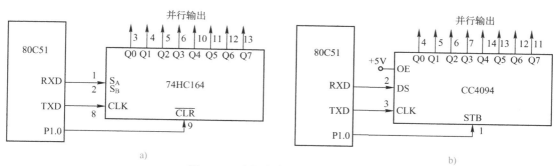

图 4-14 串行方式 0 数据发送电路

a) 74HC164 数据发送电路 b) CC4094 数据发送电路

需要指出的是，80C51 串行发送是低位在前、高位在后，而移位寄存器的移位秩序是从 Q0→Q7。因此，最终的结果是 80C51 SBUF 中的 D0～D7 置于移位寄存器的 Q7～Q0，位秩序相反。

2）数据接收。如果把能实现"并入串出"功能的移位寄存器（例如，CC4014、CC4021 或 74HC165 等）与串行口配合使用，就可以把串行口变为并行输入口使用。串行方式 0 数据接收电路如图 4-15 所示。

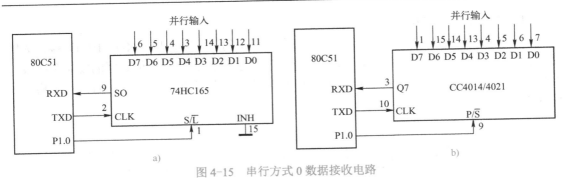

图 4-15　串行方式 0 数据接收电路

a) 74HC165 数据接收电路　b) CC4014/4021 数据接收电路

图 4-15a 为 74HC165 数据接收电路。S/$\overline{L}$ 端为移位/置入端，当 S/$\overline{L}$=0 时，从 D0~D7 并行置入数据，当 S/$\overline{L}$=1 时，允许从 SO 端移出数据。在 80C51 串行控制寄存器 SCON 中的 REN=1 时，TXD 端发出移位时钟脉冲，从 RXD 端串行输入 8 位数据。当接收到第 8 位数据 D7 后，置位中断标志 RI，表示一帧数据接收完成。

图 4-15b 为 CC4014/4021 数据接收电路。CC4014/4021 为 CMOS 4000 系列"并入串出"移位寄存器，D0~D7 为并行数据输入端，CLK 为移位脉冲输入端，Q7 为串行数据输出端，P/$\overline{S}$ 为预置控制端：P/$\overline{S}$=1 时，锁存并行输入数据；P/$\overline{S}$=0 时，可进行串行移位操作。CC4014 与 CC4021 的区别在于并行数据的输入方式：CC4014 需要同步脉冲上升沿触发，CC4021 不需要，其余完全相同。因此，相比之下，应用 CC4021 更简便些。

需要注意的是，串行数据接收同样存在位秩序相反的现象，即 80C51 SBUF 中的数据 D0~D7 是移位寄存器中 D7~D0。

3）波特率。方式 0 时，移位操作的波特率是固定的，为单片机晶振频率的 1/12。若以 f_{OSC} 表示晶振频率，则波特率=f_{OSC}/12，也就是一个机器周期进行一次移位。若 f_{OSC}=6MHz，则波特率为 500kbit/s，即 2μs 移位一次；若 f_{OSC}=12MHz，则波特率为 1Mbit/s，即 1μs 移位一次。

（2）串行工作方式 1

方式 1 是一帧 10 位的异步串行通信方式，包括一个起始位，8 个数据位和一个停止位。串行方式 1 帧格式示意图如图 4-16 所示。

图 4-16　串行方式 1 帧格式示意图

1）数据发送。方式 1 的数据发送是由一条写串行数据缓冲寄存器 SBUF 指令开始的。在串行口由硬件自动加入起始位和停止位，构成一个完整的帧格式，然后在移位脉冲的作用下，由 TXD 端串行输出。一个字符帧发送完后，使 TXD 输出线维持在"1"状态下，并将串行控制寄存器 SCON 中的 TI 置"1"，表示一帧数据发送完毕。

2）数据接收。接收数据时，SCON 中的 REN 位应处于允许接收状态（REN=1）。在此前提下，串行口采样 RXD 端，当采样到从 1 向 0 的跳变状态时，就认定为已接收到起始位。随后在移位脉冲的控制下，把接收到的数据位移入接收寄存器中。直到停止位到来之后把停止位送入 RB8 中，并置位中断标志位 RI，表示可以从 SBUF 中取走接收到的一个字符。

3）波特率。方式 1 的波特率是可变的，由定时/计数器 T1 的计数溢出率来决定，其公式为

$$波特率 = 2^{SMOD} \times (T1 \text{ 溢出率})/32 \tag{4-1}$$

式中，SMOD 为 PCON 寄存器中最高位的值，SMOD=1 表示波特率倍增。

当定时/计数器 T1 用做波特率发生器时，通常选用定时初值自动重装的工作方式 2（注意：不要把定时/计数器的工作方式与串行口的工作方式搞混淆了），从而避免通过程序反复装入计数初值而引起的定时误差，使波特率更加稳定。而且，若 T1 不中断，则可将 T0 设置为方式 3，借用 T1 的部分资源，拆成两个独立的 8 位定时/计数器，以弥补 T1 被用做波特率发生器而少一个定时/计数器的缺憾。

若时钟频率为 f_{OSC}，定时计数初值为 T1$_{初值}$，则波特率为

$$波特率 = \frac{2^{SMOD}}{32} \times \frac{f_{OSC}}{12(256 - T1_{初值})} \tag{4-2}$$

实际应用时，通常是先确定波特率，后根据波特率求 T1 定时初值，因此上式又可写为

$$T1_{初值} = 256 - \frac{2^{SMOD}}{32} \times \frac{f_{OSC}}{12 \times 波特率} \tag{4-3}$$

（3）串行工作方式 2

方式 2 是一帧 11 位的异步串行通信方式，即一个起始位，8 个数据位，一个可编程位 TB8/RB8 和一个停止位。串行方式 2 帧格式示意图如图 4-17 所示。

可编程位 TB8/RB8 既可用做奇偶校验位，也可用做控制位（多机通信），其功能由用户确定。

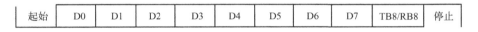

| 起始 | D0 | D1 | D2 | D3 | D4 | D5 | D6 | D7 | TB8/RB8 | 停止 |

图 4-17　串行方式 2 帧格式示意图

1）数据发送。发送前应先输入 TB8 内容，然后再向 SBUF 写入 8 位数据，并以此来启动串行发送。一帧数据发送完毕后，CPU 自动将 TI 置 1，其过程与方式 1 相同。

2）数据接收。方式 2 的接收过程也与方式 1 基本相同，区别在于方式 2 把接收到的第 9 位内容送入 RB8 中，前 8 位数据仍送入 SBUF 中。

3）波特率。方式 2 的波特率是固定的，可用下式表示，即

$$波特率 = 2^{SMOD} \times f_{OSC}/64 \tag{4-4}$$

（4）串行工作方式 3

方式 3 同样是一帧 11 位的异步串行通信方式，其通信过程与方式 2 完全相同，所不同的仅在于波特率。方式 2 的波特率只有固定的两种，而方式 3 的波特率则与方式 1 相同，即通过设置 T1 的初值来设定波特率。

串行口 4 种工作方式的区别主要表现在帧格式及波特率两个方面。4 种工作方式比较见表 4-8。

表 4-8　4 种工作方式比较

工作方式	帧格式	波特率
方式 0	8 位全是数据位，没有起始位、停止位	固定，即每个机器周期传送一位数据
方式 1	10 位，其中一位起始位，8 位数据位，一位停止位	不固定，取决于 T1 溢出率和 SMOD
方式 2	11 位，其中一位起始位，9 位数据位，一位停止位	固定，即 $2^{SMOD} \times f_{OSC}/64$
方式 3	同方式 2	同方式 1

需要指出的是，当串行口工作于方式 1 或方式 3，且波特率要求按规范取 1200、2400、4800、9600、…时，若采用晶振 12MHz 和 6MHz，按上述公式计算得出的 T1 定时初值将不是一个整数，会产生波特率误差而影响串行通信的同步性能。解决的方法只有调整单片机的时钟频率 f_{OSC}，通常采用 11.0592MHz 晶振。表 4-9 所示给出了当采用串行方式 1 或方式 3 时的常用波特率及其产生条件。

表 4-9　常用波特率及其产生条件

串口工作方式	波特率/(bit/s)	f_{OSC}/(MHz)	SMOD	T1 方式 2 定时初值
方式 1 或方式 3	1 200	11.059 2	0	E8H
方式 1 或方式 3	2 400	11.059 2	0	F4H
方式 1 或方式 3	4 800	11.059 2	0	FAH
方式 1 或方式 3	9 600	11.059 2	0	FDH
方式 1 或方式 3	19 200	11.059 2	1	FDH

4.2　I²C 总线

I²C 总线是一种用于 I²C 器件间连接的二线制串行总线。器件间由 SDA（串行数据线）和 SCL（串行时钟线）两根线传送信息，主器件根据器件地址（固定）寻址。I²C 总线具有十分完善的总线协议，可自动处理总线上任何可能的运行状态。

1. I²C 总线概述

（1）扩展连接方式

图 4-18 所示为 I²C 总线串行扩展示意图。从图中可以看出，只要具有 I²C 总线结构的器

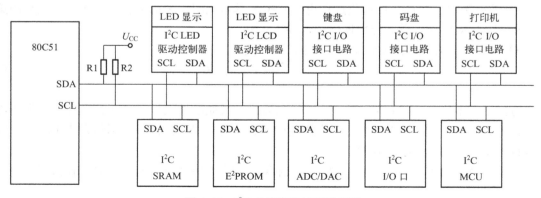

图 4-18　I²C 总线串行扩展示意图

件，不论 SRAM、E²PROM、ADC/DAC、I/O 口或 MCU，均可通过 SDA、SCL 连接（同名端相连），无 I²C 总线结构的 LED/LCD 显示器、键盘、码盘和打印机等，也可通过具有 I²C 总线结构的 I/O 接口电路成为串行扩展器件，而 80C51 的数据线 SDA 和时钟线 SCL 也可以由通用 I/O 口中任一端线虚拟构成。因此，I²C 总线的应用十分方便和广泛。

（2）接口电气结构

图 4-19 所示为 I²C 总线接口的电气结构。从图中可以看出，I²C 总线接口为双向传输电路，SDA、SCL 既可输入，也可输出。因此，I²C 总线可构成多主系统，I²C 总线上任何一个器件均能成为主控制器。

由于 I²C 总线端口输出为开漏结构，因此总线上必须外接上拉电阻 R1 和 R2，其阻值通常可选 5～10kΩ。

（3）总线驱动能力

由于 I²C 总线器件均为 CMOS 器件，因此总线具有足够的电流驱动能力。总线上扩展的器件数不是受制于电流驱动能力，而受制于电容负载总量。I²C 总线的电容负载能力为 400pF（通过驱动扩展可达 4 000pF）。

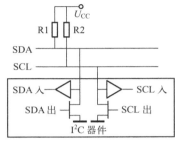

图 4-19　I²C 总线接口的电气结构

每一器件的输入端都相当于一个等效电容，由于 I²C 总线扩展器件的连接关系为并联，因此，I²C 总线总等效电容等于每一器件等效电容之和。等效电容的存在会造成传输信号波形的畸变，超出范围时，会导致数据传输出错。

I²C 总线传输速率为 100kbit/s（改进后的规范为 400kbit/s）。

2. 器件寻址方式

挂在 I²C 总线上的器件可以很多，但相互间只有两根连接线，即数据线和时钟线。如何识别（即寻址）呢？I²C 是根据器件地址字节 SLA 完成寻址的，I²C 总线器件地址 SLA 格式如图 4-20 所示。

图 4-20　I²C 总线器件地址 SLA 格式

1）DA3～DA0：4 位器件地址。这是 I²C 总线器件固有的地址编码，器件出厂时就已给定，用户不能自行设置。例如，I²C 总线器件 E²PROM AT24CXX 的器件地址为 1010。表 4-10 所示为常用 I²C 器件地址 SLA。

表 4-10　常用 I²C 器件地址 SLA

种　类	型　号	器件地址 SLA				引脚地址备注
静态 RAM	PCF8570/71	1010	A2	A1	A0	R/$\overline{\text{W}}$	3 位数字引脚地址 A2、A1、A0
	PCF8570C	1011	A2	A1	A0	R/$\overline{\text{W}}$	
E²PROM	PCF8582	1010	A2	A1	A0	R/$\overline{\text{W}}$	3 位数字引脚地址 A2、A1、A0
	AT24C02	1010	A2	A1	A0	R/$\overline{\text{W}}$	
	AT24C04	1010	A2	A1	P0	R/$\overline{\text{W}}$	2 位数字引脚地址 A2、A1、A0

（续）

种　类	型　号	器件地址 SLA					引脚地址备注
E²PROM	AT24C08	1010	A2	P1	P0	R/$\overline{\text{W}}$	1 位数字引脚地址 A2、A1、A0
	AT24C16	1010	P2	P1	P0	R/$\overline{\text{W}}$	无引脚地址，A2、A1、A0 悬空处理
I/O 口	PCF8574	0100	A2	A1	A0	R/$\overline{\text{W}}$	3 位数字引脚地址 A2、A1、A0
	PCF8574A	0111	A2	A1	A0	R/$\overline{\text{W}}$	
LED/LCD 驱动控制器	SAA 1064	0111	0	A1	A0	R/$\overline{\text{W}}$	2 位数字引脚地址 A2、A1、A0
	PCF8576	0111	0	0	A0	R/$\overline{\text{W}}$	1 位数字引脚地址 A2、A1、A0
	PCF8578/79	0111	1	0	A0	R/$\overline{\text{W}}$	
ADC/DAC	PCF8591	1001	A2	A1	A0	R/$\overline{\text{W}}$	3 位数字引脚地址 A2、A1、A0
日历时钟	PCF8583	1010	0	A1	A0	R/$\overline{\text{W}}$	1 位数字引脚地址 A2、A1、A0

2）A2A1A0：3 位引脚地址。用于相同地址器件的识别。当 I²C 总线上挂有相同地址的器件，或同时挂有多片相同器件时，可用硬件连接方式对 3 位引脚 A2A1A0 接 V_{CC} 或接地，形成地址数据。

3）R/$\overline{\text{W}}$：数据传送方向。R/$\overline{\text{W}}$ =1 时，主机接收（读）；R/$\overline{\text{W}}$ =0 时，主机发送（写）。

3. I²C 总线基本信号

I²C 总线依靠两根线（数据线 SDA 和时钟线 SCL）传送信息，有 4 个基本信号：起始信号 S、终止信号 P、应答信号 A 和 $\overline{\text{A}}$。这些信号的时序要求如图 4-21 所示。说明如下。

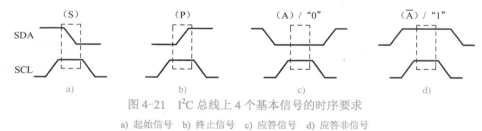

图 4-21　I²C 总线上 4 个基本信号的时序要求

a) 起始信号　b) 终止信号　c) 应答信号　d) 应答非信号

1）起始信号 S：如图 4-21a 所示。必须在时钟线 SCL 高电平时，数据线 SDA 出现从高电平到低电平的变化，即在时钟线 SCL 高电平期间，数据线 SDA 出现下降沿，启动 I²C 总线传送数据。

2）终止信号 P：如图 4-21b 所示。必须在时钟线 SCL 高电平时，数据线 SDA 出现从低电平到高电平的变化，即在时钟线 SCL 高电平期间，数据线 SDA 出现上升沿，停止 I²C 总线数据传送。

3）应答信号分为 A 和 $\overline{\text{A}}$ 两种。在 SCL 第 9 个脉冲高电平时，数据线 SDA 低电平为应答信号 A，如图 4-21c 所示；数据线 SDA 高电平为应答信号 $\overline{\text{A}}$，如图 4-21d 所示。两种信号均在时钟 SCL 低电平时刷新，在时钟 SCL 高电平时传送。

需要说明的是，发送数据“0”的时序要求与应答 A 完全相同，发送数据“1”时序要求与应答 $\overline{\text{A}}$ 完全相同。从图 4-21 中可以看出，在时钟线 SCL 高电平期间，数据线 SDA 的电平不能变化，否则，将被认为是一个起始信号 S 或终止信号 P，引起出错。因此，若需改变数据线 SDA 的电平，则必须先拉低时钟线 SCL 电平。

4. I²C 总线数据传送时序

I²C 总线数据传送时序如图 4-22 所示。说明如下。

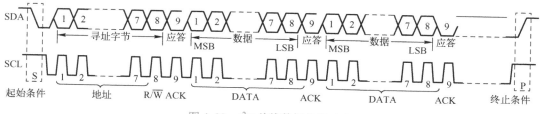

图 4-22　I²C 总线数据传送时序

1）数据传送以起始位开始，以终止位结束。

2）对每次传送的字节数没有限制，但要求每传送一个字节，对方回应一个应答位，即每帧数据 9 位，前 8 位是数据位，最后一位为应答位 ACK。传送数据位的顺序是从高位到低位。

3）每次传送的第一个字节应为寻址字节（包括寻址和数据传送方向）。一次完整的数据传送过程应包括起始 S、发送寻址字节（SLA　R/$\overline{\text{W}}$）、应答、发送数据、应答、…、发送数据、应答、终止 P，如图 4-22 所示。

4）I²C 总线扩展器件必须具有 I²C 总线接口，能遵照上述数据传送时序完成操作，包括接收数据和做出应答。

5. 虚拟 I²C 基本信号和数据传送通用软件包

由于 80C51 芯片内部无 I²C 总线接口，因此只能采用虚拟 I²C 总线方式，并且只能用于单主系统，即 80C51 作为 I²C 总线主器件，扩展器件作为从器件，从器件必须具有 I²C 总线接口。主器件 80C51 的虚拟 I²C 总线接口（数据线 SDA 和时钟线 SCL）可由通用 I/O 口中任一端线充任，根据图 4-21 和图 4-22，80C51 单主系统虚拟 I²C 总线基本信号和数据传送通用子程序编制如下。

（1）启动信号子程序 STAT

```
void  STAT (){            //启动信号子函数 STAT
  SDA=1;                  //数据线取高电平
  SCL=1;                  //时钟线发出时钟脉冲
  SDA=0;                  //在时钟线高电平期间，SDA 下跳变（启动信号）
  SCL=0;}                 //SCL 低电平复位，与 SCL=1 组成时钟脉冲
```

（2）终止信号子程序 STOP

```
void  STOP (){            //终止信号子函数 STOP
  SDA=0;                  //数据线取低电平
  SCL=1;                  //时钟线发出时钟脉冲
  SDA=1;                  //在时钟线高电平期间，SDA 上跳变（终止信号）
  SCL=0;}                 //SCL 低电平复位，与 SCL=1 组成时钟脉冲
```

（3）发送应答 A 子程序 ACK

```
void  ACK (){             //发送应答 A 子函数 ACK
```

```
    SDA=0;                        //数据线低电平（发送数据"0"）
    SCL=1;                        //时钟线发出时钟脉冲
    SCL=0;                        //与 SCL=1 组成时钟脉冲
    SDA=1;}                       //数据线高电平复位
```

（4）发送应答 $\overline{A}$ 子程序 NACK

```
void   NACK ( ){                 //发送应答 Ā 子函数 NACK
    SDA=1;                        //数据线高电平（发送数据"1"）
    SCL=1;                        //时钟线发出时钟脉冲
    SCL=0;                        //与 SCL=1 组成时钟脉冲
    SDA=0;}                       //数据线低电平复位
```

（5）检查应答子程序 CACK

A 和 $\overline{A}$ 都是主器件发送的应答信号（主要作用是同步），另外还有主器件检查从器件应答，即主器件读从器件应答的信号，称为检查应答 CACK，并返回应答标志位 F0（PSW.5）。

```
bit   CACK ( ){                  //检查应答 C51 子函数 CACK
    SDA=1;                        //数据线高电平（置 SDA 为输入态）
    SCL=1;                        //时钟线发出时钟脉冲
    F0=SDA;                       //取数据线为应答信号 F0
    SCL=0;                        //与 SCL=1 组成时钟脉冲
    return (F0);}                 //返回应答信号（F0 为 PSW.5）
```

（6）发送一字节数据子程序 WR1B

```
void   WR1B (unsigned char   x){     //发送 1B C51 子函数 WR1B，形参 x（发送数据）
    unsigned char   i;               //定义无符号字符型变量序号 i
    for (i=0; i<8; i++){             //循环，逐位发送
        if ((x&0x80)==0)   SDA=0;   //最高位（发送位）为 0，数据线发送 0
        else    SDA= 1;             //最高位（发送位）为 1，数据线发送 1
        SCL=1;                       //时钟线发出时钟脉冲
        SCL=0;                       //与 SCL=1 组成时钟脉冲
        x<<=1;}}                     //发送数据左移一位
```

（7）接收一字节数据子程序 RD1B

```
unsigned char   RD1B ( ){            //接收 1B C51 子函数 RD1B，有返回值（接收数据）
    unsigned char   i,x=0;           //定义无符号字符型变量 i（序号）、x（返回值）
    SDA=1;                           //数据线高电平（置 SDA 为输入态）
    for (i=0; i<8; i++){            //循环，逐位接收
        SCL=1;                       //时钟线发出时钟脉冲
        x=(x<<1) | SDA;             //原接收数据左移一位后与新接收位（自动转型）逻辑或
        SCL=0;}                      //与 SCL=1 组成时钟脉冲
    return (x);}                     //返回值 x（接收数据）
```

6. 虚拟 I²C 扩展 AT24CXX 系列 E²PROM

带 I²C 总线接口的 E²PROM 有许多型号系列，有多家生产厂商生产，其中应用比较广泛

的是 AT24CXX 系列，可读/写 100 万次，数据保存 100 年，型号有 AT24C01/02/04/08/16/32/64 等，其容量分别为 128×8/256×8/512×8/1024×8/2048×8/4096×8/8192×8bit，常用于希望在关机和断电时保存少量现场数据的场合。本节以 AT24C02 为例，说明 AT24CXX 系列 I^2C 总线串行扩展 E^2PROM 的典型应用电路和写入、读出的程序。

（1）AT24C02 概述

1）引脚功能。图 4-23a 所示为 AT24C02 芯片 DIP 封装引脚图，其中各引脚功能如下。

SDA、SCL：I^2C 总线接口。

A2～A0：地址引脚。

WP：写保护。WP=0，允许写操作；WP=1，禁止写操作。

U_{DD}、U_{SS}：电源端、接地端。

2）典型应用电路。图 4-23b 所示为 AT24C02 典型应用电路。AT24C02 的 SDA 和 SCL 端分别接 80C51 虚拟 I^2C 总线接口 SDA 和 SCL 端；WP 端接地；A2、A1、A0 可作为多片 AT24C02 寻址位，若只用一片 AT24C02，A2、A1、A0 接地为 000。

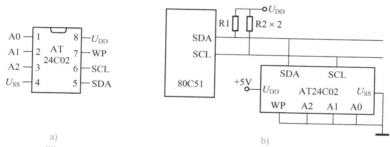

图 4-23　AT24C02 芯片 DIP 封装引脚图及其典型应用电路

a) 芯片 DIP 封装引脚图　b) 典型应用电路

3）寻址字节。AT24CXX 的器件地址是 1010，A2、A1、A0 为引脚地址，按图 4-23b 所示连接为 000，$R/\overline{W}=1$ 时，读寻址字节 SLA_R =10100001B=A1H；$R/\overline{W}=0$ 时，写寻址字节 SLA_W =10100000B=A0H。

4）页写缓冲器。由于 E^2PROM 的半导体工艺特性，对 E^2PROM 的写入时间需要 5～10ms。因此，在 AT24CXX 系列串行 E^2PROM 芯片内部设置了一个具有 SRAM 性质的输入缓冲器，称为页写缓冲器。当 CPU 对该芯片进行写操作时，AT24CXX 系列芯片先将 CPU 输入的数据暂存在页写缓冲器内，然后慢慢写入 E^2PROM 中。因此，CPU 对 AT24CXX 系列 E^2PROM 一次写入的字节数，受到该芯片页写缓冲器容量的限制。例如，页写缓冲器的容量为 16B，若 CPU 写入字节数超过芯片页写缓冲器容量，应在写完一页后，隔 5～10ms 重新启动一次写操作。

而且，若不是从页写缓冲器页内零地址 0000 写起，一次写入地址超出页内最大地址 1111 时，也将出错。例如，若从页内地址 0000 写起，一次最多可写 16B；若从页内地址 0010 写起，一次最多只能写 14B，若要写 16B，超出页内地址 1111，将会引起地址翻卷，导致出错。

（2）读/写 N 字节操作格式

1）写操作格式。写 N 个字节数据的操作格式如图 4-24 所示。

| S | SLA$_W$ | A | SADR | A | data1 | A | data2 | A | ··· | dataN | A | P |

图 4-24　写 N 个字节数据的操作格式

其中，灰色部分由 80C51 发送，AT24CXX 接收；白色部分由 AT24CXX 发送，80C51 接收。SLA$_W$ 为写 AT24CXX 寻址字节，当 A2、A1、A0 接地时，SLA$_W$ =10100000B =A0H；SADR 为 AT24CXX 片内子地址，是写入该芯片数据 N 个字节的首地址；data1～ dataN 为写入该芯片数据，N 数不能超过页写缓冲器容量。

```
void   WRNB (unsigned char   a[],n,sadr){      //写 n 字节 C51 子函数
    unsigned char    i;                        //定义无符号字符型变量序号 i
    unsigned int    j;                         //定义无符号整型变量延时参数 j
    STAT ( );                                  //发启动信号
    WR1B (0xa0);                               //发送写寻址字节
    CACK ( );                                  //检查应答
    WR1B (sadr);                               //发送写入 AT24CXX 片内子地址首地址
    CACK ( );                                  //检查应答
    for (i=0; i<n; i++){                        //循环写入 n 字节
        WR1B (a[i]);                           //写入 I²C 一个字节
        CACK ( );}                             //检查应答
    STOP ( );                                  //n 个数据写入完毕，发终止信号
    for (j=0; j<1000; j++);}                    //页写延时 5ms
```

调用时，应给形参 a[]、n、sadr 赋值。其中，a[]为写入数据数组；n 为写入数据字节数；sadr 为 AT24CXX 写入单元首地址。

需要说明的是，有些教材和技术资料对 I²C 基本信号的脉宽和延时有一定的时间要求，在上述基本信号和数据传送子函数中加入了若干延时操作指令；另一些教材和技术资料则无此要求。经编者实验验证，80C51 单片机在 f_{OSC} =12MHz 条件下，可以将基本信号子函数和单字节读/写子函数中的波形延时指令略去，但写 N 字节子函数中必须有页写缓冲延时，否则，写后若立即读 AT24C02，则将失败。

2）读操作格式。读 N 个字节数据操作格式如图 4-25 所示。

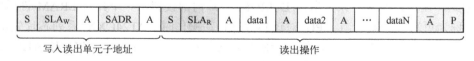

| S | SLA$_W$ | A | SADR | A | S | SLA$_R$ | A | data1 | A | data2 | A | ··· | dataN | $\overline{A}$ | P |

写入读出单元子地址　　　　　　　　　　读出操作

图 4-25　读 N 个字节数据操作格式

其中，灰色部分由 80C51 发送，AT24CXX 接收；白色部分由 AT24CXX 发送，80C51 接收。SLA$_R$ 为读 AT24CXX 寻址字节，当 A2、A1、A0 接地时，SLA$_R$ =10100001B=A1H；SADR 为读 AT24CXX 片内首地址；data1～dataN 为 AT24CXX 读出数据。读出操作，分两步进行：先发送读出单元首地址 SADR，然后重新启动读操作。

```
void   RDNB (unsigned char   b[],n,sadr){      //读 n 字节 C51 子函数
    unsigned char    i;                        //定义无符号字符型变量序号 i
    STAT ( );                                  //发启动信号
```

```
WR1B (0xa0);                       //发送写寻址字节
CACK ( );                          //检查应答
WR1B (sadr);                       //发送读 AT24CXX 片内首地址
CACK ( );                          //检查应答
STAT ( );                          //再次发启动信号
WR1B (0xa1);                       //发送读寻址字节
CACK ( );                          //检查应答
for (i=0; i<n-1; i++){             //循环读出（n-1）个字节
  b[i]=RD1B ( );                   //接收一个字节
  ACK ( );}                        //发送应答 A
b[i]=RD1B ( );                     //接收最后一个字节
NACK ( );                          //发送应答 Ā
STOP ( );}                         //n 个数据接收完毕，发终止信号
```

调用时，应给形参 b[]、n、sadr 赋值。其中，b[] 为 80C51 接收数据数组；n 为接收数据字节数；sadr 为 AT24CXX 读出单元首地址。

思考和练习 4

4.1　什么叫串行通信和并行通信？各有什么特点？

4.2　串行缓冲寄存器 SBUF 有什么作用？简述串行口接收和发送数据的过程。

4.3　如何判断串行发送和接收一帧数据完毕？

4.4　什么叫波特率？串行通信对波特率有什么基本要求？80C51 单片机串行通信 4 种工作方式的波特率有什么不同？

4.5　为什么 80C51 单片机在串行通信时常采用 11.0592MHz 晶振？

4.6　I^2C 总线只有两根连线（数据线和时钟线），如何识别扩展器件的地址？又如何识别相同器件的地址？

4.7　为什么 80C51 单片机 I^2C 总线串行扩展只能用于单主系统，且必须虚拟扩展？

4.8　I^2C 总线数据传送中，有哪些基本信号？一次完整的数据传送过程应包括哪些信号？

4.9　说明 AT24CXX 系列 E^2PROM 页写缓冲器的作用。如何应用？

4.10　参照图 4-1 电路，用两片 74HC164，扩展 16 位并行输出，驱动 16 个发光二极管，如图 4-26 所示，从左至右每隔 0.5s 移动点亮，不断循环。试编制程序，画出 Proteus ISIS 虚拟电路，并仿真调试。

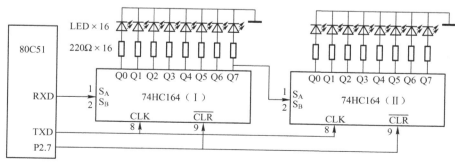

图 4-26　用两片 74HC164 串行输出控制 16 灯电路

4.11 参照图 4-2 电路，用两片 CC4094，扩展 16 位并行输出，控制 16 个发光二极管，如图 4-27 所示，要求按下列顺序每隔 0.5s 驱动运行，不断循环。试编制程序，画出 Proteus ISIS 虚拟电路，并仿真调试。

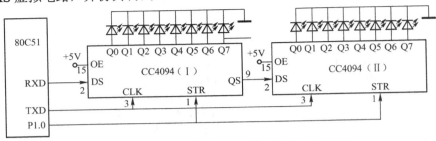

图 4-27 用两片 CC4094 串行输出控制 16 灯电路

1）从左向右依次点亮，每次两个。
2）从左向右依次点亮，每次增加两个，直至全亮为止。
3）从左向右依次暗灭，每次减少两个，直至全灭为止。
4）返回 1），不断循环。

4.12 参照任务 11.2 节中 CC4021 "并入串出" 程序，试编制 CC4014 "并入串出" 程序，并在图 4-8 虚拟电路中仿真调试。

4.13 参照图 4-5 所示电路，用两片 74HC165，扩展 16 位键状态信号并行输入，如图 4-28 所示，要求将 16 位键信号数据存入 80C51 内 RAM 30H、31H 中。试编制程序，画出 Proteus ISIS 虚拟电路，并仿真调试。

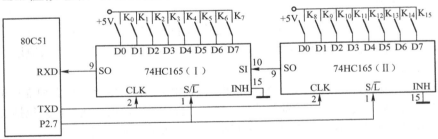

图 4-28 用两片 74HC165 串行输入 16 位键状态电路

4.14 参照图 4-6 所示电路，用两片 CC4021，扩展 16 位键状态信号并行输入，如图 4-29 所示，要求将 16 位键信号数据存入 80C51 内 RAM 40H、41H 中。试编制程序，画出 Proteus ISIS 虚拟电路，并仿真调试。

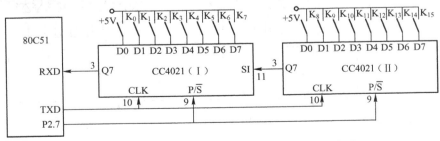

图 4-29 用两片 CC4021 串行输入 16 位键状态电路

4.15　设甲乙机以串行方式 2 进行数据传送，f_{osc}=12MHz，SMOD=0。甲机共发送 10 帧数据（设为 0～9 共阳字段码，依次存在外 ROM 中），乙机接收后，存在以 40H 为首址的内 RAM 中，试分别编制甲乙机串行发送/接收程序，并在图 4-9 所示的虚拟电路中仿真调试。

4.16　设甲乙机以串行方式 3 进行数据传送，Proteus ISIS 虚拟仿真双机串行通信电路如图 4-30 所示。f_{osc}=11.0592MHz，波特率为 4 800bit/s，SMOD=1，TB8/RB8 作为奇偶校验位。按如下要求双机通信，试分别编制甲乙机串行发送/接收程序，画出 Proteus ISIS 虚拟电路，并仿真调试。

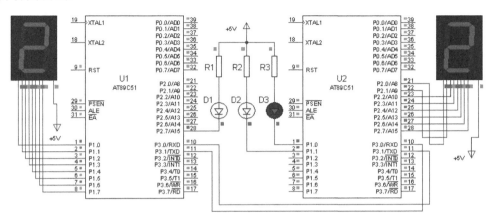

图 4-30　Proteus ISIS 虚拟仿真双机串行通信电路（运行中）

1）甲机每发送一帧数据（设为 0～9 共阳字段码，存在外 ROM 中），同时在 P1 口显示发送数据；用 P2.7（驱动 LED 灯）显示奇偶校验位（1 亮 0 暗）。接到乙机回复信号后，再暗 0.5s（作为帧间隔）；然后发送下一数据，直至 10 个数据串送完毕为止；显示再暗 0.5s（作为周期间隔），然后重新开始第二轮串送循环操作。

2）乙机接收数据，送 P2 口显示；用 P1.1 显示第 9 位数据（1 亮 0 暗）；奇偶校验后，乙机发送回复信号，用 P1.0 显示校验标志（正确时亮灯，出错时灭灯）。

4.17　已知 I²C 总线串行扩展 AT24C02 电路如图 4-10 所示，参照任务 13.1，将 80C51 内 RAM 数组 a[16]的 16 个数据（11H、22H、33H、44H、55H、66H、77H、88H、99H、AAH、BBH、CCH、DDH、EEH、FFH、0）写入 AT24C02 首址为 30H 的连续单元中；再将其读出，存在 80C51 首址为 50H 的连续单元中。试编制程序，并在图 4-11 虚拟电路中，仿真调试。

4.18　已知电路及条件同上例，要求将该 16 个数据写入 AT24C02 4AH～59H 单元中；再将其读出，存在 80C51 内 RAM 中。试编制程序，并在图 4-11 虚拟电路中，仿真调试。

第5章 显示与键盘

显示与键盘是单片机应用系统最常见的输入输出电路，是人机对话最常用的手段。

项目14 LED静态显示

在单片机应用系统中，可将LED数码管显示电路分为静态显示方式和动态显示方式。静态显示按输出控制分为并行输出和串行输出，按输出显示字符编码形式分为字段编码和BCD码。本项目介绍3种典型静态显示电路及其应用。

任务14.1 74LS377并行输出3位LED数码管静态显示

学习本任务需先阅读基础知识5.1、5.2节，了解LED数码管的基本性能，并理解其编码方式；理解LED数码管静态显示方式的优缺点；熟悉74LS377的芯片功能和应用特性；理解80C51并行输出地址的形成方式。

74LS377并行输出3位LED静态显示电路如图5-1所示。显示数（≤999）存在a（设为234）中，试编制显示程序，画出Proteus ISIS虚拟电路，并进行仿真调试。

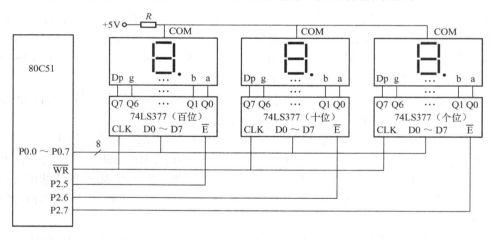

图5-1　74LS377并行输出3位LED静态显示电路

74LS377为TTL 8D触发器，电平与TTL兼容，图5-2所示为其引脚图，表5-1所示为其功能表。片内有8个D触发器，D0～D7为8个D触发器的D输入端；Q0～Q7是8个D触发器的Q输出端；时钟脉冲输入端CLK为上升沿触发，8D共用；$\overline{E}$为门控端，低电平有效。当$\overline{E}$端为低电平且CLK端有正脉冲时，在正脉冲的上升沿，D端信号被锁存，从相应的Q端输出；$\overline{E}$端为高电平时，输出状态保持不变。

表 5-1 74LS377 功能表

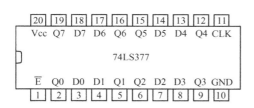

图 5-2 74LS377 引脚图

$\overline{E}$	CLK	D	Q^{n+1}
1	×	×	Q^n
0	↑	0	0
0	↑	1	1
×	0	×	Q^n

需要说明的是，由于 Proteus ISIS 软件中的 74LS377 无效，运行后，软件提示 "No model specified for 74LS377"，无法仿真，因此，用 74LS373 替代 74LS377 扩展并行输出口，只是需多用一个或非门（程序不需变更）。但是，编者的项目实践多次证明，74LS377 扩展并行输出口有效而简便（也有许多教材和技术资料介绍 74LS377 扩展并行输出口应用）。编者认为，Proteus ISIS 软件仍有不足之处，其元器件库仍在不断扩充发展和完善之中，并非 74LS377 不能用于扩展并行输出口。读者在实际运用时，应仍选用 74LS377。同理，本书后续需要 74LS377 芯片的 Proteus ISIS 虚拟仿真案例，均可采用此法。

74LS373 为 TTL 8D 锁存器，图 5-3 所示为其引脚图，表 5-2 所示为其功能表。锁存器与触发器的区别在于触发信号的作用范围。触发器是边沿触发，在触发脉冲的上升沿锁存该时刻的 D 端信号，如 74LS377；锁存器是电平触发，在触发脉冲 LE 有效期间，且在输出允许（$\overline{OE}$ 有效）的条件下，Q 端信号随 D 端信号变化而变化，即所谓的"透明"特性，当触发脉冲 LE 有效结束下跳变时，锁存该时刻的 D 端信号。

表 5-2 74LS373 功能表

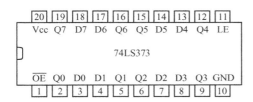

图 5-3 74LS373 引脚图

$\overline{OE}$	LE	D	Q^{n+1}
0	1	0	0
0	1	1	1
0	0	×	Q^n
1	×	×	Z

1. 编程

按图 5-1 所示电路，百位 74LS377 口地址为 0xdfff（P2.5=0，1101 1111 1111 1111=dfff），十位 377 口地址为 0xbfff（P2.6=0，1011 1111 1111 1111=bfff），个位 74LS377 口地址为 0x7fff（P2.7=0，0111 1111 1111 1111=7fff）。

```
#include < reg51.h >                                      //包含访问 sfr 库函数 reg51.h
#include <absacc.h>                                       //包含绝对地址访问库函数 absacc.h
unsigned char   code   c[10]={                            //定义共阳字段码数组，并赋值
    0xc0,0xf9,0xa4,0xb0,0x99,0x92,0x82,0xf8,0x80,0x90};
void   chag3 (unsigned int   x, unsigned char   y[]){     //3 位字段码转换子函数 chag3
    unsigned char   i;                                    //定义无符号字符型变量 i（循环序数）
    y[0]=x/100;                                           //显示数除以 100，产生百位显示数字
    y[1]=(x%100)/10;                                      //（除以 100 后的余数）除以 10，产生十位显示数字
    y[2]=x%10;                                            //显示数除以 10 后的余数就是个位显示数字
```

125

```
    for (i=0; i<3; i++)              //循环转换
        y[i]=c[y[i]];}              //转换为显示字段码
void    main ( ){                   //主函数
    unsigned int    a=234;          //定义无符号整型变量 a（显示数），并赋值 234
    unsigned char    b[3];          //定义无符号字符型数组 b（3 位显示字段码）
    chag3 (a, b);                   //调用 3 位字段码转换子函数 chag3
    XBYTE[0xdfff]= b[0];            //输出百位显示符
    XBYTE[0xbfff]= b[1];            //输出十位显示符
    XBYTE[0x7fff]= b[2];            //输出个位显示符
    while(1);}                      //原地等待
```

需要说明的是，上述程序不但适用于 74LS373 组成的 3 位 LED 静态显示电路，也适用于 74LS377 组成的 3 位 LED 静态显示电路。

2. Keil C51 编译调试

1）编译链接，无语法错误后，进入调试状态。

2）在变量观察窗口 Locals 选项卡（参阅图 1-46），观察到数组 b[]被存放在 D:0x08 单元中（注意不同程序存储单元也不同）。打开存储器窗口（参阅图 1-46），用鼠标左键单击 Memory#1 选项卡，在 Address 编辑框内输入"d:0x08"，在 Memory#2、3、4 选项卡 Address 编辑框内输入百、十、个位 74LS377 口地址"x：0xdfff""x：0xbfff""x：0x7fff"。用右键分别单击 0xdfff、0xbfff、0x7fff 单元，弹出右键子菜单，如图 1-48 所示。选择"Unsigned"→"char"，这些存储单元就会按 8 位无符号字符型数据格式显示。

3）全速运行后，可看到程序运行结果：在 Memory#1 选项卡 0x08 及后续两个单元内，已经存放了显示数 234 转换后的共阳显示字段码，即 A4、B0、99；在 Memory#2、3、4 选项卡 0xdfff、0xbfff、0x7fff 中，也已经分别存放了转换后的百、十、个位显示字段码，即 A4、B0、99。

4）改变变量 a 数值（注意 a≤999），重新运行，转换结果随之改变。

3. Proteus ISIS 虚拟仿真调试

1）画 Proteus ISIS 虚拟电路。画出 Proteus ISIS 虚拟仿真 74LS373 并行扩展静态显示电路，如图 5-4 所示。80C51 在 Microprocessor ICs 库中；74LS373、74LS02 在 TTL 74LS series 库中；数码管在 Optoelectronics→7-Segment Displays 库中，选 7SEG-COM-ANODE（共阳型 7 段 LED 数码管），按图 5-4 所示，其引脚从上到下排列次序依次为 abcdefg，右侧顶端引脚为数码管共阳端 COM。

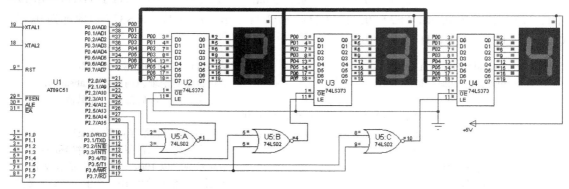

图 5-4　Proteus ISIS 虚拟仿真 74LS373 并行扩展静态显示电路（运行中）

2）Proteus ISIS 虚拟仿真调试。用鼠标左键双击虚拟电路中的 AT89C51，装入 Hex 文件。全速运行后，虚拟电路中 3 个数码管会显示程序中给出的显示数值。

3）改变程序中变量 a 数值（注意 a≤999），重新进行 Keil 编译链接，生成新的 Hex 文件，再重新装入虚拟电路 AT89C51 中，再次全速运行，显示结果会随之改变。

任务 14.2　74LS164 串行输出 3 位 LED 数码管静态显示

任务 14.1 所述的 74LS377 并行输出静态显示适用于原有并行扩展的应用系统，不另外单独占用 P0 口，但仍占用 80C51 较多的 I/O 端口资源。本任务介绍的 74LS164 串行扩展 3 位 LED 数码管静态显示电路，既具有静态显示的优点，又不多占用 80C51 I/O 端口资源，实为最佳静态显示电路。

74LS164 串行扩展 3 位 LED 数码管静态显示电路如图 5-5 所示。RXD 为串行输出显示字段码，TXD 发出移位脉冲，P1.0 控制串行输出，LED 数码管为共阳结构。显示数已存在 a 中，试编制显示程序，画出 Proteus ISIS 虚拟电路，并进行仿真调试。

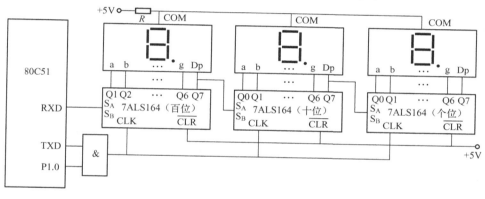

图 5-5　74LS164 串行扩展 3 位 LED 数码管静态显示电路

74LS164 芯片功能和应用特性已在任务 10.1 中介绍，此处不再赘述。

1. 编程

```
#include <reg51.h>                               //包含访问 sfr 库函数 reg51.h
unsigned char   code   c[10]={                   //定义共阳顺序（a 是低位）字段码数组
   0xc0,0xf9,0xa4,0xb0,0x99,0x92,0x82,0xf8,0x80,0x90};
void   chag3 (unsigned int   x,unsigned char   y[]);  //3 位字段码转换子函数 chag，见任务 14.1
void   main ( ) {                                //主函数
   unsigned char   i;                            //定义无符号字符型变量 i（循环序数）
   unsigned int   a=234;                         //定义无符号整型变量 a（显示数），并赋值 234
   unsigned char   b[3];                         //定义无符号字符型数组 b（3 位显示字段码）
   SCON=0x00;                                    //置串口方式 0
   ES=0;                                        //串口禁中
   chag3 (a, b);                                 //调用 3 位字段码转换子函数 chag3
   for (i=2; i<3; i--){                          //循环发送 3 字节
      SBUF=b[i];                                 //串行发送显示数
      while (TI= =0);                            //等待 1 字节串行发送完毕
```

127

TI=0;}	//一字节串行发送完毕，清发送中断标志
while(1);}	//原地等待

2. Keil C51 编译调试

1）编译链接，无语法错误后，进入调试状态。

2）在变量观察窗口 Locals 选项卡（参阅图 1-46），观察到数组 b[] 被存放在 D:0x08 单元中（注意不同程序存储单元也不同）。打开存储器窗口（参阅图 1-46），用鼠标左键单击 Memory#1 选项卡，在 Address 编辑框内输入"d:0x08"。用右键单击 0x08 单元，弹出右键子菜单，如图 1-48 所示。选择"Unsigned"→"Char"，该存储单元就会按 8 位无符号字符型数据格式显示。

3）打开串行口对话框（参阅图 1-53），以便观察串行对话框 SBUF 寄存器中的数据。

4）单步运行，至调用 3 位字段码转换子函数"chag3 (a, b);"语句行，用鼠标左键单击过程单步运行图标"⓪"，一步跳过，可看到 Memory#1 窗口 0x08 及其后续两个单元内，已经存放了显示数 234 转换后的共阳显示字段码，即 A4、B0、99。

5）继续单步运行，执行完"SBUF=b[i];"语句后，可看到串行对话框 SBUF 寄存器中的数据变为 99。随后继续单步运行（"while (TI==0);"语句需单步 5 次），可看到 SBUF 中的数据再依次变为 B0、A4，表明百、十、个位显示字段码已串行发送。

6）改变变量 a 的数值（注意 a≤999），重新运行，转换结果随之改变。

3. Proteus ISIS 虚拟仿真调试

1）画 Proteus ISIS 虚拟电路。画出 Proteus ISIS 虚拟仿真 164 串行扩展静态显示电路如图 5-6 所示。80C51 在 Microprocessor ICs 库中；74LS164、74LS08 在 TTL 74LS series 库中；数码管在 Optoelectronics→7-Segment Displays 库中，7SEG-MPX1-CA 为共阳型 7 段 LED 数码管，按图 5-6 所示，其从左至右引脚排列次序依次为 abcdefgDp，最右边引脚为 COM；电阻器在 Resistors 库中，选 Chip Resistor 1/8W 5% 220Ω 电阻。注意源程序字段码中 a 是低位，串行传送后，位秩序相反，a 在 74LS164 Q7 输出。因此，需将 74LS164 Q7 与 7 段数码管的 a 段连接。

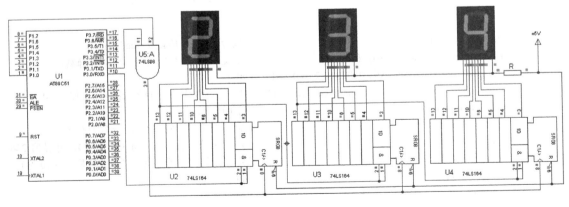

图 5-6　Proteus ISIS 虚拟仿真 164 串行扩展静态显示电路（运行中）

2）Proteus ISIS 虚拟仿真调试。用鼠标左键双击虚拟电路中的 AT89C51，装入 Hex 文件。全速运行后，虚拟电路中 3 个数码管会显示程序中给出的显示数值。

3）改变程序中变量 a 的数值（注意 a≤999），重新进行 Keil 编译链接，生成新的 Hex 文件，再重新装入虚拟电路 AT89C51 中，再次全速运行，显示结果会随之改变。

任务 14.3　CC4511 BCD 码驱动 3 位 LED 数码管静态显示

前述静态显示按输出显示字符编码形式分为字段编码和 BCD 码（参阅基础知识 5.5 节）。在任务 14.1、14.2 中已经介绍了输出字段编码，本任务介绍输出 BCD 码电路及编程。

CC4511 BCD 码驱动 3 位静态显示电路如图 5-7 所示。数码管为共阴数码管，显示数存在内 RAM 30H～32H 中（设为 234），小数点固定在第二位，要求闪烁显示。

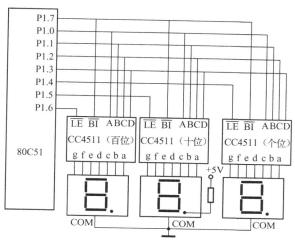

图 5-7　CC4511 BCD 码驱动 3 位静态显示电路

CC4511 是 4 线-7 段锁存/译码/驱动电路，能将 BCD 码译成 7 段显示码输出。图 5-8 所示为其引脚图，表 5-3 所示为其功能表。ABCD 为 BCD 码输入端（A 是低位），abcdefg 为译码笔段输出端。$\overline{\text{LE}}$ 为输入信号锁存控制：$\overline{\text{LE}}$ =0，允许从 DCBA 端输入 BCD 码数据，刷新显示；$\overline{\text{LE}}$ =1，维持原显示状态。$\overline{\text{BI}}$ 为消隐控制端，$\overline{\text{BI}}$ =0，全暗。$\overline{\text{LT}}$ 为灯测试控制端，$\overline{\text{LT}}$ =0，全亮。

图 5-8　CC4511 引脚图

表 5-3　CC4511 功能表

$\overline{\text{LE}}$	$\overline{\text{BI}}$	$\overline{\text{LT}}$	D	C	B	A	显示数字
×	×	0	×	×	×	×	全亮
×	0	1	×	×	×	×	全暗
1	1	1	×	×	×	×	维持
0	1	1	0000～1001				0～9
0	1	1	1010～1111				全暗

利用 CC4511 实现静态显示与一般静显示电路不同，一是节省 I/O 端线，段码输出只需 4 根；二是不需专用驱动电路，可直接输出；三是不需译码，可直接输出 BCD 码，编程简单；缺点是只能显示数字，不能显示各种符号。

1. 编程

```
#include <reg51.h>                          //包含访问 sfr 库函数 reg51.h
#include <absacc.h>                         //包含绝对地址访问库函数 absacc.h
sbit   BI=P1^7;                             //定义 CC4511 消隐控制端 BI 与 80C51 P1^7 端连接
void   main ( ) {                           //主函数
  unsigned long   t;                        //定义长整型延时参数 t
  DBYTE[0x32]=2;                            //绝对地址 0x32 赋值（百位显示数 2）
  DBYTE[0x31]=3;                            //绝对地址 0x31 赋值（十位显示数 3）
  DBYTE[0x30]=4;                            //绝对地址 0x30 赋值（个位显示数 4）
  while(1){                                 //无限循环显示
    P1=(DBYTE[0x30]&0x8f)|0xe0;            //个位输出显示 BCD 码
    P1=(DBYTE[0x31]&0x8f)|0xd0;            //十位输出显示 BCD 码
    P1=(DBYTE[0x32]&0x8f)|0xb0;            //百位输出显示 BCD 码
    for (t=0; t<=11000; t++ );            //延时 0.5s
    BI=0;                                   //全暗
    for (t=0; t<=11000; t++ );}}          //延时 0.5s
```

2. Keil C51 编译调试

1）编译链接，无语法错误后，进入调试状态。

2）打开存储器窗口（参阅图 1-46），用鼠标左键单击 Memory#1 选项卡，在 Address 编辑框内输入"d:0x30"，用鼠标左键依次单击 Memory#2 和 Memory#1 选项卡，Memory#1 选项卡立即显示以 0x30 为首地址的内 RAM 存储单元数据值。用右键单击 0x30 单元，弹出右键子菜单，如图 1-48 所示。选择"Decimal"或"Unsigned"→"Char"，Memory#1 内的存储单元就会按十进制或 8 位无符号字符型数据格式显示。

3）打开并行 P1 口对话框（参阅图 1-50、图 1-52b）。

4）单步运行。执行完 3 条绝对地址 0x32～0x30 单元赋值语句后，Memory#1 选项卡内 0x30～0x32 存储单元内的数据变为 4、3、2。继续单步运行，执行完个位输出显示 BCD 码语句"P1=(DBYTE[0x30]&0x8f)|0xe0"后，P1 口对话框显示 1110 0100（打勾"√"为 1，"空白"为 0），表明 P1.4（个位）被选通，P1.3～P1.0 的值为 0100（BCD 码）=4。执行完两条输出语句后，P1 口对话框依次显示 1101 0011（P1.5 十位选通，BCD 码 0011=3），1011 0010（P1.6百位选通，BCD 码 0010=2）。

5）延时语句采用过程单步（顺便观测延时时间，方法参照任务 2.3 或任务 10.3 节），一步跳过，继续运行，程序在 3 条输出语句和延时语句间不断循环。

3. Proteus ISIS 虚拟仿真

1）画出 Proteus 虚拟仿真电路。Proteus ISIS 虚拟仿真 CC4511 静态显示电路如图 5-9 所示。其中，80C51 在 Microprocessor ICs 库中。CC4511 在 CMOS 4000 series 库中；数码管在 Optoelectronics→7-Segment Displays 库中，7SEG-MPX1-CC 为共阴型 7 段 LED 数码管。

2）用鼠标左键双击图 5-9 所示电路中的 AT89C51，装入在 Keil C51 编译调试时自动生成的 Hex 文件。全速运行后，虚拟电路中 3 个数码管会闪烁，显示赋值的显示数。

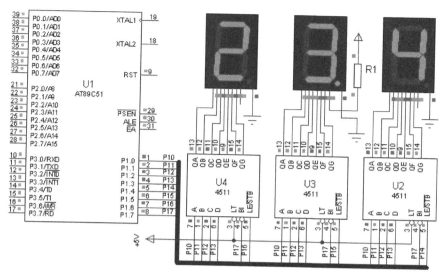

图 5-9　Proteus ISIS 虚拟仿真 CC4511 静态显示电路（运行中）

3）改变程序中的显示赋值，重新 Keil 编译，生成并装入 Hex 文件，全速运行后，3 个数码管的显示值会随之改变。

项目 15　LED 动态显示

动态显示的字段驱动和字位驱动应分别进行，可有多种形式。字段驱动与静态显示的驱动方式相同，有并行输出、串行输出和 BCD 码输出；字位驱动需另有 I/O 端口控制，端线数与显示字位数相同，或用译码器译码控制（可减少 I/O 端线数）。本节列出几种常见的动态显示电路，并编制程序，虚拟仿真。

任务 15.1　74LS139 选通 4 位 LED 数码管动态显示

动态显示的共用字段驱动和字位分别驱动均需要有独立 I/O 端口控制。为节省 I/O 口线，共用字段驱动可选用 CC4511，由 8 位减少到 4 位；字位驱动采用译码器，两位可译码驱动 4 位（74LS139），3 位可译码驱动 8 位（74LS138）。本任务介绍由 74LS139 和 CC4511 组成的 4 位共阴 LED 数码管动态显示电路及应用程序。

已知 74LS139 选通 4 位共阴型 LED 数码管动态显示电路如图 5-10 所示。显示数存在 a 中，试编制循环扫描显示程序，画出 Proteus ISIS 虚拟电路，并仿真调试。

在图 5-10 电路中，CC4511 功能已在任务 14.3 节中介绍。74LS139 为双 2-4 译码器，能将两位编码信号译为 4 种位码信号。图 5-11 所示为其引脚图。表 5-4 所示为其功能表。A、B 为编码信号输入端；$\overline{Y}_0 \sim \overline{Y}_3$ 为译码信号输出端；门控端 $\overline{E} = 1$，禁止译码，输出全 1；$\overline{E} = 0$，译码有效，有效端输出低电平，正好用于 4 位共阴型 LED 数码管片选。

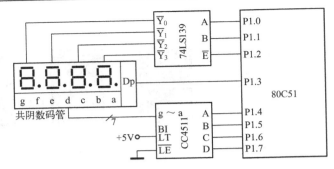

图 5-10　74LS139 选通 4 位共阴型 LED 数码管动态显示电路

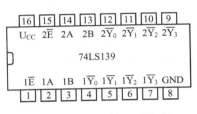

图 5-11　74LS139 引脚图

表 5-4　74LS139 功能表

输　入			输　出			
$\overline{E}$	A	B	$\overline{Y_3}$	$\overline{Y_2}$	$\overline{Y_1}$	$\overline{Y_0}$
1	×	×	1	1	1	1
0	0	0	1	1	1	0
0	0	1	1	1	0	1
0	1	0	1	0	1	1
0	1	1	0	1	1	1

1. 编程

```
#include <reg51.h>                               //包含访问 sfr 库函数 reg51.h
void   chag4 (unsigned int   x, unsigned char   y[]){        //显示数转换为 4 位显示数字子函数 chag4
   y[0]=x/1000;                                  //显示数除以 1 000，产生千位显示数字
   y[1]=(x%1000)/100;                            //（除以 1 000 后的余数）除以 100，产生百位显示数字
   y[2]=(x%100)/10;                              //（除以 100 后的余数）除以 10，产生十位显示数字
   y[3]=x%10;}                                   //显示数除以 10 后的余数就是个位显示数字
void   main (){                                  //主函数
   unsigned char   i;                            //定义字符型变量 i（显示位序号）
   unsigned int   a=5678;                        //定义整型变量 a（显示数），并赋值
   unsigned int   t;                             //定义整型变量 t（用于显示扫描延时）
   unsigned char   b[4];                         //定义显示数字存储数组 b[4]
   while(1){                                      //无限循环
     chag4 (a,b);                                //显示数转换为 4 位显示数字
     for (i=0; i<4; i++){                        //显示扫描循环
       P1=(b[i]<<4)|i;                           //输出显示：高 4 位为显示数，低两位为位序号
       for (t=0; t<300; t++);}}}                 //延时约 1.6ms
```

2. Keil C51 编译调试

1）编译链接，无语法错误后，进入调试状态。

2）在变量观察窗口 Locals 选项卡（参阅图 1-46），用鼠标右键单击局部变量 a，弹出右键子菜单，如图 1-47c 所示，选择 "Deciml"，变量 a 将按十进制数显示。同时观察到数组 b[] 被存放在 D:0x0A 单元（注意不同程序存储单元也不同）中。打开存储器窗口（参阅图 1-46），用鼠标左键单击 Memory#1 选项卡，在 Address 编辑框内输入 "d:0x0A"。

3）打开 P1 对话框（参阅图 1-50、图 1-52b），以便观察 P1 口中数据变化情况。

4）单步运行至变量 a 赋值语句行后，变量观察窗口 Locals 选项卡中变量 a 的值就变为 5678。

5）继续单步运行至子函数 chag4，变量观察窗口 Locals 选项卡中的局部变量更换为 x、y，x=5678，y 为数组，首地址为 0x0A，说明实参已经替代形参。继续单步运行，计算 y[0]～y[3]，存储器窗口 0x0A 及其后续单元（共 4Byte）依次显示出转换后的显示数字 5、6、7、8。

6）继续单步运行，回到主函数 main。运行至"P1=(b[i]<<4)|i;"语句行后，P1 选项卡输出数值变为 0101 0000（"打勾"为 1，"空白"为 0），表明 P1.7～P1.4 输出 BCD 码 0101=5；P1.2=0，允许 139 译码；P1.1、P1.0 输出编码 00（74LS139 译码后为 $\overline{Y}_0$ 低电平有效，选通 LED 显示屏首位显示）。P1.3 为无关位（未使用）。

7）继续单步运行至延时程序行"for (t=0; t<300; t++);"，用鼠标左键单击过程单步运行图标" 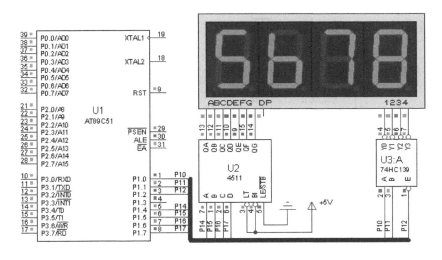 "，一步跳过（可参照任务 10.3 节中的方法观测该延时语句延时时间，约为 1.6ms）。光标回到"P1=(b[i]<<4)|i;"语句行，运行后，P1 对话框输出数值变为 0110 0001，表明 P1.7～P1.4 输出"6"，P1.1、P1.0 输出编码 01，选通显示屏第 2 位显示。再继续运行，P1.7～P1.4 依次输出"7""8"，P1.1、P1.0 依次选通显示屏第 3、4 位显示。

8）改变程序中 a 赋值数据（注意小于 9999），重新运行，转换结果随之改变。

3. Proteus ISIS 虚拟仿真

1）画出 Proteus 虚拟仿真 4 位共阴型 LED 动态显示电路图，如图 5-12 所示。其中，80C51 在 Microprocessor ICs 库中。74LS139 在 TTL 74LS series 库中；CC4511 在 CMOS 4000 series 库中；数码管在 Optoelectronics→7-Segment Displays 库中，选共阴型 4 位 7 段 LED 数码管 7SEG-MPX4-CC。

图 5-12　Proteus 虚拟仿真 4 位共阴型 LED 动态显示电路

2）用鼠标左键双击图 5-12 所示电路中的 AT89C51，装入在 Keil C51 编译调试时自动生成的 Hex 文件。全速运行后，虚拟电路中数码管显示屏会显示赋值显示数。

3）改变程序中显示赋值，重新 Keil 编译，生成并装入 Hex 文件，全速运行后，显示会随之改变。

任务 15.2　74LS595 串行传送 8 位 LED 数码管动态显示

74LS595 为串行移位寄存器，其功能表如表 5-5 所示，它与 74HC164 的区别是，74LS595 串入并出分两步操作，第一步移入 74LS595 片内缓冲移位寄存器，第二步由 74LS595 RCK 端（#12）输入一个触发正脉冲，片内缓冲移位寄存器中的数据进入输出寄存器 Q0～Q7 中。而 74HC164 是直接串入输出寄存器，串入中间过程有可能在并行输出端产生误动作。

表 5-5　74LS595 功能表

输　　入					输　　出	
$\overline{CLR}$	$\overline{OE}$	SCK	RCK	DS	内部移位寄存器	Q0～Q7
L	H	×	×	×		清 0
H	L	×	×	×		高阻
H	H	↑	×	1	最低位移入 1，其余各位依次右移，从 QS 移出最高位	原输出 Q0～Q7 保持不变
H	H	↑	×	0	最低位移入 0，其余各位依次右移，从 QS 移出最高位	原输出 Q0～Q7 保持不变
H	H	×	↑	×		内部移位寄存器→Q0～Q7
H	H	×	×	×		原输出 Q0～Q7 保持不变

图 5-13 所示为 74LS595 串行传送 8 位 LED 数码管动态显示电路。在 80C51 串行口 TXD 端发出的时钟脉冲控制下，显示位码和字段码数据从 80C51 串行口 RXD 端依次移出，进入 74LS595（Ⅰ）DS 端，再由 74LS595（I）QS 端移出，进入 74LS595（Ⅱ）DS 端，直至 16 位显示数据（8 位位码+8 位字段码）全部移入两片 74LS595 内部缓冲移位寄存器中为止。然后由 80C51 P1.0 输出一个正脉冲，触发两片 74LS595 将内部缓冲移位寄存器中的数据送入输出寄存器 Q0～Q7 中，在 74LS595 $\overline{OE}$ =0 条件下输出显示，整个动态显示仅占用 3 条 I/O 端线。

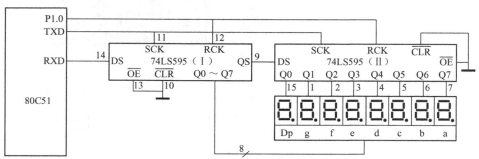

图 5-13　74LS595 串行传送 8 位 LED 数码管动态显示电路

已知 8 位共阴型 LED 数码管动态显示电路如图 5-13 所示，8 位显示数字存在数组 d 中，试编制循环扫描显示程序，画出 Proteus ISIS 虚拟电路，并仿真调试。

1. 编程

```
#include <reg51.h>                    //包含访问 sfr 库函数 reg51.h
```

```
#include <intrins.h>                         //包含访问内联库函数 intrins.h
sbit   RCK=P1^0;                             //定义位标识符 RCK 为 P1.0
unsigned char   code   c[10]={              //定义共阴逆序字段码表数组，存在 ROM 中
  0xfc,0x60,0xda,0xf2,0x66,0xb6,0xbe,0xe0,0xfe,0xf6};
void   main ( ) {                            //主函数
  unsigned char   i,b;                       //定义循环序号 i
  unsigned int   t;                          //定义延时参数 t
  unsigned char   d[8]={9,8,7,6,5,4,3,2};    //定义显示数组 d[8]，并赋值"98765432"
  SCON=0;                                    //置串行口方式 0
  ES=0;                                      //禁止串行中断
  while(1) {                                 //无限循环
    b=0x7f;                                  //赋值初始位码（第 0 位显示）
    for (i=0; i<8; i++) {                    //依次循环输出
      SBUF=_cror_(b,i);                      //串行发送位码（显示位依次循环右移 i 位）
      while (TI==0);                         //等待串行发送完毕
      TI=0;                                  //串行发送完毕，清发送中断标志
      SBUF=c[d[i]];                          //串行发送显示字段码
      while (TI==0);                         //等待串行发送完毕
      TI=0;                                  //串行发送完毕，清发送中断标志
      RCK=0; RCK=1;                          //RCK 端输入触发正脉冲，74LS595 刷新输出
      for (t=0; t<1000; t++);}}}             //每位显示延时 5ms
```

需要说明的是，80C51 串行传送次序是"低位在前，高位在后"，而 74LS595 的移位秩序是从 Q0→Q7，位秩序相反。因此，程序中采用逆序字段码（a 是高位）。这样，74LS595 Q0 端就可接显示屏 a 端，以避免电路连线绕行错位。

2．Keil C51 编译调试

1）编译链接，无语法错误后，进入调试状态。

2）在变量观察窗口 Locals 选项卡（参阅图 1-46），观察到数组 b[] 被存放在 D:0x08 单元（注意不同程序存储单元也不同）中。打开存储器窗口（参阅图 1-46），用鼠标左键单击 Memory#1 选项卡，在 Address 编辑框内输入"d:0x08"。

3）打开 P1 对话框（参阅图 1-50、图 1-52b），以便观察 P1.0 变化情况。打开串行口对话框（参阅图 1-53），以便观察串行对话框 SBUF 寄存器中的数据。

4）单步运行。显示数组 d 赋值后，存储器窗口 0x08 及其后续单元已存储了显示数组 d 的赋值数据。变量 b 赋值后，变量观察窗口 Locals 选项卡中变量 b 的数据变为 0x7f。

5）继续单步运行，至串行数据缓冲寄存器 SBUF 第 1 次赋值语句"SBUF=_cror_(b,i);"运行后，可看到串行对话框中，SBUF=0x7F（第 0 位扫描显示）。继续单步运行（"while(TI==0);"语句需 5 单步），至 SBUF 第 2 次赋值语句"SBUF=c[d[i]];"，运行后，SBUF=0xF6（第 0 位显示数据"9"的共阴字段码）。继续单步运行，至发送 RCK 触发脉冲语句"RCK=0; RCK=1;"，（需将其拆分为两条语句才能观察到）运行后，可看到 P1 对话框中 P1.0 跳变了一下（从"打勾"到"空白"，再从"空白"到"打勾"），表明已发送 RCK 触发脉冲。继续单步运行，至延时语句"for (t=0; t<1000; t++);"，过程单步，一步跳过。

6）继续单步运行，进行第 2 轮扫描显示循环。可看到 SBUF 中的数据分别为 0xBF（第 1 位扫描显示）、0xFE（第 1 位显示数据"8"的共阴字段码）。再从以后的扫描显示循环中，

可依次看到 SBUF 中的数据分别为扫描显示位码和相应显示数据的共阴字段码。

7）改变程序中显示数组 d 的赋值数据，重新运行，观察结果。

3. Proteus ISIS 虚拟仿真

1）画出 Proteus ISIS 虚拟仿真 74LS595 串行传送 8 位 LED 动态显示电路，如图 5-14 所示。其中，80C51 在 Microprocessor ICs 库中。74LS595 在 TTL 74LS series 库中；LED 显示屏在 Optoelectronics→7-Segment Displays 库中，选共阴型 8 位 7 段 LED 数码管为 7SEG-MPX8-CC-BLUE。

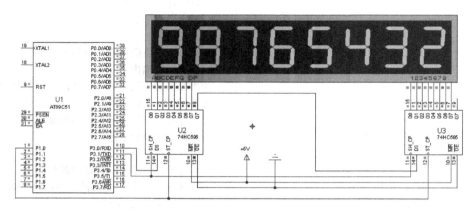

图 5-14　Proteus ISIS 虚拟仿真 74LS595 串行传送 8 位 LED 动态显示电路（运行中）

2）用鼠标左键双击图 5-14 所示电路中的 AT89C51，装入在 Keil C51 编译调试时自动生成的 Hex 文件。全速运行后，虚拟电路中数码管显示屏会显示赋值显示数。

3）改变程序中的显示赋值，重新 Keil 编译，生成并装入 Hex 文件，全速运行后，显示会随之改变。

项目 16　LCD1602 液晶显示屏显示

对于单片机应用系统的显示器件，除 LED 数码管外，LCD 也是常见选项。特别是需要显示较多字符（甚至是画面、汉字）时，常选用 LCD 显示屏。本节介绍单片机系统中应用最广泛的 LCD1602 显示屏（参阅基础知识 5.3）。

已知 LCD1602 液晶显示电路如图 5-15 所示，要求显示屏第一行显示 0123456789ab@#$&共 16 个数符，第二行显示 ABCDEFGHIJKLMNOP 共 16 个字母。

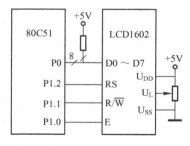

图 5-15　LCD1602 液晶显示电路

1. 编程

```
#include <reg51.h>          //包含访问 sfr 库函数 reg51.h
sbit   RS=P1^2;             //定义位标识符 RS（寄存器选择）为 P1.2
sbit   RW=P1^1;             //定义位标识符 RW（读/写控制）为 P1.1
sbit   E=P1^0;              //定义位标识符 E（使能片选）为 P1.0
void   out (unsigned char   x){    //并行数据输出子函数。形参 x（输出数据）
```

```
        unsigned char   i;              //定义无符号字符型变量 i（延时参数）
        RW=0;                           //写 LCD1602 有效
        P0=x;                           //输出写入 LCD1602 的数据
        for (i=0; i<10; i++);           //延时稳定
        E=1;                            //使能端 E 有效
        for (i=0; i<10; i++);           //延时稳定
        E=0;}                           //使能端 E 下降沿触发
    void   init1602 ( ){                //LCD1602 初始化设置子函数
        RS=0;                           //写指令寄存器
        out (0x38);                     //设置显示模式：16×2 显示，5×7 点阵，8 位数据
        out (0x06);                     //设置输入模式：AC 加 1，整屏显示不动
        out (0x0c);                     //设置显示开关模式：开显示，无光标，不闪烁
        out (0x03);}                    //清屏，初始化结束
    void   wr1602(unsigned char  d[],a){ //写 LCD1602 子函数。形参 d[]（写入数据），a（写入地址）
        unsigned char   i;              //定义无符号字符型变量 i（循环序数）
        unsigned int   t;               //定义无符号整型变量 t（延时参数）
        RS=0;                           //写指令寄存器，准备输入显示地址
        out (a);                        //输入显示地址：x 行第一列
        for (t=0; t<300; t++);          //延时约 1.6ms（12MHz）
        RS=1;                           //写数据寄存器，准备输入显示数据
        for (i=0; i<16; i++){           //循环写入 16 个显示数据
            out (d[i]);                 //依次写入显示数据（在数组 d 中）
            for (t=0; t<300; t++);}}    //延时约 1.6ms（12MHz）
    void   main ( ){                    //无类型主函数
        unsigned char   x[16]= {"0123456789ab@#$&"};    //定义第一行显示数组 x
        unsigned char   y[16]= {"ABCDEFGHIJKLMNOP"};    //定义第二行显示数组 y
        E=0;                            //使能端 E 低电平，LCD1602 准备
        init1602 ( );                   //LCD1602 初始化设置
        wr1602 (x, 0x80);               //写 LCD1602 第一行数据
        wr1602 (y, 0xc0);               //写 LCD1602 第二行数据
        while(1);}                      //原地等待
```

在上述程序中，有关 LCD1602 的初始化，是根据表 5-7 和表 5-8 所示，说明如下。

显示模式：38H=00111000。DL=1，8 位数据接口；N=1，双行显示；F=0，5×10 点阵。

输入模式：06H=00000110。I/D=1，写一个字符后，AC 加 1；S=0，显示不动。

显示开关：0CH=00001111。D=1，显示开；C=0，光标关；B=0，光标不闪烁。

2．Keil C51 编译调试

1）编译链接，无语法错误后，进入调试状态。

2）在变量观察窗口 Locals 选项卡（参阅图 1-46），观察到显示数组 x[]、y[]分别被存放在 D:0x08 和 D:0x18 单元中。打开存储器窗口（参阅图 1-46），用鼠标左键单击 Memory#1 选项卡，在 Address 编辑框内输入"d:0x08"。为便于观察，最好调节存储器窗口宽度，使其每行占据 8 字节。

3）因程序中涉及 P0、P1 口状态数据，因此需打开 P0、P1 对话框（参阅图 1-50、图 1-52），以便观察 P0、P1 口状态数据的变化情况。

137

4）单步运行，看到存储器窗口 0x08 和 0x18 及其随后单元（共 2×16 B）已依次赋值显示数组 x[]、y[]中的显示数符。

5）继续单步运行。在 P1 口中，可依次看到对位标识符 E（LCD1602 使能片选，P1.0）、R/$\overline{W}$（LCD1602 读/写控制，P1.1）和 RS（LCD1602 寄存器选择，P1.2）操作后状态的变化。在 P0 口中，可看到每次写入 LCD1602 的数据。需要说明的是，写入一行数据有 16 个字符，需循环操作 16 次。写入的数据为该字符的 ASCII 码。

6）至延时语句，可用鼠标左键单击过程单步运行图标 "➊"，一步跳过。

7）耐心单步运行，否则直接去 Proteus 虚拟仿真，观看最后结果。

3．Proteus ISIS 虚拟仿真

1）画出 Proteus ISIS 虚拟仿真 LCD1602 液晶显示屏显示电路图，如图 5-16 所示。其中，80C51 在 Microprocessor ICs 库中；LCD1602 显示屏在 Optoelectronics→Alphanumeric LCDs 库中，选 LM016L；电阻在 Resistors→Resistor Packs 库中，选 RESPACK-8；电阻器在 Resistors 库中，选 Chip Resistor 1/8W 5%电阻。

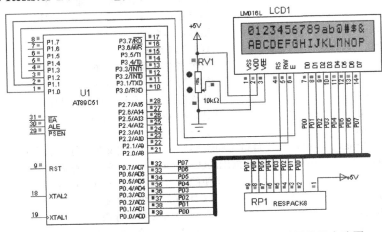

图 5-16　Proteus ISIS 虚拟仿真 LCD1602 液晶显示屏显示电路图

2）用鼠标左键双击图 5-16 所示电路中的 AT89C51，装入在 Keil C51 编译调试时自动生成的 Hex 文件。全速运行后，LCD1602 显示屏会按程序中赋值数据显示。

3）改变程序中显示赋值数据，重新 Keil 编译，生成并装入 Hex 文件，全速运行后，显示随之改变。

4）读者可适当修改（减少）延时时间，观测延时时间长短对 LCD1602 显示的影响。

项目 17　4×4 矩阵式键盘接口

按键与 CPU 的连接方式可以分为独立式按键和矩阵式键盘。

独立式按键是各按键相互独立，每个按键占用一根 I/O 端线，每根 I/O 端线上的按键工作状态不会影响其他 I/O 端线上按键的工作状态。独立式按键电路配置灵活，软件结构简单，但每个按键必须占用一根 I/O 端线，在按键数量较多时，I/O 端线耗费较多，且电路结构显得繁杂。故这种形式适用于按键数量较少的场合。

矩阵式键盘又称为行列式键盘，I/O 端线分为行线和列线，按键跨接在行线和列线上。按键被按下时，行线与列线连通。其结构可用图 5-17 所示的矩阵式键盘中断扫描接口电路示意说明。图中有 4 根行线和 4 根列线，4×4 行列结构可连接 16 个按键，组成一个键盘。与独立式按键相比，16 个按键只占用 8 根 I/O 端线，占用 I/O 端线较少，因此适用于按键较多的场合。

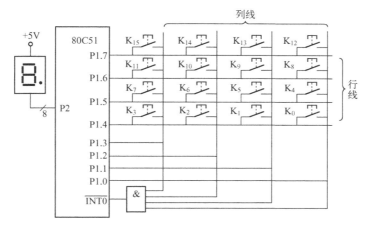

图 5-17　矩阵式键盘中断扫描接口电路

无论独立式按键还是矩阵式键盘，与 80C51 I/O 口的连接方式都可以分为与 I/O 口直接连接和与扩展 I/O 口连接；与扩展 I/O 口连接又可分为与并行扩展 I/O 口连接和与串行扩展 I/O 口连接。与串行扩展 I/O 口连接已在项目 11 中介绍，本节介绍矩阵式键盘接口电路。

图 5-17 所示为 4×4 矩阵式键盘电路。要求即时判断闭合键序号，并送 P2 口显示。试编制程序，画出 Proteus ISIS 虚拟电路，并仿真调试。

1．编程

分析图 5-17 所示电路可看到：当无键闭合时，P1.0～P1.3 与相应的 P1.4～P1.7 之间开路；当有键闭合时，与闭合键相连接的两条 I/O 端线之间短路。因此，可用下述方法判断有无键被按下和确定按下键的序号。

1）判有无键闭合。置列线 P1.0～P1.3 为输入态（高电平），行线 P1.4～P1.7 输出低电平。读入 P1 口数据，若与输出不符，则有键闭合。

2）延时 10ms 消抖。再读 P1 口数据，若仍与输出不符，则确认有键闭合。

3）逐行逐列扫描，找出闭合键所在行列。

4）计算闭合键编号。

据此，编程如下。

```
#include <reg51.h>          //包含访问 sfr 库函数 reg51.h
#include <absacc.h>         //包含绝对地址访问库函数 absacc.h
#include <intrins.h>        //包含访问内联库函数 intrins.h
sbit   P10=P1^0;            //定义位标识符 P10 为 P1.0
sbit   P11=P1^1;            //定义位标识符 P11 为 P1.1
sbit   P12=P1^2;            //定义位标识符 P12 为 P1.2
sbit   P13=P1^3;            //定义位标识符 P13 为 P1.3
```

```
unsigned char   code    c[17]={          //定义共阳字段码数组（0～9、a～f 及无键闭合状态标志）
    0xc0,0xf9,0xa4,0xb0,0x99,0x92,0x82,0xf8,0x80,0x90,0x88,0x83,0xc6,0xa1,0x86,0x8e,0x3f};
unsigned int    t;                       //定义无符号整型变量 t（延时参数）
void   key_scan ( ){                     //键扫描子函数
    unsigned char   s=0xef;              //定义行扫描码，并置初始值，P1.4 先置低电平
    unsigned char   i,j=0;               //定义变量 i（行扫描序数），j（闭合键存储单元序号）
    for (i=0; i<4; i++){                  //行循环扫描
        P1=s;                            //输出行扫描码，以下程序为列扫描
        if (P10==0){                     //若 P1.0 列有键闭合
            DBYTE[0x30+j]=i*4+0;         //计算并存储闭合键序号
            j++;}                         //指向下一键序号存储单元
        if (P11==0){                     //若 P1.1 列有键闭合
            DBYTE[0x30+j]=i*4+1;         //计算并存储闭合键序号
            j++;}                         //指向下一键序号存储单元
        if (P12==0){                     //若 P1.2 列有键闭合
            DBYTE[0x30+j]=i*4+2;         //计算并存储闭合键序号
            j++;}                         //指向下一键序号存储单元
        if (P13==0){                     //若 P1.3 列有键闭合
            DBYTE[0x30+j]=i*4+3;         //计算并存储闭合键序号
            j++;}                         //指向下一键序号存储单元
        s=_crol_(s,1);}}                  //行扫描码左移一位，并且低 4 位保持高电平
void   main ( ){                         //主函数
    P2=c[16];                            //P2 输出显示无键闭合状态标志
    IT0=1;                               //INT0 边沿触发
    IP=0x01;                             //INT0 高优先级
    IE=0x81;                             //INT0 开中
    while(1){                            //无限循环
        P1=0x0f;                         //发出键状态搜索信号：置行线低电平、列线高电平
        for (t=0; t<2000; t++);}}         //延时 10ms（替代其他功能子函数），并等待 INT0 中断
void   int0 ( )   interrupt 0{           //外中断 0 中断函数（有键闭合中断）
    for (t=0; t<2000; t++);              //延时约 10ms 消抖
    P1=0x0f;                             //再发键状态搜索信号：置行线低电平，列线高电平
    if (P1!=0x0f){                       //若 P1 口电平仍有变化，确认有键闭合
        key_scan ( );                    //调用键扫描子函数
        P2=c[DBYTE[0x30]];               //P2 输出显示闭合键序号
        for (t=0; t<2000; t++);}}         //再次消抖，确保一次按键不重复响应中断
```

　　需要说明的是，图 5-17 所示的电路在许多单片机教材和技术资料中介绍过，但实际上该电路连接存在问题，当同一行有多键同时被按下，且该行其中一键所在列又有多键同时被按下时，会发生信号传递路径出错。例如，K_1、K_2、K_8、K_9 同时被按下，当 P1.4 行扫描输出低电平时，按理，仅有 P1.2、P1.1 会因 K_2、K_1 闭合而得到低电平列信号。但由于 K_2 与 K_9 同列且 K_8 与 K_9 同行，P1.4 输出的低电平信号会通过 $K_1 \rightarrow K_9 \rightarrow K_8$ 传递到 P1.0，产生低电平列信号，引起出错。同理，当 P1.6 行扫描输出低电平时，其低电平信号会通过 $K_9 \rightarrow K_1 \rightarrow K_2$ 传递到 P1.2，

产生低电平列信号，引起出错。不出错的条件是多键行与多键列不交叉。因此，这种矩阵式键盘电路在适用于无锁按键并使用中断处理时相对合理。

图 5-17 所示电路若仅用于无锁按键，程序还可进一步简化。主要区别是键扫描子函数，上述程序采用计算法，下列程序采用查表法。

```
#include <reg51.h>                              //包含访问 sfr 库函数 reg51.h
#include <intrins.h>                            //包含访问内联库函数 intrins.h
unsigned char   code   c[17]={                  //定义共阳字段码数组（0～9、a～f 及无键闭合状态标志）
    0xc0,0xf9,0xa4,0xb0,0x99,0x92,0x82,0xf8,0x80,0x90,0x88,0x83,0xc6,0xa1,0x86,0x8e,0x3f};
unsigned char   code   k[16]={                  //定义键闭合状态码数组（用于查找闭合键对应序号）
    0xee,0xed,0xeb,0xe7,0xde,0xdd,0xdb,0xd7,0xbe,0xbd,0xbb,0xb7,0x7e,0x7d,0x7b,0x77};
unsigned int   t;                               //定义无符号整型变量 t（延时参数）
unsigned char   key_scan ( ){                   //键扫描子函数，返回值 j（闭合键序号）
  unsigned char   s=0xef;                        //定义行扫描码，并置初始值，P1.4 先置低电平
  unsigned char   i,j;                           //定义变量 i（行扫描序数），j（闭合键序号）
  for (i=0; i<4; i++){                           //行循环扫描
    P1=s;                                        //输出行扫描码，以下程序为列扫描
    if ((P1&0x0f)!=0x0f){                         //若本行有键闭合，则
      for (j=0; j<16; j++)                        //循环查找对应键序号
        if (P1==k[j])   return   j;}              //符合对应值，返回闭合键序号
    else   s=_crol_(s,1);}}                       //若本行无键闭合，行扫描码左移一位
void   main ( ){                                 //主函数
  P2=c[16];                                      //P2 输出显示无键闭合状态标志
  IT0=1;                                         //INT0 边沿触发
  IP=0x01;                                       //INT0 高优先级
  IE=0x81;                                       //INT0 开中
  while(1){                                      //无限循环
    P1=0x0f;                                     //发出键状态搜索信号：置行线低电平、列线高电平
    for (t=0; t<2000; t++);}}                    //延时 10ms（替代其他功能子函数），并等待 INT0 中断
void   int0 ( )   interrupt 0{                   //外中断 0 中断函数（有键闭合中断）
  for (t=0; t<2000; t++);                        //延时约 10ms 消抖
  P1=0x0f;                                       //再发键状态搜索信号：置行线低电平，列线高电平
  if (P1!=0x0f){                                 //若列线电平仍有变化，确认有键闭合
    P2=c[key_scan ( )];}}                        //调用键扫描子函数，并 P2 输出显示闭合键序号
```

2．Keil C51 编译调试

本题因牵涉接口电路，Keil C51 软件调试无法得到 K_0～K_{15} 键的状态数据，一般在程序编译链接及纠错后，生成 Hex 文件，然后借助 Proteus ISIS 虚拟电路仿真，验证电路及程序效果。若读者有耐心，也可在 P1 和 P3 口设置状态数据，察看程序运行情况。

1）编译链接，无语法错误后，进入调试状态。

2）因程序中涉及 P1、P2、P3 口状态数据，因此需打开 P1、P2、P3 对话框（参阅图 1-52）。P1.0～P1.3 用于设置键状态，P1.4～P1.7 用于观察键扫描过程，P3.2 用于设置模拟 INT0 中断，P2 口用于观察显示闭合键序号。

3）打开存储器窗口（参阅图 1-46），用鼠标左键单击 Memory#1 选项卡，在 Address 编辑框内输入 "d:0x30"，用于观察存储依次闭合的键序号。在变量观察窗口 Locals 选项卡（参阅图 1-46），观察运行键扫描子函数时的局部变量 i、j、s（用于观察键扫描过程）。

4）单步运行至主程序 "while(1);" 语句行，等待 INT0 中断时，在 P3 对话框，用鼠标左键单击 P3.2 引脚，使其从 "打勾" 变为 "空白"，引发 INT0 中断，程序将转入 INT0 中断子函数。

5）在 INT0 中断子函数中，运行至延时语句，可用鼠标左键单击过程单步运行图标 "⌐⌐"，一步跳过。运行至 "if (P1!=0x0f)" 语句行（此语句的作用是判断 P1 口电平有无变化，确认有键闭合），用鼠标左键单击 P1 对话框中 P1.0～P1.3 任一引脚，使其从 "打勾" 变为 "空白"，模拟键闭合。

6）进入键扫描子函数后，运行至计算并存储闭合键序号语句时，可观测内 RAM（0x30+j）单元是否被赋值，即记录闭合键序号。

7）运行至 P2 输出显示闭合键序号语句时，可观测 P2 对话框变化的数据是否就是闭合键序号对应的共阳字段码。

8）耐心单步运行，观测分析每一条语句运行后的状态变化是否符合编程意图。

3．Proteus ISIS 虚拟仿真

1）画出 Proteus ISIS 虚拟仿真矩阵式键盘中断接口电路，如图 5-18 所示。其中，80C51 在 Microprocessor ICs 库中；74LS21 在 TTL 74LS series 库中；按键在 Switches & Relays→Switches 库中，选 BUTTON 型；数码管在 Optoelectronics→7-Segment Displays 库中，选 7SEG-MPX1-CA（共阳型）。

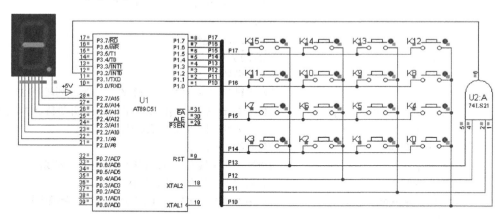

图 5-18 Proteus ISIS 虚拟仿真矩阵式键盘中断接口电路（运行中）

2）用鼠标左键双击图 5-18 所示电路中的 AT89C51，装入在 Keil C51 编译调试时自动生成的 Hex 文件。全速运行，数码管显示无键闭合状态标志为 "一"。

需要说明的是，BUTTON 按键有两种运行功能，即有锁运行和无锁运行。作有锁运行时，用鼠标左键单击按键图形中小红圆点（内有上下箭头），单击第一次闭锁，第二次开锁；作无锁运行时，用左键单击按键图形中键盖帽 "⌐⌐"，单击一次，键闭合后弹开一次，不闭锁。

本题为键盘中断扫描，能及时响应无锁键运行。用鼠标左键单击 K0～K15 中任一键，数码管立即显示该键序号；再次单击另一键，数码管显示随之改变。但按键不能闭锁，闭锁后，该键中断被反复执行，其他键就无法显示（键序号小于闭锁键序号，尚能瞬间闪显）。

按暂停按钮"▱▮▮"，打开 80C51 片内 RAM（参阅图 1-57），可看到 30H 为首地址的存储单元中依次存储了闭合键序号（并可验证前文中指出的该键盘电路连接存在的问题）。

基础知识 5

5.1 LED 数码管和编码方式

在单片机应用系统中，如果需要显示的内容只有数码和某些字母，使用 LED 数码管是一种较好的选择。LED 数码管显示清晰，成本低廉，配置灵活，与单片机接口简单易行。

1. LED 数码管

LED 数码管是由发光二极管作为显示字段的数码型显示器件。图 5-19a 所示为 0.5 in LED 数码管的外形和引脚图，其中 7 只发光二极管分别对应 a～g 笔段构成 "█" 字形，另一只发光二极管 Dp 作为小数点，因此这种 LED 显示器称为 7 段（实际是 8 段）数码管。

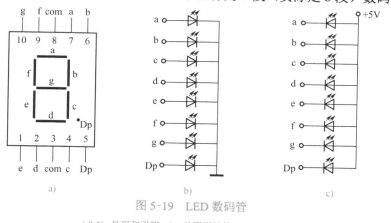

图 5-19 LED 数码管

a) 0.5in 外形和引脚 b) 共阴型结构 c) 共阳型结构

LED 数码管按电路中的连接方式可以分为共阴型和共阳型两大类：共阴型是将各段发光二极管的阴极连在一起，作为公共端 COM 接地，如图 5-19b 所示。各笔段阳极接高电平时发光，低电平时不发光。共阳型是将各段发光二极管的阳极连在一起，作为公共端 COM，如图 5-19c 所示。各笔段阴极接低电平时发光，高电平时不发光。

LED 数码管按其外形尺寸有多种形式，使用较多的是 0.5 in 和 0.8 in；按显示颜色也有多种形式，主要有红色和绿色；按亮度强弱可分为超亮、高亮和普亮（指通过同样的电流显示亮度不一样，这是因发光二极管的材料不同而引起的）。

使用 LED 数码管与发光二极管相同，根据其材料不同，正向压降一般为 1.5～2V，额定电流为 10mA，最大电流为 40mA。静态显示时取 10mA 为宜；动态扫描显示，可加大脉冲电流，但一般不超过 40mA。

2. LED 数码管的编码方式

当将 LED 数码管与单片机相连时，一般将 LED 数码管的各笔段引脚 a、b、…、g、Dp 按某一顺序接到 80C51 单片机某一个并行 I/O 口 D0、D1、…、D7 端，当该 I/O 口输出某一特定数据时，就能使 LED 数码管显示出某个字符。例如，要使共阴极 LED 数码管显示"0"，则 a、b、c、d、e、f 各笔段引脚为高电平，g 和 Dp 为低电平，组成字段码 3FH，如表 5-6 中共阴顺序小数点按第一行所示。

表 5-6　共阴和共阳 LED 数码管编码表

显示数字	共阴顺序		共阴逆序		共阳逆序	共阳顺序
	Dpgfedcba	十六进制	abcdefgDp	十六进制		
0	00111111	3FH	11111100	FCH	03H	C0H
1	00000110	06H	01100000	60H	9FH	F9H
2	01011011	5BH	11011010	DAH	25H	A4H
3	01001111	4FH	11110010	F2H	0DH	B0H
4	01100110	66H	01100110	66H	99H	99H
5	01101101	6DH	10110110	B6H	49H	92H
6	01111101	7DH	10111110	BEH	41H	82H
7	00000111	07H	11100000	E0H	1FH	F8H
8	01111111	7FH	11111110	FEH	01H	80H
9	01101111	6FH	11110110	F6H	09H	90H

LED 数码管编码方式有多种，按公共端连接方式可分为共阴字段码和共阳字段码。共阴字段码与共阳字段码互为反码；按 a、b、…、g、Dp 编码顺序是高位在前还是低位在前，又可分为顺序字段码和逆序字段码。甚至在某些特殊情况下，还可将 a、b、…、g、Dp 顺序打乱编码。表 5-6 所示为共阴和共阳 LED 数码管编码表。

LED 数码管除组成数字 0～9 外，还能组成不规则的英文字母（AbCdEF 等）和部分符号。

5.2　静态显示方式和动态显示方式

在单片机应用系统中，可将 LED 数码管显示电路分为静态显示方式和动态显示方式。

1. 静态显示方式

在静态显示方式下，每一位显示器的字段需要一个 8 位 I/O 口控制，而且该 I/O 口需有锁存功能，N 位显示器就需要 N 个 8 位 I/O 口，公共端可直接接 +5V（共阳）或接地（共阴）。显示时，每一位字段码分别从 I/O 控制口输出，保持不变（亮灭状态不变），直至 CPU 刷新显示为止。

静态显示方式编程较简单，显示稳定，数码管驱动电流较小，但占用 I/O 端线多，即软件简单、硬件成本高，一般适用显示位数较少的场合。

2. 动态显示方式

动态显示方式是字段驱动和字位驱动分别进行的。字段驱动电路各位共用，将显示各位的所有相同字段线连在一起，即将每一位的 a 段连在一起，b 段连在一起，…，g 段连在一起，共 8 段，由一个 8 位 I/O 口控制。字位控制需轮流驱动（俗称扫描）每一位的公共端（共阳或共阴 COM），一般由另一个 I/O 口控制。动态显示 LED 数码管连接方式如图 5-20 所示。

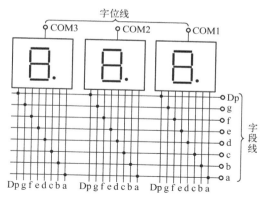

图 5-20　动态显示 LED 数码管连接方式

由于这种连接方式将每位相同字段的字段线连在一起，当输出字段码时，每一位将显示相同的内容，因此，要想显示不同的内容，就必须采取轮流显示的方式，即在某一瞬时，只让某一位的字位线处于选通状态（共阴极 LED 数码管为低电平，共阳极为高电平），其他各位的字位线处于开断状态，同时字段线上输出该位要显示的相应字符的字段码。在这一瞬时，只有这一位在显示，其他几位暗。同样，在下一瞬时，单独显示下一位。这样依次循环扫描，轮流显示，由于人视觉的滞留效应，人们看到的是多位同时稳定显示。

动态显示方式的特点是：占用 I/O 端线少；电路较简单，硬件成本低；编程较复杂，CPU 要定时扫描刷新显示。当要求显示位数较多时，通常采用动态扫描显示方式。

在动态显示方式下，每位显示时间只有静态显示方式下 1/N（N 为显示位数），因此为了达到足够的亮度，需要较大的瞬时电流。一般来讲，瞬时电流约为静态显示方式下的 N 倍。当扫描显示位数较多，且 LED 数码管需要较高亮度时，应加接驱动电路，如 74LS06、74LS07、MC1413（ULN2003A）等或用分立元器件晶体管作为驱动器。

5.3　LCD1602 液晶显示屏

液晶具有特殊的光学性质，利用其在电场作用下的扭曲效应，可以显示字符及图像。由液晶制成的显示器（Liquid Crystal Display，LCD）具有体积小、功耗低、显示内容丰富和超薄轻巧等优点，在单片机系统中得到广泛的应用。目前，常用的字符型 LCD 显示屏主要有 LCD1602 和 LCD12864。LCD12864 可显示汉字；LCD1602 主要能显示 ASCII 码（参阅基础知识 5.5 节）字符，该系列有 16×1、16×2、20×2 和 40×2 行等模块。本节以 LCD1602 为例，介绍其接口电路和程序设计。

LCD1602 液晶显示器由液晶显示屏和驱动控制集成电路（HD44780）组成，分析其功能，实际上主要是分析驱动电路 HD44780 的功能，LCD1602 的外形和引脚结构如图 5-21 所示。

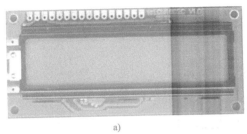
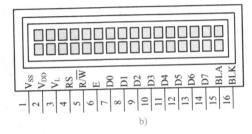

图 5-21　LCD1602 字符型 LCD 显示器的外形和引脚结构

a) 外形　b) 引脚结构

1. 引脚功能

LCD1602 共有 16 个引脚，其名称和功能如下。

V_{SS}：电源地端。

V_{DD}：电源正极。4.5～5.5V，通常接+5V。

V_L：LCD 对比度调节端（有些技术资料用 V_{EE} 表示）。调节范围为 0～+5V，接正电源时对比度最弱，接电源地时对比度最高；一般将其调节到 0.3～0.4V 时对比度效果最好。

RS：寄存器选择端。RS=1，读/写数据寄存器；RS=0，读/写指令寄存器。

R/$\overline{W}$：读/写控制端。R/$\overline{W}$=1，读出数据；R/$\overline{W}$=0，写入数据。

E：使能端。E=1，允许读/写操作，下降沿触发；E=0，禁止读/写操作。

D0～D7：8 位数据线，三态双向，也可采用 4 位数据传送方式。

BLA：LCD 背光源正极。

BLK：LCD 背光源负极。

2. 内部寄存器

LCD1602 内部寄存器有指令寄存器 IR、数据寄存器 DR、地址计数器 AC、数据显示存储器 DDRAM、既有字符存储器 CGROM、自定义字符存储器 CGRAM、光标控制寄存器、输入/输出缓冲器和忙标志位 BF 等。其中，与编程应用有关的寄存器简介如下。

1）数据显示存储器 DDRAM。DDRAM 存放 LCD 显示的点阵字符代码，共有 80 字节。LCD1602 是 16×2，即可显示两行，每行 16 个字符。其对应的存储器地址分别为 00H～0FH（第一行）和 40H～4FH（第二行），其余存储单元可用做一般 RAM。

2）既有字符存储器 CGROM。内部固化了 192 个点阵字符（160 个 5×7 点阵字符和 32 个 5×10 点阵字符），如图 5-22 所示。其中，标点符号、阿拉伯数字和英文大小写字母等字符为 ASCII 码。

3）自定义字符存储器 CGRAM。有 64 字节 RAM，可自定义 8 个 5×8 点阵字符或 4 个 5×11 点阵字符。

4）地址计数器 AC。作为 DDRAM 或 CGRAM 的地址指针，具有自动加 1 和自动减 1 功能。当数据从 DR 送到 DDRAM/CGRAM 时，AC 自动加 1；当数据从 DDRAM/CGRAM 送到 DR 时，AC 自动减 1。当 RS=0、R/$\overline{W}$=1 时，在使能端 E=1 激励下，AC 的内容被送到 D7～D0。

5）忙标志 BF。BF=1，忙；BF=0，不忙。在 RS=0、R/$\overline{W}$=1 时，令 E=1，BF 信号输出到 D7 上，CPU 可对其读出并进行判别。

需要说明的是，与 LED 比较，LCD 是一种慢响应器件，从地址建立、保持到数据建立、保持均需要时间（毫秒级），在其内部操作未完成前对其读/写，将出错。因此，在对 LCD1602 编程应用时，需充分考虑延时操作。也可对其"忙"查询，在确认 LCD1602"不忙"条件下，才能对其进行读/写操作。

图 5-22　LCD1602 点阵字符字形表

3. 控制指令

LCD1602 读/写控制由寄存器选择端 RS、读/写控制端 R/$\overline{\text{W}}$ 和使能端 E 确定，如表 5-7 所示。

在 RS=0、R/$\overline{\text{W}}$ =0 并 E=1 的条件下，写入 LCD1602 的操作指令如表 5-8 所示。

表 5-7　LCD1602 读/写控制

操作名称	E=1（下降沿触发）		编　码								说　明
	RS	R/$\overline{W}$	D7	D6	D5	D4	D3	D2	D1	D0	
写指令	0	0	×	×	×	×	×	×	×	×	写入 LCD1602 操作指令
读地址	0	1	BF	AC6	AC5	AC4	AC3	AC2	AC1	AC0	读忙 BF 标志和 AC 地址值
写数据	1	0	×	×	×	×	×	×	×	×	数据写入 DDRAM/CGRAM
读数据	1	1	×	×	×	×	×	×	×	×	从 DDRAM/CGRAM 读出数据

表 5-8　写入 LCD1602 的操作指令

名称	编　码								说　明
	D7	D6	D5	D4	D3	D2	D1	D0	
清屏	0	0	0	0	0	0	0	1	显示空白，并清 DDRAM（空格），AC 清 0，光标移至左上角
归位	0	0	0	0	0	0	1	×	显示回车，AC 清 0，光标移至左上角，原屏幕显示内容不变
输入模式	0	0	0	0	0	1	I/D	—	I/D=1，读/写一个字符后，AC 加 1，光标加 1 I/D=0，读/写一个字符后，AC 减 1，光标减 1
	0	0	0	0	0	1	—	S	S=1，读/写一个字符后整屏显示移动（移动方向由 I/D 确定） S=0，读/写一个字符时整屏显示不动
显示开关控制	0	0	0	0	1	D	×	×	显示开关：D=1，开；D=0，关。DDRAM 中内容不变
	0	0	0	0	1	1	C	×	光标开关：C=1，开；C=0，关
	0	0	0	0	1	1	1	B	光标闪烁开关：B=1，光标闪烁；B=0，光标不闪烁
显示移位	0	0	0	1	S/C	—	×	×	S/C=1，移动显示字符；S/C=0，移动光标
	0	0	0	1	—	R/L	×	×	R/L=1，左移一个字符位；R/L=0，右移一个字符位
显示模式	0	0	1	DL	—	—	×	×	DL=1，8 位数据接口；DL=0，4 位数据接口
	0	0	1	—	N	—	×	×	N=1，双行显示；N=0，单行显示
	0	0	1	—	—	F	×	×	F=1，采用 5×7 点阵字符；F=0，采用 5×10 点阵字符
地址设置	0	1	A5	A4	A3	A2	A1	A0	设置 CGRAM 地址
	1	A6	A5	A4	A3	A2	A1	A0	设置 DDRAM 地址

5.4　按键开关接口

键盘在单片机系统中是一个很重要的部件。输入数据、查询和控制系统的工作状态，都要用到键盘。键盘是人工干预计算机的主要手段。

1.　按键开关去抖动问题

按键开关在电路中的连接（即键输入）如图 5-23a 所示。按键未被按下时，A 点电位为高电平 5V；按键被按下时，A 点电位为低电平。A 点电位就用于向 CPU 传递按键的开关状态。但是由于按键开关的结构为机械弹性元件，在按键闭合和断开瞬间，触点间会产生接触不稳定，引起 A 点电平不稳定，即键抖动，如图 5-23b 所示。键盘的抖动时间一般为 5～10ms，抖动现象会引起 CPU 对一次键操作进行多次处理，从而可能产生错误，因此必须设法消除抖动的不良后果。

消除键抖动的不良后果有硬、软件两种方法。

（1）硬件去抖动

硬件去抖动通常用电路来实现，一般有 3 种方法。

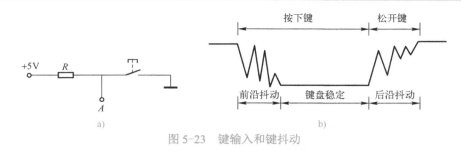

图 5-23　键输入和键抖动

a) 键输入　b) 键抖动

1）图 5-24a 所示为利用双稳电路的去抖动电路。

2）图 5-24b 所示是利用单稳电路的去抖动电路。

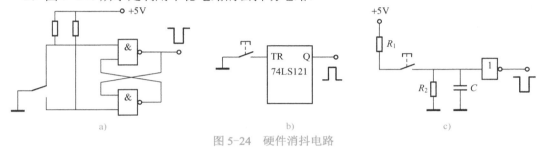

图 5-24　硬件消抖电路

a) 双稳态消抖电路　b) 单稳态消抖电路　c) RC 滤波消抖电路

3）图 5-24c 所示为 RC 滤波消抖电路。RC 滤波电路具有吸收干扰脉冲的作用，只要适当选择 RC 电路的时间常数，便可消除抖动的不良后果。当按键未被按下时，电容 C 两端电压为零；当按键被按下后，电容 C 两端电压不能突变，CPU 不会立即接受信号，电源经 R_1 向 C 充电，即使在按键按下的过程中出现抖动，只要 RC 电路的时间常数大于抖动电平变化周期，门的输出就将不会改变。在图 5-24c 所示中，R_1C 应大于 10ms，且$[U_{CC}R_2/（R_1+R_2）]$ 值应大于门的高电平阈值，R_2C 应大于抖动波形周期。这既可以由计算确定，也可以由实验或根据经验数据确定。图 5-24c 所示电路简单实用，若要求不严格，则还可将图中非门取消，直接与 CPU 相连。

（2）软件去抖动

软件去抖动的原理是根据按键抖动的特性，在第一次检测到按键被按下后，执行延时 10ms 子程序后再确认该键是否确实被按下，从而消除抖动的影响。

2. 按键连接方式

可将键盘与 CPU 的连接方式分为独立式按键和矩阵式键盘。

（1）独立式按键

独立式按键是各按键相互独立，每个按键占用一根 I/O 端线，每根 I/O 端线上的按键工作状态不会影响其他 I/O 端线上按键的工作状态。独立式按键接口电路如图 5-25 所示。

独立式按键电路配置灵活，软件结构简单，但每个按键

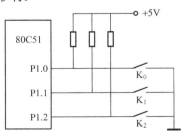

图 5-25　独立式按键接口电路

必须占用一根 I/O 端线，在按键数量较多时，I/O 端线耗费较多，且电路结构显得繁杂，故这

种形式适用于按键数量较少的场合。

（2）矩阵式键盘

矩阵式键盘又称为行列式键盘。将 I/O 端线分为行线和列线，按键跨接在行线和列线上。按键被按下时，行线与列线连通。其结构可用图 5-17 所示示意说明。图中有 4 根行线和 4 根列线，4×4 行列结构可连接 16 个按键，组成一个键盘。与独立式按键相比，16 个按键只占用 8 根 I/O 端线，占用 I/O 端线较少，因此适用于按键较多的场合。

无论独立式按键还是矩阵式键盘，与 80C51 I/O 口的连接方式都可以分为与 I/O 口直接连接和与扩展 I/O 口连接，与扩展 I/O 口连接又可分为与并行扩展 I/O 口连接和与串行扩展 I/O 口连接。

3．键盘扫描控制方式

在单片机应用系统中，对键盘的处理工作仅是 CPU 工作内容的一部分，CPU 还要进行数据处理、显示和其他输入/输出操作，因此键盘处理工作既不能占用 CPU 太多时间，又需要对键盘操作能及时作出响应。CPU 对键盘处理控制的工作方式有以下几种。

1）程序控制扫描方式。程序控制扫描方式的键处理程序被固定在主程序的某个程序段。当主程序运行到该程序段时，依次扫描键盘，判断有否键输入。若有，则计算按键编号，执行相应键功能子程序。这种工作方式，对 CPU 工作影响小，但应考虑键盘处理程序的运行间隔周期不能太长，否则会影响对键输入响应的及时性。

2）定时控制扫描方式。定时控制扫描方式是利用定时/计数器每隔一段时间产生定时中断，其与程序控制扫描方式的区别是，在扫描间隔时间内，前者用 CPU 工作程序填充，后者用定时/计数器定时控制。定时控制扫描方式也应考虑定时时间不能太长，否则会影响对键输入响应的及时性。

3）中断控制方式。中断控制方式是利用外部中断源，响应键输入信号。当无按键被按下时，CPU 执行正常工作程序。当有按键被按下时，CPU 立即产生中断。在中断服务子程序中扫描键盘，判断是哪一个键被按下，然后执行该键的功能子程序。这种控制方式克服了前两种控制方式可能产生的空扫描和不能及时响应键输入的缺点，既能及时处理键输入，又能提高 CPU 运行效率，但要占用一个宝贵的中断资源。

5.5　常用编码

计算机常用的编码主要有 8421 BCD 码和 ASCII 码。

1．8421 BCD 码

BCD 码（Binary Coded Decimal Code）也称为二-十进制数，用标识符[…]$_{BCD}$ 表示，这种编码方式的特点是保留了十进制的权，数字则用二进制码表示。

（1）编码方法

BCD 码有多种表示方法，例如，8421 码、2421 码、余 3 码和格雷码等，其中最常用的编码为 8421 码，8421 代表了每一位的权。其编码原则是十进制数的每一位数字用 4 位二进制数来表示，而 4 位二进制数有 16 种状态，其中 1010、1011、1100、1101、1110 和 1111 这 6 个编码舍去不用，用余下的 10 种状态表示 0～9 十个数字。BCD 码与十进制数的对应关系如表 5-9 所示。

表 5-9　BCD 码与十进制数对应关系

十进制数	BCD 码
0	0000
1	0001
2	0010
3	0011
4	0100
5	0101
6	0110
7	0111
8	1000
9	1001

二-十进制数是十进制数，逢十进一，只是数符 0～9 用 4 位二进制码 0000～1001 表示而已。每 4 位以内按二进制进位；4 位与 4 位之间按十进制进位。

（2）BCD 码与二进制数、十进制数之间的转换关系

1）BCD 码与十进制数相互转换关系。由表 5-9 不难看出，十进制数与 BCD 码之间的转换是十分方便的，只要把数符 0～9 与 0000～1001 互换就行了。例如：

$$[0100\ 1001\ 0001.0101\ 1000]_{BCD} = 491.58$$

2）BCD 码与二进制数相互转换关系。BCD 码与二进制数之间不能直接转换，通常要先转换成十进制数。例如：

$$01000011B = 67 = [0110\ 0111]_{BCD}$$

需要指出的是，绝不能把 $[01100111]_{BCD}$ 误认为二进制码 01100111B，二进制码 01100111B 的值为 103，而 $[01100111]_{BCD}$ 的值为 67，显然，两者是不一样的。

2．ASCII 码

在计算机中，除了处理数字信息外，还必须处理用来组织、控制或表示数据的字母和符号（如英文 26 个字母、标点符号、空格和换行等），这些字母和符号统称为字符，它们也必须按特定的规则用二进制编码才能在计算机中表示和使用。目前，在计算机系统中，世界各国普遍采用美国信息交换标准代码（American Standard Code for Information Interchange，ASCII 码），编码表见表 5-10。

表 5-10　ASCII 编码表

$b_6b_5b_4$ / $b_3b_2b_1b_0$	000	001	010	011	100	101	110	111
0000	NUL（空）	DLE（数据链换码）	SP（空格）	0	@	P	、	p
0001	SOH（标题开始）	DC1（设备控制 1）	！	1	A	Q	a	q
0010	STX（正文结束）	DC2（设备控制 2）	"	2	B	R	b	r
0011	ETX（本文结束）	DC3（设备控制 3）	#	3	C	S	c	s
0100	EOT（传输结果）	DC4（设备控制 4）	$	4	D	T	d	t
0101	ENQ（询问）	NAK（否定）	%	5	E	U	e	u
0110	ACK（承认）	SYN（空转同步）	&	6	F	V	f	v
0111	BEL（报警铃声）	ETB（传送结束）	‘	7	G	W	g	w
1000	BS（退一格）	CAN（作废）	(	8	H	X	h	x
1001	HT（横向列表）	EM（纸尽）	)	9	I	Y	i	y
1010	LF（换行）	SUB（减）	*	:	J	Z	j	z
1011	VT（垂直制表）	ESC（换码）	+	;	K	[	k	{
1100	FF（走纸控制）	FS（文字分隔符）	,	<	L	\	l	|
1101	CR（回车）	GS（组分隔符）	—	=	M	]	m	}
1110	SO（移位输出）	RS（记录分隔符）	.	>	N	Ω(2)	n	~
1111	SI（移位输入）	US（单元分隔符）	/	?	O	—(1)	o	DEL（作废）

注：符号（1）、（2）取决于使用这种代码的机器。符号（1）还可表示为←；符号（2）还可表示为↑。

ASCII 码用 7 位二进制数表示，可表达 $2^7 = 128$ 个字符，其中包括数符 0～9，英文大、小写字母，标点符号和控制字符等。7 位 ASCII 码的数符分成两组：高 3 位一组，低 4 位一

组，分别表示这些符号的列序和行序，如图 5-26 所示。

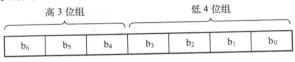

图 5-26　7 位 ASCII 码

要确定某数字、字母或控制操作符，可先在 ASCII 码表中查是哪一项，然后根据该项的位置从相应的行和列中找出高 3 位和低 4 位编码，组合以后就是所需的 ASCII 码。例如，字母 A，它在表的第 4 列、第 1 行；其高 3 位组是 100，低 4 位组是 0001，所以代码就是 1000001B（即 41H）。

思考和练习 5

5.1　简述 LED 数码管的结构和分类。LED 正向压降、额定电流和最大电流各是多少？

5.2　什么叫静态显示方式和动态显示方式？各有什么特点？

5.3　动态扫描显示电路如何连线？对数码管的驱动电流有什么要求？

5.4　LCD1602 能显示多少字符？能显示汉字吗？

5.5　按键开关为什么有去抖动问题？如何消除？

5.6　试述矩阵式键盘判别键闭合的方法。有什么问题？

5.7　什么叫 BCD 码？与二进制数有何区别？

5.8　什么是 ASCII 码？

5.9　将项目 6 模拟交通灯的绿灯加上限行显示时间。P2 口驱动横向绿灯限行时间，P3 口驱动纵向绿灯限行时间，电路如图 5-27 所示。将原换灯时间分别改为：绿灯 9s（最后 2s 快闪），黄灯 3s，红灯 12s，反复循环。试编制程序，画出 Proteus ISIS 虚拟电路，并仿真调试。

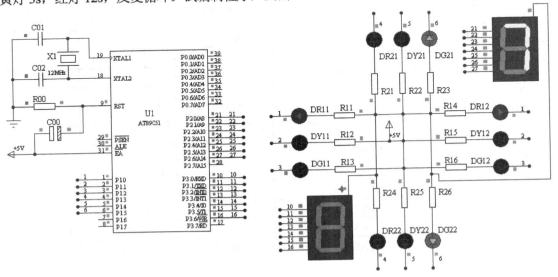

图 5-27　Proteus ISIS 虚拟仿真带限行时间显示的模拟交通灯电路（运行中）

5.10　已知 CC4094 串行扩展 3 位静态显示电路如图 5-28 所示。3 位显示字段码已分别存在 32H～30H 内 RAM 中（设为 809），小数点固定在第二位。试编制程序，画出 Proteus ISIS 虚拟电路，并仿真调试。

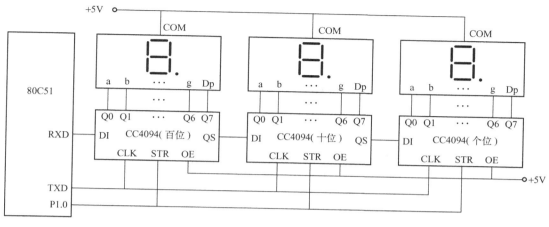

图 5-28　CC4094 串行扩展 3 位静态显示电路

5.11　已知由 PNP 型晶体管与 74LS377 组成的共阳型 3 位 LED 数码管动态扫描显示电路如图 5-29 所示。显示字段码存在以 40H（低位）为首址的 3B 内 RAM 中，试编制 3 位动态扫描显示程序，画出 Proteus ISIS 虚拟电路，并仿真调试。

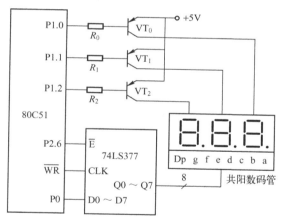

图 5-29　共阳型 3 位 LED 数码管动态扫描显示电路

5.12　已知 4 位共阴型 LED 动态显示电路如图 5-30 所示。显示字段码存在以 30H 为首址的内 RAM 中，试编制循环扫描显示程序，画出 Proteus ISIS 虚拟电路，并仿真调试。

5.13　已知 8 位共阴型 LED 动态显示电路如图 5-31 所示。位码驱动由 74LS138 译码，段码驱动由 74LS377 并行输出，8 位显示数字存在数组 a 中，试编制循环扫描显示程序，画出 Proteus ISIS 虚拟电路，并仿真调试。

5.14　已知 8 位共阴型 LED 动态显示电路如图 5-32 所示。位码驱动由 74LS138 译码，段码驱动由 74LS164 "串入并出"，8 位显示数字存在数组 d 中，试编制循环扫描显示程序，画出 Proteus ISIS 虚拟电路，并仿真调试。

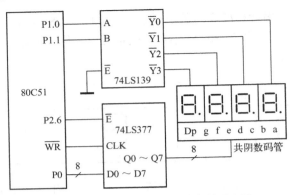

图 5-30　4 位共阴型 LED 动态显示电路

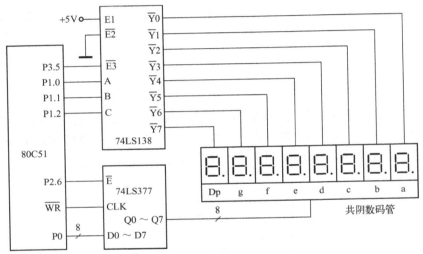

图 5-31　8 位共阴型 LED 动态显示电路

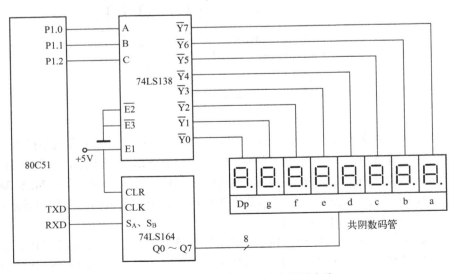

图 5-32　8 位共阴型 LED 动态显示电路

5.15 已知 LCD1602 液晶显示电路如图 5-15 所示。要求显示屏上第一行显示 "AT89C51--LCD1602"，第二行显示 "Test--Program---"，试编制显示程序，画出 Proteus ISIS 虚拟电路，并仿真调试。

5.16 已知按键与并行扩展 I/O 口连接电路如图 5-33 所示。$10k\Omega\times8$ 和 $0.1\mu F\times8$ 为 RC 滤波消抖电路，$f_{OSC}=6MHz$，要求 T1 每隔 100ms 中断，定时扫描按键状态，并将键信号存入内 RAM 30H 中，试编制程序，画出 Proteus ISIS 虚拟电路，并仿真调试。

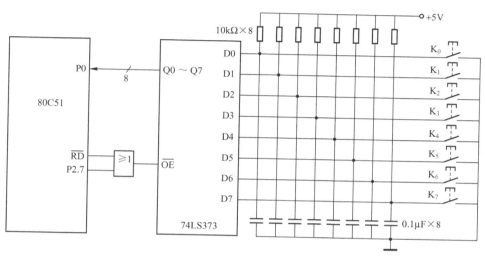

图 5-33 按键与并行扩展 I/O 口连接电路

5.17 已知 3×3 矩阵式键盘中断扫描接口电路如图 5-34 所示。P1.4、P1.3 另有他用，不能改变其端口状态（输入态），且其输入状态不定。要求即时判断闭合键序号，并送 P2 口显示。试编制程序，画出 Proteus ISIS 虚拟电路，并仿真调试。

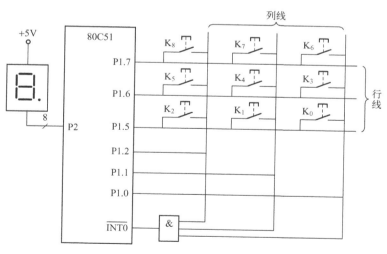

图 5-34 3×3 矩阵式键盘中断扫描接口电路

155

第6章 A-D 转换和 D-A 转换

在单片机应用系统中，常需要将检测到的连续变化的模拟量，如电压、温度、压力、流量和速度等转换成数字信号（A-D 转换），才能输入到单片微机中进行处理。然后再将处理结果的数字量转换成模拟量输出（D-A 转换），实现对被控对象的控制。

项目 18 并行 A-D 转换

随着单片机技术的发展，有许多新一代的单片机已经在片内集成了多路 A-D 转换通道，大大简化了连接电路和编程工作。本节主要介绍芯片内无 A-D 转换功能的 80C51 系列单片机与 A-D 芯片的接口技术。80C51 A-D 转换可分为并行 A-D 和串行 A-D。有关 A-D 转换的基本概念可阅读基础知识 6.1 节。

并行 A-D 转换应用的典型芯片通常为 ADC0809，其引脚和功能可阅读基础知识 6.2 节。ADC0809 A-D 转换需要外加时钟信号，既可直接利用 80C51 ALE 信号（$f_{ALE}=f_{OSC}/6$，参阅基础知识 1.1 节），又可用 I/O 端口中的任意一个引脚虚拟 CLK 信号。本节介绍这两种方法的接口电路和应用程序。

任务 18.1 80C51 ALE 控制 ADC0809 并行 A-D 转换

ADC0809 A-D 转换可有 3 种方式，即中断、查询和延时等待。图 6-1 所示为 80C51 ALE 控制 ADC0809 A-D 转换并 4 位动态显示电路。$f_{OSC}=6MHz$，对 8 路输入信号进行 A-D 转换。

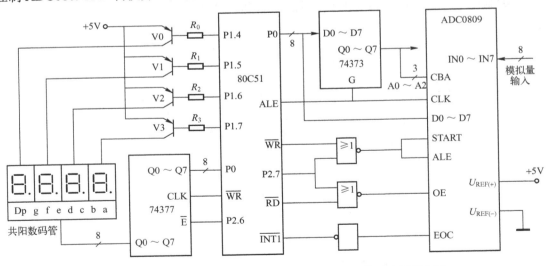

图 6-1 80C51 ALE 控制 ADC0809 A-D 转换并 4 位动态显示电路

电路左半部分是为了验证和观测 A-D 效果而添加的显示电路，依次循环输出 8 路 A-D 转换结果。第 0 位显示 A-D 通道号，加小数点以示分隔区别；后 3 位为 A-D 转换值，单位为 V。右半部分是传统经典的 ADC0809 A-D 转换电路。有教材认为，右半部分电路太繁杂，这种观点其实有失偏颇。早期的单片机最小应用系统几乎都是并行扩展，即 8031+2764+373。当需要 A-D 转换时，通常应用并行 A-D 芯片 ADC0809，电路中 74373 本属于最小系统的，利用了原有的数据总线、地址总线和读/写控制线（$\overline{RD}$、$\overline{WR}$），还利用了 ALE 信号作为 ADC0809 CLK，仅增加了两个或非门和一个反相器（用一片 7402 就可解决），单独占用 I/O 端线只有一条，不失为并行 A-D 的最佳线路。学习这一"传统经典"电路及其应用，可以进一步理解 80C51 读/写外设和 ADC0809 A-D 转换的过程。

1. 编程

```
#include <reg51.h>                          //包含访问 sfr 库函数 reg51.h
#include <absacc.h>                         //包含绝对地址访问库函数 absacc.h
unsigned char   i;                          //定义全局变量 i（A-D 通道序号）
unsigned char   a[8];                       //定义 A-D 转换值存储数组 a[8]
unsigned char   b[4];                       //定义显示数字数组 b[4]
unsigned char   code   c[10]={              //定义共阳字段码数组，并赋值
    0xc0,0xf9,0xa4,0xb0,0x99,0x92,0x82,0xf8,0x80,0x90};
void   chag (unsigned char   d) {           //显示数转换为显示数字子函数，形参：显示数 d
    unsigned int   s=d;                     //定义整型变量 s，并将显示数 d 转换为整型
    //因为（s%51*10）有可能大于 255，超出字符型数据值域会出错
    b[1]=s/51;                              //取出整数位数字
    s=s%51*10;                             //取出余数，并扩大 10 倍
    b[2]=s/51;                              //取出十分位数字
    s=s%51*10;                             //取出余数的余数，并扩大 10 倍
    b[3]=s/51;                              //取出百分位数字
    if ((s%51)>25) {                        //千分位四舍五入，若千分位过半
      b[3]=b[3]+1;                          //百分位加 1
      if (b[3]>9) {b[3]=0;                  //百分位加 1 后，若百分位大于 9，百分位清 0
        b[2]=b[2]+1;                        //十分位加 1
        if (b[2]>9) {b[2]=0;               //十分位加 1 后，若十分位大于 9，十分位清 0
          b[1]=b[1]+1;}}}}                  //整数位加 1
void   disp (unsigned char   i) {           //扫描显示子函数，形参：通道序号 i
    unsigned char   j,n;                    //定义扫描循环次数 j、显示字位码 n
    unsigned int   t;                       //定义延时参数 t
    chag (a[i]);                            //调用转换显示字段码子函数
    b[0]=i;                                //第 0 位赋值 A-D 通道号
    for(j=0; j<50; j++) {                   //每一通道循环显示 50 次
      for(n=0; n<4; n++) {                  //4 位扫描显示
        if (n>1)   XBYTE[0xbfff]=c[b[n]];   //输出字段码，后两位不带小数点
        else   XBYTE[0xbfff]=c[b[n]]&0x7f;  //输出字段码，前两位带小数点
        P1=~((0x10<<n));                    //输出字位码（移至显示位并取反，0 有效）
        for (t=0; t<350; t++);              //延时约 2ms
```

```
            P1=0xf0;}}}                           //关断字位驱动
    void    main ( ) {                            //主函数
      IT1=1;                                       //INT1 边沿触发
      IP=0x04;                                     //INT1 高优先级
      EA=1;                                        //CPU 开中
      while(1) {i=0;                               //无限循环（A-D 并显示），置 A-D 通道序号 0
        XBYTE[0x7ff8+i]=i;                         //启动通道 0 A-D
        EX1=1;                                     //INT1 开中
        while(EX1!=0);                             //等待 8 通道 A-D 结束（最后在 INT1 中断中置 EX1=0）
        for(i=0; i<8; i++) {                       //8 通道循环显示
          disp (i);}}}                             //扫描显示
    void    int1 ( )   interrupt 2 {               //INT1 中断函数
      a[i]= XBYTE[0x7ff8+i];                       //读 A-D 转换值，并存入数组 a
      i++;                                         //指向下一 A-D 通道
      if (i==8)   EX1=0;                           //若 8 路通道 A-D 完成，则 INT1 禁中
      XBYTE[0x7ff8+i]=i;}                          //若 8 路通道 A-D 未完，则启动下一通道 A-D
```

需要说明的是，在显示数转换为显示数字子函数 chag 中，满量程 A-D 值 FFH（255）对应 $U_{REF(+)}$（5V），显示时需将 A-D 值按比例变换，即 255→500。变换方法为（A-D 值÷255）×500=（A-D 值÷51）×100。在变换过程中，数值会超出字符型数据值域（大于 255）。因此，应先将原来定义于字符型变量的 A-D 值转换为整型变量，然后再进行 255→500 的数值变换，以免出错。

2. Keil C51 编译调试

本例因牵涉接口元器件电路，用 Keil 软件调试无法得到 A-D 值。因此，仅在 Keil C51 中编译连接，查看有否语法错误，若无错，则进入调试状态，打开变量观察窗口，在 Watch#1 选项卡中设置全局变量 a 和 b，获取数组 a（A-D 转换值）和 b（显示数字）的首地址分别为 0x08 和 0x10（在 Proteus 虚拟仿真中观测 A-D 转换值和显示数字）。

3. Proteus ISIS 虚拟仿真调试

1）画 Proteus ISIS 虚拟电路。Proteus ISIS 虚拟仿真 ADC0808 中断方式 A-D 并显示电路如图 6-2 所示。80C51 在 Microprocessor ICs 库中；ADC0808 在 Data Converters 库中；74LS373、74LS02 在 TTL 74LS series 库中；晶体管在 Transistors→Bipolar 库中，选 2N5771（PNP，625mW）；显示屏在 Optoelectronics→7-Segment Displays 库中，7SEG-MPX4-CA 为共阳型 4 位 7 段 LED 数码管；电阻器在 Resistors 库中，选 Chip Resistor 1/8W 5% 10kΩ 电阻。

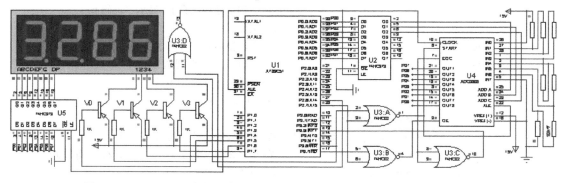

图 6-2　Proteus ISIS 虚拟仿真 ADC0808 中断方式 A-D 并显示电路（运行中）

为了模拟产生 8 种输入电压信号，用 7 个 10kΩ 电阻对 5V 电源电压分压，理论计算值依次为 5V、4.2857V、3.5714V、2.8571V、2.1429V、1.4286V、0.7143V 和 0，用作 8 通道 A-D 模拟输入信号。

需要说明的是，由于 Proteus 中的 0809 不起作用，用 0808 替代。且注意，0808 引脚 OUT8（编号 17）是 LSB，OUT1（编号 21）是 MSB，即 0808 输出端 OUT1～OUT8 对应数据端 D7～D0，数据相位顺序反。

2）用鼠标左键双击图 6-2 所示电路中的 AT89C51，装入在 Keil 编译时自动生成的 Hex 文件；同时在"Advanced Properties"选项中，选择"Simulate Program Fetches"，并选 Yes（原因是在默认"Enable trace logging"情况下，80C51 ALE 端产生的 CLK 信号对 ADC0808 不起作用）；而且，需注意"Clock Frequency"设置栏中的频率不要大于 6MHz（否则需分频）；用左键单击"OK"按钮。

3）全速运行，显示屏依次显示：0.5.00、1.4.27、2.3.57、3.2.86、4.2.14、5.1.43、6.0.73 和 7.0.00，并循环不断。其中，第 0 位显示数字为 A-D 通道号，加小数点以示分隔区别；后 3 位为 A-D 转换值，单位为 V。该 8 通道 A-D 转换值与先前说明中的理论计算数据相当吻合。

4）按暂停键，打开 80C51 片内 RAM，可看到，以 08H 为首地址的连续 8 个存储单元内已分别存储了 8 通道对应的十六进制 A-D 值：FF、DA、B6、92、6D、49、25、00；以 10H 为首地址的 4 个连续存储单元内已分别存储了当前显示的通道序号及其 A-D 转换值。

十六进制 A-D 值与显示值的换算关系说明如下：例如，图 6-2 中显示值 3.2.86 是第 3 通道，十六进制 A-D 值存在 80C51 片内 RAM 0BH 中，0BH 中的值为 92，92H=146，（146/255）×5=2.8627，与显示值 2.86 相符。

5）按停止键，用右键单击 10kΩ 电阻网络中任一电阻，弹出右键菜单，选择"Edit Properties"，用左键单击，再弹出元器件编辑对话框，修改电阻元器件标称值（如 20kΩ），单击"OK"按钮。先理论计算修改后的分压值，再重新全速运行，观察 A-D 后的显示值与理论计算值是否相符。

任务 18.2　虚拟 CLK 控制 ADC0809 A-D 转换

任务 18.1 节给出了 ADC0809 A-D 转换传统经典的电路和程序，将 80C51 ALE 信号用做 ADC0809 A-D 转换的 CLK 信号。本节介绍用虚拟 CLK 控制 ADC0809 A-D，以拓展读者思路。

已知虚拟 CLK 控制 ADC0809 A-D 转换并 4 位动态显示电路（与任务 15.1 中图 5-10 所示的电路相同）如图 6-3 所示，f_{osc}=6MHz，对 8 路输入信号 A-D 转换，并依次输出显示，第 0 位显示 A-D 通道号，加小数点以示分隔区别；后 3 位为 A-D 转换值，单位为 V。

1. 编程

```
#include <reg51.h>          //包含访问 sfr 库函数 reg51.h
sbit  CLK=P3^3;             //定义 CLK 为 P3.3（CLK 脉冲输出端）
sbit  STAT=P3^4;            //定义 STAT 为 P3.4（启动信号输出端）
sbit  OE=P3^5;              //定义 OE 为 P3.5（允许读 A-D 转换值信号输出端）
sbit  EOC=P3^6;            //定义 EOC 为 P3.6（A-D 转换结束信号输入端）
sbit  Dp=P1^3;             //定义 Dp 为 P1.3（小数点驱动输出端）
```

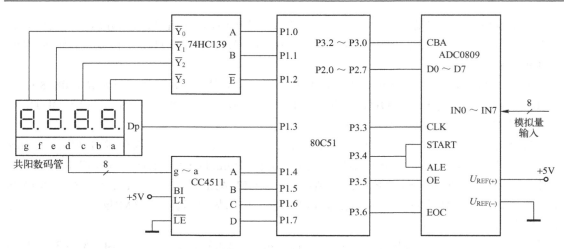

图 6-3　虚拟 CLK 控制 ADC0809 A-D 转换并动态显示电路

sbit　E=P1^2;	//定义 E 为 P1.2（139 译码允许端）
unsigned char　a[8];	//定义 A-D 转换值存储数组 a[8]
unsigned char　b[4];	//定义显示数字存储数组 b[4]
void　chag (unsigned char　d);	//显示数转换为显示数字子函数。略，见任务 18.1
void　disp_BCD(unsigned char　i){	//输出 BCD 码扫描显示子函数。形参：通道序号 i
unsigned char　j,n;	//定义扫描循环次数 j、显示字位码 n
unsigned int　t;	//定义延时参数 t
chag (a[i]);	//调用转换显示字段码子函数
b[0]=i;	//第 0 位赋值 A-D 通道号
for(j=0; j<50; j++) {	//每一通道循环显示 50 次
for(n=0; n<4; n++) {	//4 位扫描显示
P1=(b[n]<<4)|n;	//输出显示（显示数左移至高 4 位，E=0，低 2 位加入位码）
if (n<2)　Dp=1;	//前两位带小数点
else　Dp=0;	//后两位不带小数点
for (t=0; t<350; t++);	//延时约 2ms
E=1;}}}	//关显示
void　main ( ) {	//主函数
unsigned char　i,j;	//定义通道序号 i、CLK 脉冲数 j
while(1) {	//无限循环（A-D 并显示）
for (i=0; i<8; i++) {	//8 通道循环 A-D
P3=0x40+i;	//输出 A-D 通道地址
STAT=1; STAT=0;	//发出 A-D 启动信号并锁存 A-D 通道地址
for (j=0;j<70; j++) {	//循环发出 CLK 脉冲，多于 64 个时钟
CLK=1; CLK=0;}	//CLK 脉冲
OE=1;	//发出允许读 A-D 转换值信号
a[i]=P2;	//读 A-D 转换值，存入数组 a
OE=0;	//读完 A-D 转换值，关闭允许读信号
disp_BCD (i);}}}	//8 通道循环显示

2．Keil C51 编译调试

Keil C51 软件调试与任务 18.1 所述的内容相同，编译链接，并进入调试状态后，获取数组 a（A-D 转换值）和 b（显示数字）的首地址分别为 0x08 和 0x10。

3. Proteus ISIS 虚拟仿真调试

1）画 Proteus ISIS 虚拟电路。本例虚拟仿真电路与上例基本相同，显示电路部分与任务 15.1 节中图 5-12 所示的相同，可在上例基础上修改。显示电路部分用 Copy To Clipboard（块复制移植）而得。画出 Proteus ISIS 虚拟仿真 ADC0809 A-D 转换并 4 位动态显示电路，如图 6-4 所示。其中，74HC139 在 TTL 74HC series 库中；CC4511 在 CMOS 4000 series 库中；显示屏在 Optoelectronics→7-Segment Displays 库中，7SEG-MPX4-CC 为共阴型 4 位 7 段 LED 数码管。

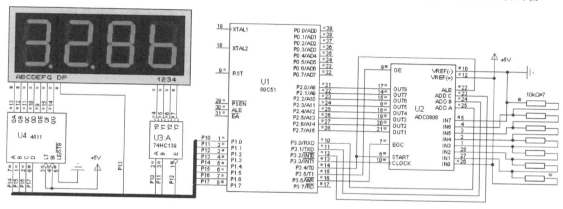

图 6-4　Proteus ISIS 虚拟仿真 ADC0809 A-D 转换（虚拟 CLK 控制）并 4 位动态显示电路（运行中）

2）Proteus ISIS 虚拟仿真调试，步骤和方法与任务 18.1 所述的内容相同。

项目 19　串行 A-D 转换

早期单片机应用系统几乎都是并行扩展，因此常用并行 A-D 芯片。随着 Flash ROM 的广泛应用，基本解决了 ROM 的各种问题，串行扩展成为应用主流，A-D 转换也不例外。

串行 A-D 转换应用的典型芯片有 ADC0832，其引脚、功能和工作时序可阅读基础知识 6.3 节。与并行 A-D 相似，串行 A-D 的时钟脉冲也有 80C51 串行口控制和虚拟 CLK 控制之分。

任务 19.1　80C51 串行口控制 ADC0832 A-D 转换

由 80C51 串行口控制的 ADC0832 A-D 转换电路如图 6-5 所示。对两路输入信号 A-D 转换，并依次输出显示，显示电路同图 6-3 所示，最高位显示 A-D 通道号，加小数点以示分隔区别；后 3 位为 A-D 转换值，单位为 V。

在图 6-5 所示电路中，TXD 发送时钟信号输入 ADC0832 CLK 端；RXD 与 DI、DO 端连接在一起，根据 ADC0832 特点，DI 端在接收主机起始和通道配置信号后关断，直至 $\overline{CS}$ 再次出现下跳变为止，DO 端在 DI

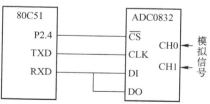

图 6-5　ADC0832 A-D 转换电路

端有效期间始终处于三态，因此可将 DI 端与 DO 端与 RXD 端连接在一起，不会引起冲突。

1. 编程

```
#include <reg51.h>                        //包含访问 sfr 库函数 reg51.h
#include <intrins.h>                      //包含内联函数 intrins.h
sbit    CS=P2^4;                          //定义 CS 为 P2.4（片选 0832）
sbit    Dp=P1^3;                          //定义 Dp 为 P1.3（小数点驱动输出端）
sbit    E=P1^2;                           //定义 E 为 P1.2（139 译码允许端）
unsigned char   a[2];                     //定义 A-D 转换值存储数组 a[2]
unsigned char   b[4];                     //定义显示数字存储数组 b[4]
void    chag (unsigned char   d);         //显示数转换为显示数字子函数。略，见任务 18.1
void    disp_BCD(unsigned char   i);      //输出 BCD 码扫描显示子函数。略，见任务 18.2
void    main ( ) {                        //主函数
    unsigned char   i;                    //定义通道序号 i
    unsigned char   c[2]={0x03,0x07};     //定义 A-D 通道地址配置数组 c 并赋值
    SCON=0; ES=0;                         //置串口方式 0，禁止接收，禁止中断
    while(1) {                            //无限循环（A-D 并显示）
        for(i=0; i<2; i++) {              //两通道依次 A-D 并显示
            CS=0;                         //片选 ADC0832
            SBUF= c[i];                   //串行发送 A-D 通道地址配置
            while (TI==0);                //等待串行发送完毕
            TI=0; REN=1;                  //清发送中断标志，启动串行接收
            while (RI==0);                //等待串行接收第一字节完毕
            REN=0; RI=0;                  //接收完毕，禁止接收，清接收中断标志
            a[i]=SBUF&0xf8;               //读第一字节 A-D 数值，并屏蔽低 3 位
            REN=1;                        //再次启动串行接收
            while (RI==0);                //等待串行接收第二字节完毕
            REN=0; RI=0;                  //接收完毕，禁止接收，清接收中断标志
            CS=1;                         //清 ADC0832 片选
            a[i]=a[i]|(SBUF&0x07);        //第二字节屏蔽高 5 位，并与第一字节（低 5 位）组合（或）
            a[i]= _crol_(a[i],5);         //循环左移 5 位，组成正确 A-D 数值
            disp_BCD (i);}}}              //扫描显示
```

　　说明：80C51 串行口发送和接收数据次序均为先低位、后高位，ADC0832 启动和通道配置信号：03H=0000 0011B，80C51 发送时先发低位，次序为 1100 0000，ADC0832 接收的第 1 个"1"为启动信号，紧跟着的"10"为通道配置信号 CH0，再后面的一个"0"为稳定位（对应于第 4 个 CLK）。稳定位后，ADC0832 串行输出 A-D 数据 D7D6D5D4（对应最后 4 位"0000"）。由于 80C51 尚未允许串行接收（REN=0），因此丢失，直至 80C51 允许串行接收（REN=1）为止，80C51 TXD 端再次发出 CLK 脉冲，接收数据从 D3 开始，至 80C51 SBUF 装满，接收第一字节的 8 位数据如图 6-6a 所示（注意先接收低位 D3）；再次启动串行接收后，第二字节从上次未接收 D5 开始，其数据如图 6-6b 所示；组合后的 8 位数据如图 6-6c 所示；循环左移 5 位后的 8 位数据如图 6-6d 所示。

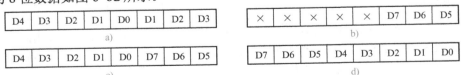

图 6-6　任务 19.1 程序串行接收数据及变换过程

a) 接收第一字节的 8 位数据　b) 第二字节从上次未接收 D5 开始

c) 组合后的 8 位数据　d) 循环左移 5 位后的 8 位数据

2．Keil C51 编译调试

Keil C51 软件调试与任务 18.1、任务 18.2 所述的内容相同，编译链接，进入调试状态后，获取数组 a（A-D 转换值）和 b（显示数字）的首地址分别为 0x08 和 0x0A。

3．Proteus ISIS 虚拟仿真调试

1）画 Proteus ISIS 虚拟电路。本例虚拟仿真电路中的显示电路部分与任务 18.2 中所述的内容相同，仅 A-D 转换电路部分不同，可在上例基础上修改而得。画出 Proteus ISIS 虚拟仿真 ADC0832 A-D 转换并 4 位动态显示电路如图 6-7 所示。其中，ADC0832 在 Data Converters 库中；滑动变阻器在 Resistors→Variable 库中，选 POT-HG 型 10kΩ；电压表可用左键单击图 1-17b 中虚拟仪表图标"📺"，在仪表选择窗口下拉菜单中选择"DC VOLTMETER"放置；还可放置电压测量探针，用左键单击图 1-17b 中虚拟仪表图标"✐"放置。

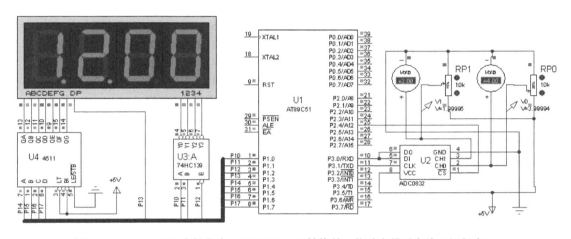

图 6-7　Proteus ISIS 虚拟仿真 ADC0832 A-D 转换并 4 位动态显示电路（运行中）

2）Proteus ISIS 虚拟仿真调试。用左键双击图 6-7 所示电路中的 AT89C51，装入 Hex 文件。全速运行后，显示屏依次显示两通道 A-D 值，分别为 0.4.00、1.2.00V。最高位为 A-D 通道号，加小数点以示分隔区别；后 3 位为 A-D 转换值，单位为 V。与虚拟电压表和电压探针所示电压数据比较，数据吻合度很好。全速运行后按暂停按钮，然后打开 80C51 片内 RAM（参阅图 1-57），观察内 RAM 08H、09H（A-D 转换值数组 a）和 0AH～0DH（显示数字数组 b）中的数据，按图 6-7 所示电路中的电压，08H、09H 依次为 CC 和 66（十六进制数），对应十进制数 204（4V）和 102（2V）。0AH～0DH 依次存放了即时显示通道的中 A-D 转换数字：00、04、00、00（显示 0.4.00 时）或 01、02、00、00（显示 1.2.00 时）。

改变滑动变阻器分压值，再次全速运行后按暂停按钮，可看到显示屏显示值、电压表、电压探针及内 RAM 08H、09H 和 0AH～0DH 中的数据随之改变。

任务 19.2　虚拟 CLK 控制 ADC0832 A-D 转换

由虚拟 CLK 控制的 ADC0832 A-D 转换电路如图 6-8 所示。其余条件和要求同任务 19.1 节，试对 CH0、CH1 通道输入的模拟信号进行 A-D 转换。

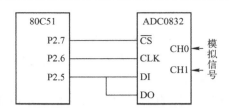

图 6-8　由虚拟 CLK 控制的 ADC0832 A-D 转换电路

1. 编程

```
#include <reg51.h>                      //包含访问 sfr 库函数 reg51.h
#include <absacc.h>                      //包含绝对地址访问库函数 absacc.h
sbit   DIO=P2^5;                          //定义 DIO 为 P2.5（ADC0832 输入/输出控制端）
sbit   CLK=P2^6;                          //定义 CLK 为 P2.6（ADC0832 时钟控制端）
sbit   CS=P2^7;                           //定义 CS 为 P2.7（ADC0832 片选控制端）
sbit   Dp=P1^3;                           //定义 Dp 为 P1.3（小数点驱动输出端）
sbit   E=P1^2;                            //定义 E 为 P1.2（139 译码允许端）
unsigned char   a[2];                     //定义 A-D 转换值存储数组 a[2]
unsigned char   b[4];                     //定义显示数字数组 b[4]
void   chag (unsigned char  d);           //A-D 值转换为显示数字子函数。略，见任务 18.1
void   disp_BCD(unsigned char  i);        //输出 BCD 码扫描显示子函数。略，见任务 18.2
void   main ( ) {                         //主函数
  unsigned char   i,j;                    //定义通道序号 i、循环序数 j
  unsigned char   ad;                     //定义 A-D 值寄存器 ad
  while(1) {                              //无限循环。A-D 并显示
    for(i=0; i<2; i++) {                  //依次进行双通道 A-D
      CS=0;                               //片选 ADC0832
      CLK=0; DIO=1; CLK=1;               //发 ADC0832 启动信号
      CLK=0; DIO=1; CLK=1;               //发 A-D 通道选择第一位"1"
      switch (i) {                        //switch 语句，根据 i 值发通道选择码第二位
        case 0: {CLK=0; DIO=0; CLK=1;} break; //i=0，A-D 通道选择第二位为"0"
        case 1: {CLK=0; DIO=1; CLK=1;}}  //i=1，A-D 通道选择第二位为"1"
      CLK=0; CLK=1;                       //第 4 个脉冲为稳定位
      DIO=1;                              //置 DIO 端为输入态
      CLK=0;                              //脉冲准备
      for(j=0; j<8; j++) {                //依次读 8 位 A-D 值
        ad<<=1;                           //A-D 值寄存器左移一位
        CLK=1;                            //产生 CLK 上升沿
        ad=ad|DIO;                        //读一位串行 A-D 值
        CLK=0;}                           //CLK 脉冲复位
      CS=1;                               //清 ADC0832 片选
      a[i]=ad;                            //存 A-D 值
      disp_BCD(i);}}}                      //转换并显示 A-D 值
```

2. Keil C51 编译调试

Keil C51 软件调试与任务 19.1 所述的内容相同。

3. Proteus ISIS 虚拟仿真调试

Proteus ISIS 虚拟仿真 ADC0832 A-D 转换并 4 位动态显示电路如图 6-9 所示。调试方法与任务 19.1 所述的内容相同。

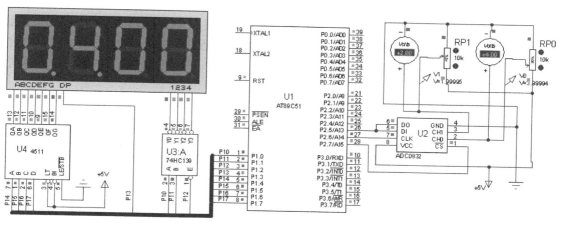

图 6-9　Proteus ISIS 虚拟仿真 ADC0832 A-D 转换（虚拟 CLK 控制）并 4 位动态显示电路（运行中）

项目 20　DAC0832 D-A 转换

D-A 转换是单片机应用系统后向通道的典型接口技术。根据被控装置的特点，一般要求应用系统输出模拟量，例如，电动执行机构和直流电动机等。但单片机输出的是数字量，这就需要将数字量通过 D-A 转换成相应的模拟量。有关 D-A 转换基本概念请阅读基础知识 6.4 节。本项目主要介绍 80C51 单片机与 DAC0832 单缓冲工作方式时的接口技术。DAC0832 引脚和功能可阅读基础知识 6.5 节。

已知 DAC0832 单缓冲工作方式的接口电路如后面将要介绍的图 6-21 所示。要求输出的锯齿波如图 6-10a 所示，幅度为 $U_{REF}/2 = 2.5V$。

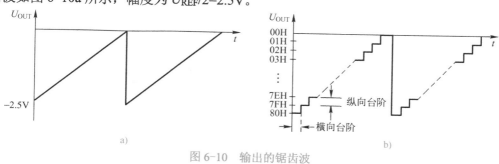

图 6-10　输出的锯齿波

a) 锯齿波（宏观）　b) 锯齿波（微观）

1. 编程

```
#include <reg51.h>        //包含访问 sfr 库函数 reg51.h
#include <absacc.h>       //包含绝对地址访问库函数 absacc.h
```

```
void  main(){                      //主函数
  unsigned char  i;                //定义无符号字符型变量 i（循环序数兼输出减 1）
  while(1){                         //反复循环，不断输出锯齿波
    for(i=0; i<128; i++)           //循环，输出一个锯齿波
      XBYTE[0x7fff]=(0x80-i);}}     //输出值依次减 1
```

需要说明的是，单片机在进行 D-A 转换时有一个时间过程。因此，输出的锯齿波从微观上看并不连续，而是有台阶的，如图 6-10b 所示。若台阶很小（时间过程很短），从宏观上看相当于一个连续的锯齿波，如图 6-10a 所示。台阶大小与程序有关，而且，C51 程序产生的台阶明显大于汇编程序产生的台阶。因此，C51 程序的实时控制性能劣于汇编程序，在要求较高的场合，可能不能满足需要。

2. Keil C51 编译调试

编译链接，查看有否语法错误，若无错，则进入调试状态。打开寄存器窗口（参阅图 1-45），单步运行至输出行语句"XBYTE[0x7fff]=(0x80-i);"，记录运行前后 sec 或 states 值的两者之差，即为横向台阶时间（本例程序为 10 机周）。

3. Proteus ISIS 虚拟仿真调试

1）画 Proteus ISIS 虚拟电路。Proteus ISIS 虚拟仿真 DAC0832 D-A 电路如图 6-11 所示。其中，80C51 在 Microprocessor ICs 库中；DAC0832 在 Data Converters 库中；滑动变阻器在 Resistors→Variable 库中，选 POT-HG 型；对于示波器，可左键单击图 1-17b 中虚拟仪表图标"🖳"，在仪表选择窗口下拉菜单中选择"OSCILLOSCOPE"进行放置。

2）Proteus ISIS 虚拟仿真调试。

左键双击图 6-11 所示电路中的 AT89C51，装入 Hex 文件。全速运行后，示波器跳出所求的 DAC0832 D-A 虚拟输出锯齿波，如图 6-12 所示。对于示波器 Y 轴（幅度），可选 0.5V/格，若短路 RP2（运放增益为 0），则锯齿波幅度为 5 格（2.5V）。调节 RP2，可调节运放增益，从而增加锯齿波幅度（RP2 取 10kΩ 或以上，运放正负电源取 ±15V）。对于示波器 X 轴（时间），可选 0.2ms/格。

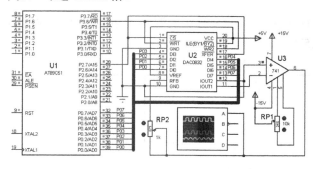

图 6-11 Proteus ISIS 虚拟仿真 DAC0832 D-A 电路

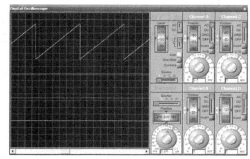

图 6-12 DAC0832 D-A 虚拟输出锯齿波

基础知识 6

6.1 A-D 转换的基本概念

将模拟量转换成数字量的过程称为 A-D 转换；将数字量转换成模拟量的过程称为

D-A 转换。

设 D 为 N 位二进制数字量，U_A 为电压模拟量，U_{REF} 为参考电压，无论 A-D 还是 D-A，其转换关系均为

$$U_A = D \times U_{REF} / 2^N \quad （其中：D=D_0 \times 2^0 + D_1 \times 2^1 + \cdots + D_{N-1} \times 2^{N-1}） \qquad （6-1）$$

例如，有一个 8 位 A-D 或 D-A 转换器，数字量是 00H～FFH，U_{REF} 为 5V，相应的模拟量为 0～5V。

A-D 转换的功能是把模拟量电压转换为 N 位数字量，其工作原理已在数字电子技术课程中阐述，本书不作赘述，仅对 A-D 转换器的主要性能指标和 A-D 转换器分类进行简单介绍。

1. A-D 转换器的主要性能指标

1）转换精度。转换精度通常用分辨率和量化误差来描述。

① 分辨率。分辨率 = $U_{REF} / 2^N$，它表示输出数字量变化一个相邻数码所需输入模拟电压的变化量，其中 N 为 A-D 转换的位数，N 越大，分辨率越高，习惯上常以 A-D 转换位数表示。例如，一个 8 位 A-D 转换器的分辨率为满刻度电压的 $1/2^8 = 1/256$，若满刻度电压（基准电压）为 5V，则该 A-D 转换器能分辨 5V/256 ≈ 20mV 的电压变化。

② 量化误差。量化误差是指零点和满度校准后，在整个转换范围内的最大误差。通常以相对误差形式出现，并以数字量最小有效位所表示的模拟量（Least Significant Bit，LSB）为单位。如上述 8 位 A-D 转换器基准电压为 5V 时，1LSB ≈ 20 mV，则其量化误差为 ±1 LSB/2 ≈ ±10mV。

2）转换时间。指 A-D 转换器完成一次 A-D 转换所需时间。转换时间越短，适应输入信号快速变化能力越强。当 A-D 转换的模拟量变化较快时，就需选择转换时间短的 A-D 转换器，否则会引起较大误差。

2. A-D 转换器的分类

A-D 转换器的种类很多，按转换原理形式可分为逐次逼近式、双积分式和 V/F 变换式；按信号传输形式可分为并行 A-D 和串行 A-D。

1）逐次逼近式。逐次逼近式属直接式 A-D 转换器，其原理可理解为将输入模拟量逐次与 $U_{REF}/2$、$U_{REF}/4$、$U_{REF}/8$、$\cdots$、$U_{REF}/2^{N-1}$ 比较，模拟量大于比较值取 1（并减去比较值），否则取 0。逐次逼近式 A-D 转换器的转换精度较高，速度较快，价格适中，是目前种类最多、应用最广的 A-D 转换器。典型的 8 位逐次逼近式 A-D 芯片有 ADC0809。

2）双积分式。双积分式是一种间接式 A-D 转换器，其原理是将输入模拟量和基准量通过积分器积分，转换为时间，再对时间计数，计数值即为数字量。它的优点是转换精度高，缺点是转换时间较长，一般需 40～50ms，适用于转换速度不快的场合。典型芯片有 MC14433 和 ICL7109。

3）V-F 变换式。V-F 变换器也是一种间接式 A-D 转换器，其原理是将模拟量转换为频率信号，再对频率信号计数，转换为数字量。其特点是转换精度高，抗干扰性强，便于长距离传送、价廉，但转换速度偏低。

6.2　ADC0809 芯片简介

ADC0809 是 8 通道 8 位 CMOS 逐次逼近式 A-D 转换器，是美国国家半导体公司产品，是目前国内并行 A-D 应用较广泛的 8 位通用芯片。图 6-13 所示为该芯片的结构框图。

1. 主要性能指标

1）分辨率为 8 位。

2）最大不可调误差为 ±1 LSB。

3）单电源 +5V 供电，基准电压由外部提供，典型值为 +5V。

4）具有锁存控制的 8 路模拟选通开关。

5）输出电平与 TTL 电平兼容，可锁存三态输出。

6）功耗为 15mW。

7）转换速度取决于芯片的时钟频率。时钟频率范围为 10～1280kHz，当 CLK = 500kHz 时，转换时间为 128μs。

2. 引脚功能和典型连接电路

图 6-14 所示为 ADC0809 引脚图。图 6-15 所示为 ADC0809 与 80C51 的典型连接电路。说明如下。

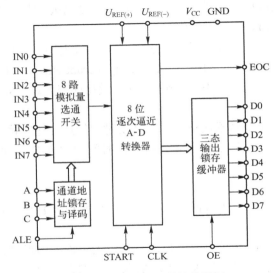

图 6-13　ADC0809 的结构框图

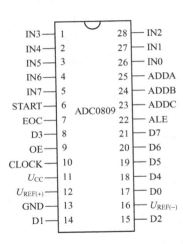

图 6-14　ADC0809 引脚图

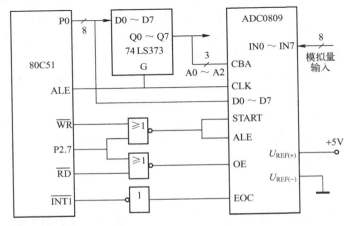

图 6-15　ADC0809 与 80C51 的典型连接电路

1）IN0～IN7：8 路模拟信号输入端。

2）ADDA、ADDB、ADDC：3 位地址码输入端。8 路模拟信号转换通道选择，A 为低位，C 为高位。与低 8 位地址中 A2～A0 连接。由 A2～A0 地址 000～111 选择 IN0～IN7 八路 A-D 通道。

3）CLK：外部时钟输入端。时钟频率高，A-D 转换速度快。允许范围为 10～1280kHz，典型值为 640kHz，此时 A-D 转换时间为 100μs。通常由 80C51 ALE 端直接或分频后与 ADC0809 CLK 端相连接。当 80C51 无读/写外 RAM 操作时，ALE 信号固定为 CPU 时钟频率的 1/6，若晶振为 6MHz，则 1/6 为 1MHz 时，A-D 转换时间为 64μs。

4）D0～D7：A-D 转换结果数字量输出端。

5）OE：A-D 转换结果输出允许控制端。当 OE 端为高电平时，允许将 A-D 转换结果从 D0～D7 端输出。通常由 80C51 的 $\overline{\text{RD}}$ 端与 ADC0809 片选端（如 P2.7）通过或非门与 ADC0809 OE 端相连接。在执行读外 RAM 7FFFH 的指令后，$\overline{\text{RD}}$ 和 P2.7 均有效，或非后，全 0 出 1，产生高电平，使 ADC0809 OE 端有效，ADC0809 将 A-D 转换结果送入数据总线 P0 口，CPU 再读入 A 中。

6）ALE：地址锁存允许信号输入端。ADC0809 可依次转换 8 路模拟信号，8 路模拟信号的通道地址由 ADC0809 的 ADDA、B、C 端输入，ADC0809 ALE 信号有效时将当前转换的通道地址锁存。（注意，ADC0809 ALE 与 80C51 ALE 的区别）。

7）START：启动 A-D 转换信号输入端。当 START 端输入一个正脉冲时，立即启动 ADC0809 进行 A-D 转换。START 端与 ALE 端连在一起，由 80C51 $\overline{\text{WR}}$ 与 ADC0809 片选端（如 P2.7）通过或非门相连，在执行写外 RAM 7FF8H 的指令后，将启动 ADC0809 模拟通道 0 的 A-D 转换。7FF8H～7FFFH 分别为 8 路模拟输入通道的地址。执行写外 RAM 指令，并非真的将 A 中内容写进 ADC0809，而是产生 $\overline{\text{WR}}$ 信号，并使 P2.7 有效，全 0 出 1，从而使 ADC0809 的 START 和 ALE 有效，且锁定 A-D 通道地址 A0～A2。事实上也无法将 A 中内容写进 ADC0809，ADC0809 中没有一个寄存器能容纳 A 中的内容，ADC0809 的输入通道是 IN0～IN7，输出通道是 D0～D7，因此，执行写外 RAM 指令与 A 中内容无关，但写外 RAM 地址应包含 ADC0809 片选和当前 A-D 通道地址。

8）EOC：A-D 转换结束信号输出端。在启动 0809 A-D 转换后，EOC 输出低电平；转换结束后，EOC 输出高电平，表示可以读取 A-D 的转换结果。该信号取反后，若与 80C51 引脚 $\overline{\text{INT0}}$ 或 $\overline{\text{INT1}}$ 连接，可触发 CPU 中断，在中断服务程序中读取 A-D 转换的数字信号。若 80C51 两个中断源已用完，则 EOC 也可与 P1 口或 P3 口的任一条端线相连，采用查询方式，查得 EOC 为高电平后，再读 A-D 转换值。或者，忽视 ADC0809 EOC 信号，在延时足够大于 ADC0809 一次 A-D 所需时间后，直接读取 A-D 的转换结果。

9）$U_{\text{REF}(+)}$、$U_{\text{REF}(-)}$：正负基准电压输入端。基准电压的典型值为+5V，可与电源电压（+5V）相连，但电源电压往往有一定波动，将影响 A-D 精度。因此，当对精度要求较高时，可用高稳定度基准电源输入。当模拟信号电压较低时，基准电压也可取低于 5V 的数值。

10）V_{CC}：正电源电压（+5V）。GND：接地端。

6.3　ADC0832 芯片简介

ADC0831/0832/0834/0838 是美国国家半导体公司产品，具有多路转换开关的 8 位串行 A-D 转换器，末位数 1、2、4、8 为其转换通道数，转换速度较快（250kHz 时转换时间为 32μs），单电源供电，功耗低（15mw），体积小，兼容性强，性价比高。下面以 ADC0832 为例，介绍其与 80C51 的接口及应用。

1. 引脚功能

图 6-16a 所示为 ADC0832 引脚图。

U_{DD}：电源端，同时兼任 U_{REF}。

U_{SS}：接地端。

$\overline{CS}$：片选端，低电平有效。

DI：数据信号输入端。

DO：数据信号输出端。

CLK：时钟信号输入端，低于 600kHz。

CH0、CH1：模拟信号输入端（双通道）。

2. 典型连接电路

图 6-16b 所示为 ADC0832 与 80C51 的典型应用接口电路，图中两路模拟信号输入至 ADC0832 CH0、CH1 端；80C51 P1.0 片选 $\overline{CS}$；TXD 发送时钟信号输入 ADC0832 CLK；将 RXD 与 DI、DO 端连接在一起，根据 ADC0832 特点，DI 端在接收主机起始和通道配置信号后关断，直至 $\overline{CS}$ 再次出现下跳变为止，DO 端在 DI 端有效期间始终处于三态，因此，可将 DI 端和 DO 端与 RXD 端连接在一起，不会引起冲突。

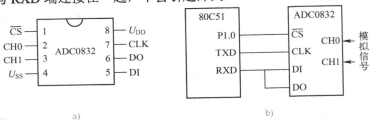

图 6-16　ADC0832 与 80C51 引脚图和典型应用接口电路

a) 引脚图　b) 典型应用接口电路

3. A-D 转换工作时序

图 6-17 所示为 ADC0832 串行 A-D 转换工作时序。从图中看出，其工作时序分为两个阶

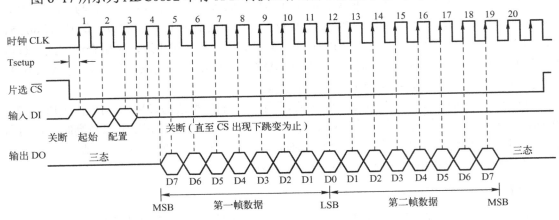

图 6-17　ADC0832 串行 A-D 转换工作时序

段：第一阶段为起始和通道配置，由 CPU 发送，从 ADC0832 DI 端输入；第二阶段为 A-D 转换数据输出，由 ADC0832 从 DO 端输出，CPU 接收。

（1）起始和通道配置

该阶段由 4 个时钟组成。在片选 $\overline{\text{CS}}$ 满足条件（完成从高到低的跳变）后，第 1 个时钟脉冲的上升沿，测得 DI=1，即启动 ADC0832；第 2、3 个时钟上升沿输入 A-D 通道地址选择：00 和 01 为差分输入，10 和 11 为单端输入，如表 6-1 所示；第 3 个时钟下降沿，DI 关断；第 4 个时钟是 ADC0832 使多路转换器选定的通道稳定，DO 脱离高阻状态。

（2）A-D 转换数据串行输出

ADC0832 输出的 A-D 转换数据分为两帧：第一帧从高位（MSB）到低位（LSB），第二帧从低位到高位，两帧数据合用一个最低位，共需要 15 个时钟。

表 6-1　通道选择

编码	通道选择	
	CH0	CH1
00	+	−
01	−	+
10	+	
11		+

6.4　D-A 转换的基本概念

将数字量转换成模拟量的过程称为 D-A 转换。

1. 基本概念

D-A 转换的基本原理是应用电阻解码网络，将 N 位数字量逐位转换为模拟量并求和，从而实现将 N 位数字量转换为相应的模拟量。数字量 D 与模拟量 U_A 的关系仍按式（6-1）。

由于数字量不是连续的，其转换后的模拟量自然也不会连续，又由于计算机每次输出数据和 D-A 转换需要一定的时间，因此实际上 D-A 转换器输出的模拟量随时间的变化曲线不是连续的，而是呈阶梯状，如图 6-18 所示。图中时间坐标的最小分度 ΔT 是相邻两次输出数据的间隔时间，模拟量坐标的最小分度是 1LSB。但若 ΔT 很短，1LSB 也很小，曲线的台阶就很密，则可以将模拟量曲线仍然看作是连续的。

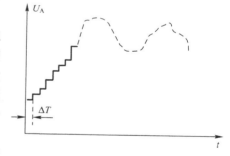

图 6-18　D-A 转换器输出的模拟量曲线

2. 主要性能指标

1）分辨率。其定义是当输入数字量发生单位数码变化（即 1LSB）时，所对应的输出模拟量的变化量，即分辨率 = 模拟输出满量程值/2^N，其中 N 是数字量位数。

分辨率也可用相对值表示，即相对分辨率 = $1/2^N$。D-A 转换的位数越多，分辨率越高。例如，8 位 D-A，其相对分辨率为 $1/256 \approx 0.004$。因此，在实际使用中，常用数字输入信号的有效位数给出分辨率。例如，DAC0832 的分辨率为 8 位。

2）线性度。通常用非线性误差的大小表示 D-A 转换的线性度。

3）转换精度。转换精度以最大静态转换误差的形式给出。这个转换误差应该包含非线性误差、比例系数误差，以及漂移误差等综合误差。

应该指出，精度与分辨率是两个不同的概念。精度是指转换后所得的实际值对于理想值的接近程度；而分辨率是指能够对转换结果发生影响的最小输入量。对于分辨很高的 D-A 转换器，并不一定具有很高的精度。

4）建立时间。指在 D-A 转换器的输入数据发生变化后，输出模拟量达到稳定数值（即进入规定的精度范围内）所需要的时间。该指标表明了 D-A 转换器转换速度的快慢。

5）温度系数。温度系数是指在满刻度输出的条件下，温度每升高一度输出变化的百分数。该项指标表明了温度变化对 D-A 转换精度的影响。

6.5 DAC0832 芯片简介

DAC0832 是 8 位 D-A 芯片，与 DAC0830、DAC0831 同属于 DAC0830 系列 D-A 芯片，是美国国家半导体公司的产品，是目前国内应用较广的 8 位 D-A 芯片（请特别注意 ADC0832 与 DAC0832 的区别）。

1. 结构和引脚功能

图 6-19 所示为 DAC0832 片内结构框图。图 6-20 所示为 DAC0832 外部引脚图。各引脚功能如下。

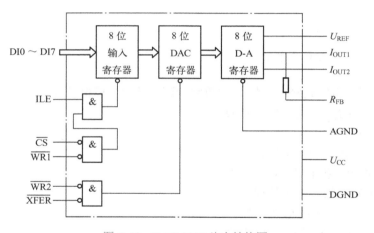

图 6-19　DAC 0832 片内结构图

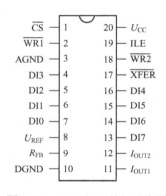

图 6-20　DAC0832 外部引脚图

1）DI0～DI7：8 位数据输入端。

2）ILE：输入数据允许锁存信号，高电平有效。

3）$\overline{\text{CS}}$：片选端，低电平有效。

4）$\overline{\text{WR1}}$：输入寄存器写选通信号，低电平有效。

　　$\overline{\text{WR2}}$：DAC 寄存器写选通信号，低电平有效。

5）$\overline{\text{XFER}}$：数据传送信号，低电平有效。

6）I_{OUT1}、I_{OUT2}：电流输出端。当输入数据为全 0 时，$I_{\text{OUT1}}=0$；当输入数据为全 1 时，I_{OUT1} 为最大值，$I_{\text{OUT1}}+I_{\text{OUT2}}=$ 常数。

7）R_{FB}：反馈电流输入端，内部接有反馈电阻 15kΩ。

8）U_{REF}：基准电压输入端。

9）U_{CC}：正电源端。AGND：模拟地。DGND：数字地。

2. 主要性能指标

1）分辨率：8 位。

2）输出电流稳定时间：1μs。

3）非线性误差：DAC0830：0.05%FSR；DAC0831：0.10%FSR；DAC0832：0.20%FSR。

4）温度系数：2ppm/℃。

5）逻辑输入电平：TTL。

6）功耗：20mW。

7）电源：+5～+15V。

8）工作方式：双缓冲、单缓冲、直通。

3．工作方式

从图 6-19 所示可以看出，在 DAC0832 内部有两个寄存器，输入信号要经过这两个寄存器，才能进入 D-A 转换器进行 D-A 转换。而控制这两个寄存器的控制信号有 5 个，即输入寄存器由 ILE、$\overline{CS}$、$\overline{WR1}$ 控制；DAC 寄存器由 $\overline{WR2}$、$\overline{XFER}$ 控制。因此，用软件指令控制这 5 个控制端，可实现以下 3 种工作方式。

（1）直通工作方式

直通工作方式是将两个寄存器的 5 个控制信号均预置为有效，两个寄存器都开通，处于数据直接接收状态，只要数字信号送到数据输入端 DI0～DI7，就立即进入 D-A 转换器进行转换，这种方式主要用于不带微型计算机的电路中。

（2）单缓冲工作方式

图 6-21 所示为 DAC0832 单缓冲工作方式时的接口电路。其中 ILE 接正电源，始终有效，$\overline{CS}$、$\overline{XFER}$ 接 P2.7，$\overline{WR1}$、$\overline{WR2}$ 接 80C51 $\overline{WR}$，其指导思想是，由 CPU 一次选通这 5 个控制端。这种工作方式主要用于只有一路 D-A 转换，或虽有多路但不要求同步输出的场合。在图 6-21 所示的电路中，DAC0832 作为 80C51 的一个扩展 I/O 口，地址为 7FFFH。80C51 输出的数字量从 P0 口输入到 DAC0832 DI0～DI7，U_{REF} 直接与工作电源电压相连，若要提高基准电压精度，则可另接高精度稳定电源电压，集成运放将电流信号转换为电压信号。

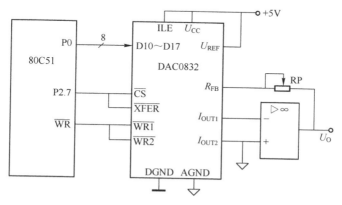

图 6-21　DAC0832 单缓冲工作方式时的接口电路

（3）双缓冲工作方式

在多路 D-A 转换的情况下，若要求同步输出，必须采用双缓冲工作方式。例如，智能示波器，要求同步输出 X 轴信号和 Y 轴信号，若采用单缓冲方式，X 轴信号和 Y 轴信号只能先后输出，不能同步，会形成光点偏移。图 6-22a 所示为 DAC0832 双缓冲工作方式时的接口电路。图 6-22b 所示为该电路的逻辑框图。P2.5 选通 DAC0832（1）的输入寄存器。P2.6 选通 DAC0832（2）的输入寄存器，P2.7 同时选通两片 DAC0832 的 DAC 寄存器。工作时 CPU 先向 DAC0832（1）输出 X 轴信号，后向 DAC0832（2）输出 Y 轴信号，但是该两信号均只能锁存在各自的输入寄存器内，而不能进入 D-A 转换器。只有当 CPU 由 P2.7 同时选通两片 DAC0832 的 DAC 寄存器时，X 轴信号和 Y 轴信号才能分别同步地通过各自的 DAC 寄存器进入各自的 D-A 转换器，同时进行 D-A 转换，此时从两片 DAC0832 输出的信号是同步的。

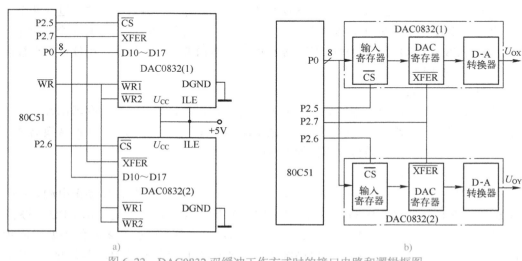

图 6-22　DAC0832 双缓冲工作方式时的接口电路和逻辑框图

a) 接口电路　b) 逻辑框图

综上所述，这 3 种工作方式的区别是：直通方式不选通，直接 D-A；单缓冲方式，一次选通；双缓冲方式，二次选通。至于 5 个控制引脚如何应用，可灵活掌握。80C51 的 $\overline{\text{WR}}$ 信号在 CPU 执行写外 RAM 指令 MOVX 时能自动有效，可接两片 DAC0832 的 $\overline{\text{WR1}}$ 或 $\overline{\text{WR2}}$，但 $\overline{\text{WR}}$ 属 P3 口第二功能，负载能力为 4 个 TTL 门，现要驱动两片 DAC0832 共 4 个 $\overline{\text{WR}}$ 片选端门，显然不适当。因此，宜用 80C51 的 $\overline{\text{WR}}$ 与两片 DAC0832 的 $\overline{\text{WR1}}$ 相连，将 $\overline{\text{WR2}}$ 分别接地。

思考和练习 6

6.1　什么叫 A-D 转换？为什么要进行 A-D 转换？

6.2　一个 8 位 A-D 转换器的分辨率是多少？若基准电压为 5V，该 A-D 转换器能分辨的最小电压变化是多少？10 位和 12 位呢？

6.3　在图 6-1 所示的电路中，怎样启动 ADC0809 A-D 转换？

6.4　图 6-5 电路中，将 ADC0832 数据输入、输出端 DI、DO 端连接在一起，会不会引起冲突？

6.5　什么叫 D-A 转换？基本原理是什么？若 D=65H，U_{REF}=5V，求 D-A 转换后的输出电压多少？

6.6　什么叫单缓冲和双缓冲工作方式？各有什么功能？

6.7　已知 ADC0809 A-D 转换中的 DPTR 值，试指出其片选端和当前 A-D 的通道编号。

① DPTR=DFF9H　　　　　　　　　　　② DPTR=FDFFH

6.8　已知 ADC0809 片选端和当前 A-D 的通道编号，试指出 A-D 转换中的 DPTR 值。

① 片选端：P2.4；通道编号：0　　　　② 片选端：P2.0；通道编号：6

6.9　参照任务 18.1 节，要求用查询方式实现 A-D 转换，试画出 Proteus ISIS 虚拟电路，编制程序，并仿真调试。

6.10　参照任务 18.1 节，要求用延时等待方式实现 A-D 转换，试画出 Proteus ISIS 虚拟电路，编制程序，并仿真调试。

6.11　根据下列已知条件，试求 D/A 转换后的输出电压 U_A。

① D=80H，U_{REF}=5V，N=8　　　　　② D=345H，U_{REF}=3V，N=12

6.12　已知 DAC0832 D-A 单缓冲电路如图 6-21 所示，要求输出图 6-23 所示的连续锯齿波，其峰值对应 FFH，f_{OSC}=6MHz，试编制程序，画出 Proteus ISIS 虚拟电路，并仿真调试。

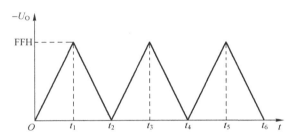

图 6-23　DAC0832 D-A 单缓冲电路和连续锯齿波

第7章 时钟、测温和驱动步进电动机

时钟、测温和驱动步进电动机等是单片机控制系统常见、常用的课题。

项目 21 时钟

单片机控制实时时钟，产生秒时基通常有两种途径：一种是采用单片机片内定时/计数器，另一种是依靠片外实时时钟芯片。本项目介绍这两种方法的电路及其控制程序。

任务 21.1 模拟电子钟（秒时基由 80C51 定时器产生）

80C51 定时/计数器有 4 种工作方式，其中方式 2 能自动恢复定时初值，不会因重装定时初值而形成较大的累计误差，只要晶振频率稳定正确，时钟精度就可达到很高水平。因此，由 80C51 定时/计数器产生秒时基，应采用工作方式 2。

由 80C51 定时器产生秒时基的模拟电子钟电路如图 7-1 所示。f_{osc}=6MHz，要求由 80C51 定时器产生秒时基，74LS595（功能表见表 5-5）串行输出，驱动 6 位共阳 LED 数码管显示时、分、秒，4 个发光二极管秒闪烁。K_0（修正）、K_1（移位）、K_2（加 1）为时钟校正按键。其控制过程是：按下 K_0（带锁），进入时钟修正；按一次 K_1（不带锁），被修正位（快速闪烁）按时分秒次序右移（循环往复）；按一次 K_2（不带锁），被修正位加 1（最大值不超过时钟规定值，超过复 0）；释放 K_0，退出时钟修正。

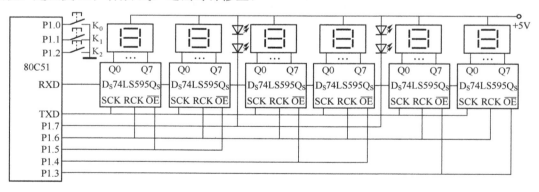

图 7-1 由 80C51 定时器产生秒时基的模拟电子钟电路

1. 编程

用定时器方式 2 产生秒时基：当 f_{osc}=6MHz 时，可定时 500μs。对 500μs 计数 2 000 次，可得到 1s 时基；再对 1s 计数 60 次，可得 1min；对 1min 计数 60 次，可得 1h；对 1h 计数 24 次，可得 1 天。

$T0_{初值}$=2^8-500μs/2μs=256-250=6。因此，TH0 =TL0 = 06H。

T1 用于时钟校正时的校正位闪烁，采用方式 1，最大定时为 131ms，正好用于修正位闪烁，不需设置和重装定时初值。

```
#include <reg51.h>                          //包含访问 sfr 库函数 reg51.h
sbit  K0=P1^0;                              //定义 K0 为 P1.0（时钟修正标志键）
sbit  K1=P1^1;                              //定义 K1 为 P1.1（修正移位键）
sbit  K2=P1^2;                              //定义 K2 为 P1.2（修正加 1 键）
sbit  OEs=P1^3;                             //定义 OEs 为 P1.3（秒输出控制端，0 有效）
sbit  OEm=P1^4;                             //定义 OEm 为 P1.4（分输出控制端，0 有效）
sbit  OEh=P1^5;                             //定义 OEh 为 P1.5（时输出控制端，0 有效）
sbit  RCK=P1^6;                             //定义 RCK 为 P1.6（输出锁存控制端，上升沿有效）
sbit  LED=P1^7;                             //定义 LED 为 P1.7（秒闪烁控制端，0 有效）
unsigned int  ms05=0;                       //定义 0.5ms 计数器 ms05，并清 0
unsigned char  h=0, m=0, s=0;               //定义时分秒计数器 h、m、s，并清 0
unsigned char  n=0;                         //定义修正位序号 n
unsigned char  code  c[10]={                //定义共阳逆序字段码数组，并赋值
  0x03,0x9f,0x25,0x0d,0x99,0x49,0x41,0x1f,0x01,0x09};
void  disp6 ( ){                            //6 位显示子函数
  unsigned char  i;                         //定义序号变量 i
  unsigned char  a[6];                      //定义时分秒数组 a[6]
  a[5]=c[h/10]; a[4]=c[h%10];               //取出时显示字段码
  a[3]=c[m/10]; a[2]=c[m%10];               //取出分显示字段码
  a[1]=c[s/10]; a[0]=c[s%10];               //取出秒显示字段码
  for (i=0; i<6; i++){                       //6 位显示字段码依次串行输出
    SBUF=a[i];                              //串行发送一帧数据
    while (TI==0); TI=0;}                   //等待一帧数据串行发送完毕，完毕后 TI 清 0
  RCK=0; RCK=1;}                            //74HC595 RCK 端输入触发正脉冲
void  key ( ){                             //时钟校正键处理子函数
  while (K0==1);                            //等待时钟修正键被按下
  while (K0==0) {TR1=1;                      //时钟修正键被按下，T1 运行
    if (K1==0){                             //若移位键被按下，则
      while (K1==0);                        //等待移位键被释放
      n++; if (n==3) n=0;}                  //移位键被释放后，修正位序号加 1；若序号超限，复 0
    if (K2==0){                             //若加 1 键被按下，则
      while (K2==0);                        //等待加 1 键被释放
      switch (n){                           //switch 散转，根据修正位序号分别修正时、分、秒
        case 0: {h++;                       //时计数器加 1
          if (h==24)  h=0; break;}          //若时计数器超限，复 0，跳出加 1 循环
        case 1: {m++;                       //分计数器加 1
          if (m==60)  m=0; break;}          //若分计数器超限，复 0，跳出加 1 循环
        case 2: {s++;                       //秒计数器加 1
          if (s==60)  s=0; break;}}         //若秒计数器超限，复 0，跳出加 1 循环
      disp6 ();}}}                          //刷新显示
void  main ( ){                            //主函数
  TMOD=0x12;                               //置 T0 定时器方式 2，T1 定时器方式 1
  SCON=0;                                  //置串口方式 0
  TH0=TL0=0x06;                            //置 T0 定时 0.5ms 初值（fosc=6MHz）
  IP=0x02; TR0=1;                          //置 T0 高优先级，T0 运行
```

```
        IE=0x8a;                          //T0、T1 开中，串行禁中
        P1=0xc7;                          //秒闪烁暗，时分秒允许显示，3 位修正键置输入状态
        disp6 ();                         //74HC595 允许输出，初始显示 0
        while(1)                          //无限循环，等待中断和校正时钟
            key ( );}                     //调用时钟校正键处理子函数
    void  t0( )   interrupt 1{            //T0 中断函数（0.5ms 中断）
        ms05++;                           //0.5ms 计数器加 1
        if (K0==1) {TR1=0;                //若时钟修正键已被释放，T1 停运行
            OEh=0; OEm=0; OEs=0;}         //时分秒显示停闪烁
        if (ms05==1000)   LED=!LED;       //0.5s 到，秒闪烁亮
        if (ms05==2000)   {LED=!LED;      //1s 到，秒闪烁暗
            ms05=0;                       //0.5ms 计数器清 0
            if (++s==60) {s=0;            //秒计数器加 1，满 60s，秒计数器清 0
                if (++m==60) {m=0;        //分计数器加 1，满 60min，分计数器清 0
                    if (++h==24)   h=0;}} //时计数器加 1，满 24h，时计数器清 0
            disp6 ();}}                   //满 1s，刷新显示
    void  t1( )   interrupt 3{            //T1 中断函数（修正位闪烁中断）
        switch (n) {                      //switch 散转，根据修正位序号闪烁
            case 0: {OEh=!OEh; OEm=0; OEs=0; break;}   //时显示闪烁
            case 1: {OEm=!OEm; OEh=0; OEs=0; break;}   //分显示闪烁
            case 2: {OEs=!OEs; OEh=0; OEm=0; break;}}} //秒显示闪烁
```

2. Keil C51 软件调试和 Proteus ISIS 虚拟电路仿真

1）编译链接，无语法错误后，自动生成 Hex 文件。

2）画出 ProteusISIS 虚拟仿真模拟电子钟电路，如图 7-2 所示。其中，80C51 在 Microproces sor ICs 库中。74LS595 在 TTL 74LS series 库中；数码管在 Optoelectronics→7-Segment Displays 库中，选共阳型 7 段 LED 数码管 7SEG-MPX1-CA；按键在 Switches & Relays→Switches 库中，选 BUTTON 型。

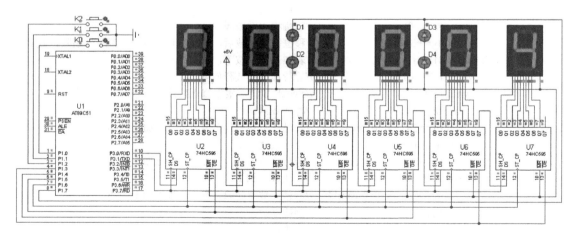

图 7-2　Proteus ISIS 虚拟仿真模拟电子钟（运行中）电路

3）用鼠标左键双击图 7-2 中的 AT89C51，装入在 Keil 编译时自动生成的 Hex 文件，全速运行后，6 位 LED 显示为 00:00:00，然后计时运行，4 个发光二极管秒闪烁。

4）按下 K_0（用左键单击右侧小红点，锁定；再次单击，释放），进入时钟修正。首先两位时数据快速闪烁，表示时位允许修正。此时每按一次 K_2（用左键单击键图形中键盖帽"⊏⊐"，单击一次，键闭合后弹开一次，不闭锁），时位显示数加 1，但不超过时最大值 23，超过时复 0。若按一次 K_1（方法同 K_2），则被修正位（快速闪烁，表示该位允许修正）右移至分位数据；再按一次 K_1，被修正位（快速闪烁）右移至秒位数据；再按一次 K_1，被修正位回复到时位数据。按一次 K_2（方法同上），分、秒显示数加 1，但均不超过最大值 59，超过时复 0。

任务 21.2 DS1302 实时时钟（LCD1602 液晶屏显示）

任务 21.1 采用单片机片内定时/计数器产生秒时基，其优点是不需外接实时时钟芯片，但也有缺点：一方面需要占用宝贵的硬件资源（定时/计数器）；另一方面，受停电、关机等因素的影响使得计时不连续，复位时需要重新初始化和校时。若采用外接实时时钟芯片，则能很好地解决这些问题。

用于单片机控制的实时时钟芯片很多。目前，性价比较高、应用较广的是美国 DALLAS 公司推出的 DS1302 芯片，它采用 32.768kHz 晶振，可对年、星期、月、日、时、分、秒进行计时，本任务介绍其与 80C51 的接口电路和应用程序。

已知时钟 DS1302 并 LCD1602 液晶显示电路如图 7-3 所示。要求开机显示 2012 年 1 月 1 日 13 时 47 分 58 秒，星期日（7）。时钟修正按键 K_0（修正）、K_1（移位）、K_2（加 1）的控制过程为：按下 K_0（带锁），进入时钟修正；按一次 K_1（不带锁），被修正位（快速闪烁）按年、周、月、日、时、分、秒次序循环往复；按一次 K_2（不带锁），被修正位加 1（最大值不超过时钟规定值，超过复 0）；释放 K_0，退出时钟修正。

有关时钟 DS1302 芯片和液晶显示屏 LCD1602，读者可分别阅读基础知识 7.1 和 5.3 的内容。

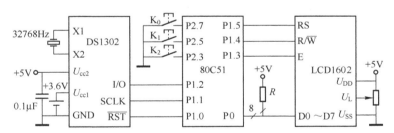

图 7-3 DS1302 时钟并 LCD1602 液晶显示电路

1. 编程

```
#include <reg51.h>              //包含访问 sfr 库函数 reg51.h
#define  uchar  unsigned char   //用 uchar 表示 unsigned char
#define  uint  unsigned int     //用 uint 表示 unsigned int
sbit  RST=P1^0;                 //定义 RST 为 P1.0（1302 复位/片选端）
sbit  SCLK=P1^1;                //定义 SCLK 为 P1.1（1302 时钟端）
sbit  IO=P1^2;                  //定义 IO 为 P1.2（1302 数据端）
sbit  E=P1^3;                   //定义 E 为 P1.3（LCD1602 使能片选端）
sbit  RW=P1^4;                  //定义 RW 为 P1.4（LCD1602 读/写控制端）
sbit  RS=P1^5;                  //定义 RS 为 P1.5（LCD1602 寄存器选择端）
```

sbit K0=P2^7;	//定义 K₀ 为 P2.7（时钟修正标志键）
sbit K1=P2^5;	//定义 K₁ 为 P2.5（时钟修正移位键）
sbit K2=P2^3;	//定义 K₂ 为 P2.3（时钟修正加 1 键）
sbit ACC7 = ACC^7;	//定义 ACC7 为累加器 A 第 7 位 ACC.7
bit f=0;	//定义 0.15s 标志 f
uchar m=0,n=6;	//定义 50ms 计数器 m 和修正位序号 n，n 赋值 6（年序号）
uchar b[8];	//定义数组 b，内存秒、分、时、日、月、星期、年即时读出值（BCD 码）
uchar y[]="2000-00-00-Week0" ;	//定义LCD1602第一行年月日显示数组y：20××-××-××-Week×
uchar h[]="00:00:00--------";	//定义 LCD1602 第二行时分秒显示数组 h：××:××:××————
void Wr8b (uchar d);	//DS1302 写 8 位数据子函数。略，见基础知识 7.1
uchar Rd8b ();	//DS1302 读 8 位数据子函数。略，见基础知识 7.1
void Cmd_Wr(uchar c,d);	//DS1302 命令写一字节子函数。略，见基础知识 7.1
void Bst_Rd_T(uchar t[]);	//DS1302 突发读时钟子函数。略，见基础知识 7.1
void Bst_Wr_T(uchar t[]);	//DS1302 突发写时钟子函数。略，见基础知识 7.1
void out (unsigned char x);	//LCD1602 并行数据输出子函数。略，见项目 16
void init1602 ( );	//LCD1602 初始化设置子函数。略，见项目 16
void wr1602(unsigned char d[],a);	//写 LCD1602 子函数。略，见项目 16
void chag (uchar y[],uchar h[],uchar b[]){	//时钟数据转换显示数子函数，形参：y[]、h[]、b[]
y[2]=(0x30+b[6]/16);	//年十位数转换为 ASCII 码（除以 16 为高 8 位）
y[3]=(0x30+b[6]%16);	//年个位数转换为 ASCII 码（除以 16 的余数为低 8 位）
y[5]=(0x30+b[4]/16);	//月十位数转换为 ASCII 码（加 30 是转换为 ASCII 码）
y[6]=(0x30+b[4]%16);	//月个位数转换为 ASCII 码
y[8]=(0x30+b[3]/16);	//日十位数转换为 ASCII 码
y[9]=(0x30+b[3]%16);	//日个位数转换为 ASCII 码
if (b[5]==1) y[15]=7+0x30;	//若周日数据为 1，转换为星期 7（日）
else y[15]=b[5]-1+0x30;	//否则，周日数据减 1。2～7 对应星期一～星期六
h[0]=(0x30+b[2]/16);	//时十位数转换为 ASCII 码
h[1] =(0x30+b[2]%16);	//时个位数转换为 ASCII 码
h[3]=(0x30+b[1]/16);	//分十位数转换为 ASCII 码
h[4]=(0x30+b[1]%16);	//分个位数转换为 ASCII 码
h[6]=(0x30+b[0]/16);	//秒十位数转换为 ASCII 码
h[7]=(0x30+b[0]%16);}	//秒个位数转换为 ASCII 码
void revis (){	//时钟修正键子函数
uchar i;	//定义循环序号 i
uchar d[7];	//定义数组 d，内存秒、分、时、日、月、星期、年修正值（十六进制数）
if (K1==0){	//若移位键按下，则
while (K1==0);	//等待移位键释放
n--;	//移位键释放后，修正位序号减 1
if (n>6) n=6;}	//若修正位序号超限，复 6
if (K2==0){	//若加 1 键按下，则
while (K2==0);	//等待加 1 键释放
for (i=0; i<7; i++)	//7 位时钟数据（BCD 码）依次转换为十六进制数
d[i]=(((b[i]/16)*10)+(b[i]%16));	//时钟数据（BCD 码）转换为十六进制数
d[n]++;	//修正位数据（十六进制数）加 1
if (d[6]>99) d[6]=0;	//年数>99，复 0

180

```
     if (d[5]>7)   d[5]=1;                    //星期数>7，复 1
     if (d[4]>12)   d[4]=1;                   //月数>12，复 1
     if (((d[6]%4)==0)&(d[4]==2)&(d[3]>29))
        d[3]=1;                               //闰年 2 月，日数>29，复 1
     else   if (((d[6]%4)!=0)&(d[4]==2)&(d[3]>28))
        d[3]=1;                               //非闰年 2 月，日数>28，复 1
     else   if (((d[4]==4)|(d[4]==6)|(d[4]==9)|(d[4]==11))&(d[3]>30))
        d[3]=1;                               //4、6、9、11 月，日数>30，复 1
     else   if (d[3]>31)   d[3]=1;            //其余月份，日数>31，复 1
     if (d[2]>23)   d[2]=0;                   //时数>23，复 0
     if (d[1]>59)   d[1]=0;                   //分数>59，复 0
     if (d[0]>59)   d[0]=0;                   //秒数>59，复 0
     ET0=0;                                   //时钟修正期间 T0 禁中
     for (i=0; i<7; i++)                      //7 位十六进制时钟数据依次转换为 BCD 码
        b[i]=((d[i]/10)*16)+(d[i]%10);        //十六进制时钟数据转换为 BCD 码时钟数据
     Bst_Wr_T(b);                             //突发写时钟
     ET0=1;}}                                 //时钟修正完毕，T0 开中
 void   main( ) {                             //主函数
   uchar a[8]={                               //定义数组 a，内存秒、分、时、日、月、星期、年初始值（BCD 码）
      0x58,0x47,0x13,0x01,0x01,0x01,0x12,0};  //2012 年 1 月 1 日 13 时 47 分 58 秒，星期日（7）
     TMOD=1;                                  //置 T0 定时器方式 1
     TH0=0x3c; TL0=0xb0;                      //置 T0 初值 50ms
     IP=0x02; IE=0x82;                        //置 T0 为高优先级中断，T0 开中
     Cmd_Wr(0x8e,0);                          //关闭写保护
     Bst_Wr_T(a);                             //突发写时钟初始值
     E=0;                                     //LCD1602 使能端 E 低电平，准备
     init1602 ( );                            //LCD1602 初始化设置
     Bst_Rd_T(b);                             //突发读时钟即时值
     chag (y,h,b);                            //时钟数据转换显示数
     wr1602 (y, 0x80);                        //写 LCD1602 第一行数据
     wr1602 (h, 0xc0);                        //写 LCD1602 第二行数据
     TR0=1;                                   //T0 运行
     while(1)                                 //无限循环，等待时钟修正键被按下
        if (K0==0)   revis ();}               //调用时钟修正子函数
 void   t0 ( )   interrupt 1{                 //T0 中断函数
   TH0=0x3c; TL0=0xb0;                        //重置 T0 初值 50ms
   m++;                                       //50ms 计数器加 1
   if ((K0==0)&(m>=3)) {m=0;                  //若时钟修正键被按下且满 0.15s，50ms 计数器清 0
     Bst_Rd_T(b);                             //突发读时钟即时值
     chag (y,h,b);                            //时钟数据转换显示数子函数
     f=!f;                                    //0.15s 标志取反
     if (f==1){                               //若满 0.3s，修正位闪烁
       switch (n){                            //根据 n，选择相应修正位闪烁
          case 0: {h[6]=0; h[7]=0;} break;       //秒闪烁，跳出 switch 语句
          case 1: {h[3]=0; h[4]=0;} break;       //分闪烁，跳出 switch 语句
          case 2: {h[0]=0; h[1]=0;} break;       //时闪烁，跳出 switch 语句
```

```
        case 3: {y[8]=0; y[9]=0;} break;      //日闪烁，跳出 switch 语句
        case 4: {y[5]=0; y[6]=0;} break;      //月闪烁，跳出 switch 语句
        case 5: y[15]=0;          break;      //星期闪烁，跳出 switch 语句
        case 6: {y[2]=0; y[3]=0;} break;      //年闪烁，跳出 switch 语句
        default:              break;}}        //否则不闪烁
      wr1602 (y, 0x80);                       //写 LCD1602 第一行数据
      wr1602 (h, 0xc0);}                      //写 LCD1602 第二行数据
   if ((K0!=0)&(m>=20)) {m=0;                 //若时钟修正键未按下，且满 1s，50ms 计数器清 0
      Bst_Rd_T(b);                            //突发读时钟即时值
      chag (y,h,b);                           //时钟数据转换显示数子函数
      wr1602 (y, 0x80);                       //写 LCD1602 第一行数据
      wr1602 (h, 0xc0);}}                     //写 LCD1602 第二行数据
```

2. Keil C51 软件调试和 Proteus ISIS 虚拟电路仿真

1）编译链接，无语法错误后，自动生成 Hex 文件。

2）画出 ProteusISIS 虚拟仿真 DS1302 时钟并 LCD1602 液晶显示电路，如图 7-4 所示。其中，80C51 在 Microprocessor ICs 库中；DS1302 在 Microprocessor ICs→All Sub Categories 库中；LCD1602 显示屏在 Optoelectronics→Alphanumeric LCDs 库中，选 LM016L；排阻在 Resistors→Resistor Packs 库中，选 RESPACK-8；晶振在 Miscellaneous 库中，选 CRYSTAL。

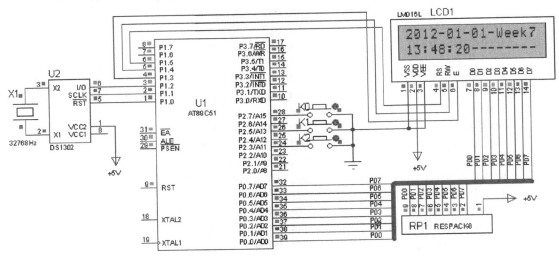

图 7-4　Proteus ISIS 虚拟仿真 DS1302 时钟并 LCD1602 液晶显示电路（运行中）

3）用鼠标左键双击图 7-4 中的 AT89C51，装入在 Keil 编译时自动生成的 Hex 文件。全速运行后，LCD1602 显示实时时钟，初始值为程序中设置的 2012 年 1 月 1 日 13 时 47 分 58 秒星期 7（日），并随后不断更新实时数值。用鼠标右键单击 DS1302，弹出右键子菜单，鼠标指向最后一行 DS1302，跳出下拉式子菜单 "Clock-U2"，用左键单击，跳出 DS1302 内部时钟寄存器显示框，框内显示实时时钟数据。

4）按下 K0（用左键单击右侧小红点，锁定；再次单击，释放），进入时钟修正。首先年数据快速闪烁，表示年数据允许修正。此时每按一次 K2（用左键单击键图形中键盖帽 "▭"，单击一次，键闭合后弹开一次，不闭锁），年数据显示数加 1，但不超过年最大值 2 099，超过

时复位 2 000。

若再按一次 K_1（不闭锁，方法同 K_2），被修正位（快速闪烁，表示该位允许修正）移至周数据，每按一次 K_2，周数据显示数加 1，但不超过周最大值 7，超过时复位 1。

再按一次 K_1，被修正位（快速闪烁）移至月数据，每按一次 K_2，月数据显示数加 1，但不超过月最大值 12，超过时复位 1。

再按一次 K_1，被修正位（快速闪烁）移至日数据，每按一次 K_2，日数据显示数加 1，但不超过规定的最大值（闰年 2 月，日数≤29；非闰年 2 月，日数≤28；4、6、9、11 月，日数≤30；其余月份，日数≤31），超过时复位 1。

再按一次 K_1，被修正位（快速闪烁）移至时数据，每按一次 K_2，时数据显示数加 1，但不超过最大值 23，超过时复位 0。

再按一次 K_1，被修正位（快速闪烁）移至分数据，每按一次 K_2，分数据显示数加 1，但不超过最大值 59，超过时复位 0。

再按一次 K_1，被修正位（快速闪烁）移至秒数据，每按一次 K_2，秒数据显示数加 1，但不超过最大值 59，超过时复位 0。

再按一次 K_1，被修正位（快速闪烁）重新移至年数据。这样，按年、星期、月、日、时、分、秒次序循环往复；按一次 K_2（不带锁），被修正位加 1（最大值不超过时钟规定值）；释放 K_0，退出时钟修正。

5）若删除主函数中突发写时钟初始值语句 "Bst_Wr_T(a);"，重新编译链接，生成 Hex 文件并装入 AT89C51 中，全速运行后，LCD1602 将直接显示 PC 时间。

项目 22　DS18B20 测温

测温、控温是单片机控制系统常见的课题。首先要测温，然后才是控温。测温的元器件和方法很多，本项目介绍性价比较高的 DS18B20 "1-Wire" 单总线测温电路及其控制程序。

有关 DS18B20 可阅读基础知识 7.2 节。

已知 DS18B20 测温电路如图 7-5 所示，要求实时测温并显示温度值，最高位显示温度正负，最低位显示摄氏符号 "C"，中间 4 位为百、十、个、十分位温度值，小数点固定在个位。试编制程序，画出 Proteus ISIS 虚拟电路，并仿真调试。

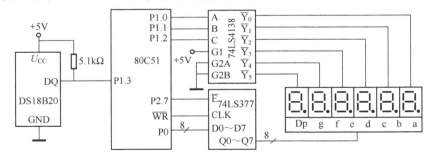

图 7-5　DS18B20 测温电路

1．编程

  #include<reg51.h>   //包含访问 sfr 库函数 reg51.h

```c
#include <absacc.h>                              //包含绝对地址访问库函数 absacc.h
#include<intrins.h>                              //包含内联库函数 intrins.h
#define   uchar   unsigned char                  //用 uchar 表示 unsigned char
sbit DQ=P1^3;                                    //定义 DS18B20 DQ 端与 80C51 连接端口
uchar   a[6]={                                   //定义显示字段码数组 a
   0x40,0x40,0x40,0x40,0x40,0x40};               //先赋值未测温标志符号"------"
uchar   b[]={                                    //定义温度二进制小数→十进制小数转换数组 b
   0,1,1,2,3,3,4,4,5,6,6,7,8,9,9};
uchar code   c[10]={                             //定义共阴字段码表数组
   0x3f,0x06,0x5b,0x4f,0x66,0x6d,0x7d,0x07,0x7f,0x6f};
void   delay (uchar   i){                        //延时子函数,形参 i
   while (i--);}                                 //递减延时
void   reset1820 (){                             //DS18B20 复位子函数
   DQ=1; _nop_();                                //数据端拉高,并延时稳定
   DQ=0;                                         //数据端拉低,发复位脉冲信号
   delay (80);                                   //延时大于 480μs
   DQ=1;                                         //数据端拉高,复位脉冲信号结束
   delay (9);}                                   //延时大于 60μs
uchar   rd1820 (){                               //读 DS18B20 一字节子函数
   uchar   i, d=0;                               //定义循环序数 i,读 DS18B20 数据 d
   for (i=0;i<8;i++){                            //循环,读 DS18B20
      DQ=0;                                      //数据端拉低
      d>>=1;                                     //数据右移一位
      DQ=1; _nop_();                             //数据端拉高,并延时稳定
      if (DQ)   d|=0x80;                         //若 DS18B20 数据为 1,"或"入数据 d
      delay (9);}                                //延时大于 60μs
   return   d;}                                  //返回读出数据
void   wr1820 (uchar   d){                       //写 DS18B20 一字节子函数,形参:写入数据 d
   uchar   i;                                    //定义循环序数 i
   for (i=0;i<8;i++){                            //循环,写 DS18B20
      DQ=0; _nop_();                             //数据端拉低,并延时稳定
      DQ=d&0x01;                                 //发送一位数据(最低位)
      delay (9);                                 //延时大于 60μs
      DQ=1;                                      //数据端拉高
      d>>=1;}}                                   //数据右移一位
void   chag (uchar   x[],uchar   y[]){           //温度数据 x[]转换为显示字段码 y[]子函数
   y[5]=0x39;                                    //最低显示位置摄氏温度符号 C 字段码
   y[0]=0;                                       //最高显示位先置消隐(表示正值)字段码
   if ((x[1]&0xf8)==0xf8){                       //若温度数据高 5 位为 11111,温度为负值,则
      x[1]=~x[1];                                //高 8 位取反
      x[0]=~x[0]+1;                              //低 8 位取反加 1(补码转换为原码)
      if (x[0]==0)   x[1]=x[1]+1;                //若低 8 位为 0(进位),高 8 位再加 1
      y[0]=0x40;}                                //最高显示位置负号(-)字段码
   y[4]=b[x[0]&0x0f];                            //取出温度数据小数位,先查表转换为十进制小数
   y[4]=c[y[4]];                                 //再转换为显示字段码
```

```
    x[1]=(x[1]&0x0f)<<4;              //取出高 8 位温度数据中低 4 位，并左移至高 4 位
    x[0]=(x[0]&0xf0)>>4;              //取出低 8 位温度数据中高 4 位，并右移至低 4 位
    x[0]=x[0] | x[1];                 //组合（或）形成温度整数值
    y[1]=x[0]/100;                    //取出温度整数数据百位数字
    y[2]=(x[0]%100)/10;              //取出温度整数数据十位数字
    y[3]=c[x[0]%10]|0x80;           //取出温度整数数据个位数字，转换为显示字段码并加小数点
    if (y[1]!=0)   y[1]=c[y[1]];     //若百位数字不是 0，百位转换为相应显示字段码，否则消隐
    if ((y[1]!=0)|(y[2]!=0))         //若百、十位数字中有一个不是 0
        y[2]=c[y[2]];}              //十位转换为相应显示字段码，否则消隐
void   disp (uchar  n){              //循环扫描显示 n 次子函数
  uchar   i,j;                       //定义循环序数 i、j
  for (j=0; j<n; j++){               //循环显示 n 次
     for (i=0; i<6; i++){            //6 位依次输出
        P1=(P1&0xf8)+i;              //输出显示位码
        XBYTE[0x7fff]=a[i];          //输出相应位显示字段码
        delay (250);}}}            //延时约 1.5ms
void    main ( ){                    //主函数
  uchar    t[2];                     //定义 DS18B20 温度数据数组 t
  while(1){                          //无限循环：测温→扫描显示 100 次（约 0.9s）→再测温
     reset1820 ();                   //DS18B20 复位
     if (DQ= =0){                    //若 DS18B20 正确复位，则
        delay (12);                  //延时大于 80μs，等待 DS18B20 复位释放过程结束
        wr1820 (0xcc);               //发跳过 ROM 操作指令
        wr1820 (0x44);               //发启动温度转换操作指令
        reset1820 ();                //DS18B20 再次复位
        delay (12);                  //延时大于 80μs，等待 DS18B20 复位释放过程结束
        wr1820 (0xcc);               //发跳过 ROM 操作指令
        wr1820 (0xbe);               //发读温度转换数据操作指令
        t[0]=rd1820 ();              //读温度转换数据低 8 位
        t[1]=rd1820 ();              //读温度转换数据高 8 位
        chag (t,a);}                 //温度数据 t[]转换为显示字段码 a[]
     disp (100);}}                   //循环扫描显示 100 次（约 0.9s）
```

2．Keil 编译调试

实时测温因涉及外围元器件 DS18B20 和显示电路，无法进行全面软件调试，只能进行编译链接。在编译链接后，查看是否有语法错误，无错时，自动生成 Hex 文件。或者，将每个子函数分段调试。此时，需将子函数名改为 main，否则无法进行。可重点察看延时子函数延时时间、温度数据 x[]转换为显示字段码 y[]子函数（需先设置温度数据）、循环扫描显示 n 次子函数等功能。

3．Proteus 虚拟仿真调试

1）画出图 7-5 所示电路的 ProteusISIS 虚拟仿真 DS18B20 测温并显示电路，如图 7-6 所示。其中，80C51 在 Microprocessor ICs 库中；74LS373、74LS138、74LS02 在 TTL 74LS series 库中；DS18B20 在 Data Converters 库中；显示屏在 Optoelectronics→7-Segment Displays 库中，7SEG-MPX6 为共阴型 6 位 7 段 LED 显示屏；电阻器在 Resistors 库中，选 Chip Resistor 1/8W

5%电阻。

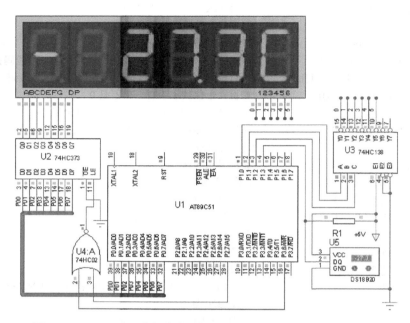

图 7-6 Proteus ISIS 虚拟仿真 DS18B20 测温并显示电路（运行中）

2）虚拟仿真运行。

① 用鼠标左键双击图 7-6 中的 AT89C51，装入在 Keil 编译时自动生成的 Hex 文件。

② 全速运行，显示屏先瞬间显示 85C（原始数据），然后显示 DS18B20 温度值-27.3C。

③ 暂停运行，用左键单击主菜单"Debug"，弹出下拉式
子菜单，打开 DS18B20 片内 RAM（参阅图 1-55 和图 1-58），
可看到第 1、2 字节温度数据"4C   FE"，如图 7-7 所示。

图 7-7 DS18B20 片内 RAM 数据

高 8 位 FE，其中高 5 位为 11111，表明温度为负值。按子
函数 chag 中指令，16 位温度数据取反加 1（补码转换为原码），变换组合后，温度整数位为
1B，即 27；小数位为 4，查二进制小数→十进制小数转换数组 b[]得 3。因此显示温度为-27.3C。

④ 停止运行，用右键单击 DS18B20，弹出右键菜单，选择"Edit Properties"，打开元器
件特性编辑对话框，改变温度设置值。再次运行后，温度显示值随之改变。

读者可设置正、负各种温度值，观察电路虚拟仿真的运行情况。还可修改 DS18B20 复位
子函数中各段的延时时间，分析其对 DS18B20 复位操作的影响。

项目 23 驱动步进电动机

步进电动机是一种数控电动机，由单片机控制，比由单纯数字电路发出数控信号更灵活、
方便。因此，单片机控制步进电动机的应用越来越广泛。

有关步进电动机的基本概念可阅读基础知识 7.3 节的内容。

任务 23.1　驱动四相步进电动机

已知单片机控制四相步进电动机驱动接口电路如图 7-8 所示。图中，Kp 为正转（顺时针）按钮，Kn 为反转（逆时针）按钮，试按后面介绍的表 7-7 中所示的 8 拍激励方式编制驱动程序，画出 Proteus ISIS 虚拟电路，并仿真调试。

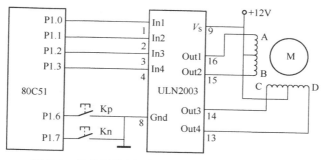

图 7-8　单片机控制四相步进电动机驱动接口电路

1. 编程

```
#include<reg51.h>                          //包含访问 sfr 库函数 reg51.h
sbit   Kp=P1^6;                            //定义位标识符 Kp 为 P1.6（正转按键）
sbit   Kn=P1^7;                            //定义位标识符 Kn 为 P1.7（反转按键）
void   main(){                             //主函数
  unsigned char   r[8]={                   //定义 8 拍驱动数组，并赋值
    0xc1,0xc3,0xc2,0xc6,0xc4,0xcc,0xc8,0xc9};
  unsigned char   i;                       //定义无符号字符型变量 i（循环序数）
  unsigned int   t;                        //定义无符号整型变量 t（延时参数）
  P1=0xf0;                                 //清 P1 口低 4 位数据
  while(1){                                //无限循环执行下列语句
    if ((Kp==0)&(Kn!=0)){                  //若单独按下正转键
      for (i=0;i<8;i++){                   //循环正转
        P1=(P1&0xf0)|r[i];                 //依次输出正转控制字
        for (t=0;t<10000;t++);}}           //约延时 60ms
    else   if ((Kn==0)&(Kp!=0)){           //若单独按下反转键
      for (i=7;i<8;i--){                    //循环反转
        P1=(P1&0xf0)|r[i];                 //依次输出反转控制字
        for (t=0;t<10000;t++);}}           //约延时 60ms
    else   P1&=0xf0;}}                     //否则，停转
```

说明：程序中 8 拍驱动数组将表 7-7 中所示的 8 拍驱动数据高 4 位从 "0" 改为 "c" 的原因是为了始终保持 P1.6、P1.7 的输入态。

2. Keil C51 软件调试和 Proteus ISIS 虚拟电路仿真

1）编译链接，无语法错误后，自动生成 Hex 文件。

2）画出 ProteusISIS 虚拟仿真四相步进电动机驱动电路，如图 7-9 所示。其中，80C51 在 Microprocessor ICs 库中。步进电动机在 Electromechanical 库中，选 MOTOR-STEPPER；ULN2003A 在 Analog Ics→Miscellaneous 库中；按键在 Switches & Relays→Switches 库中，选

BUTTON 型；可用左键单击图 1-17b 中虚拟仪表图标""选择示波器，在仪表选择窗口下拉菜单中选择"OSCILLOSCOPE"进行放置。

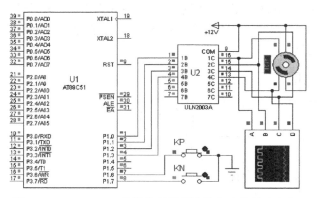

图 7-9 Proteus ISIS 虚拟仿真四相步进电动机驱动电路

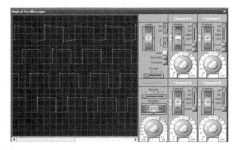

图 7-10 四相步进电动机驱动电流的波形

3）用鼠标左键双击图 7-9 中的 AT89C51，装入在 Keil 编译时自动生成的 Hex 文件。全速运行后，按下 Kp（用左键单击右侧小红点，将键盖帽"□-"按下，锁定），步进电动机顺时针正转；释放 Kp，按下 Kn，步进电动机逆时针反转。若同时按下 Kp、Kn，则电动机不转。

4）通过示波器观察四相步进电动机驱动电流的波形，如图 7-10 所示。

5）修改程序中步进电动机每拍的间隙（延时）时间，可调节步进电动机的转速。

任务 23.2 驱动二相步进电动机

已知单片机控制二相步进电动机驱动接口电路如图 7-11 所示。其中 Kp 为正转（顺时针）按钮，Kn 为反转（逆时针）按钮，试按表 7-8 中所示的 8 拍激励方式编制驱动程序，画出 Proteus ISIS 虚拟电路，并仿真调试。

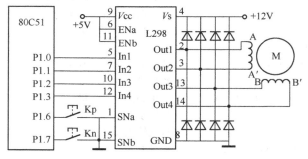

图 7-11 二相步进电动机驱动接口电路

1. 编程

图 7-11 所示的二相步进电动机接口电路驱动程序与图 7-8 所示的四相步进电动机电路驱动程序相似，只需将四相步进电动机的 8 拍驱动数组更换为表 7-8 中二相步进电动机的 8 拍驱动数组，就可实现二相步进电动机的正、反向运转。

```
#include<reg51.h>              //包含访问 sfr 库函数 reg51.h
sbit  Kp=P1^6;                 //定义位标识符 Kp 为 P1.6（正转按键）
sbit  Kn=P1^7;                 //定义位标识符 Kn 为 P1.7（反转按键）
```

```
void    main(){                               //主函数
    unsigned char   r[8]={                    //定义 8 拍驱动数组，并赋值
        0xc5,0xc1,0xc9,0xc8,0xca,0xc2,0xc6,0xc4};
    unsigned char   i;                        //定义无符号字符型变量 i（循环序数）
    unsigned int   t;                         //定义无符号整型变量 t（延时参数）
    P1=0xf0;                                   //清 P1 口低 4 位数据
    while(1){                                  //无限循环执行下列语句
        if ((Kp==0)&(Kn!=0)){                 //若单独按下正转键
            for (i=0;i<8;i++){                 //循环正转
                P1=(P1&0xf0)|r[i];            //依次输出正转控制字
                for (t=0;t<10000;t++);}}       //约延时 60ms
        else   if ((Kn==0)&(Kp!=0)){          //若单独按下反转键
            for (i=7;i<8;i--){                 //循环反转
                P1=(P1&0xf0)|r[i];            //依次输出反转控制字
                for (t=0;t<10000;t++);}}       //约延时 60ms
        else   P1&=0xf0;}}                     //否则，停转
```

说明：程序中 8 拍驱动数组将表 7-8 中所示的 8 拍驱动数据高 4 位从"0"改为"c"的原因是为了始终保持 P1.6、P1.7 的输入态。

2. Keil C51 软件调试和 Proteus ISIS 虚拟电路仿真

1）编译链接，无语法错误后，自动生成 Hex 文件。

2）画出 Proteus ISIS 虚拟仿真二相步进电动机驱动电路，如图 7-12 所示。其中，80C51 在 Microprocessor ICs 库中。步进电动机在 Electromechanical 库中，选 motor-bistepper；L298 在 Analog ICs→Miscellaneous 库中；按键在 Switches & Relays→Switches 库中，选 BUTTON 型；示波器可用左键单击图 1-17b 中虚拟仪表图标"🖵"选择示波器，在仪表选择窗口下拉菜单中选择"OSCILLOSCOPE"进行放置。

3）用鼠标左键双击图 7-12 中的 AT89C51，装入在 Keil 编译时自动生成的 Hex 文件。全速运行后，按下 Kp（用左键单击右侧小红点，将键盖帽"🔲"按下，锁定），步进电动机顺时针正转；释放 Kp，按下 Kn，步进电动机逆时针反转。若同时按下 Kp、Kn，则电动机不转。

4）通过示波器观察二相步进电动机驱动电流的波形，如图 7-13 所示。

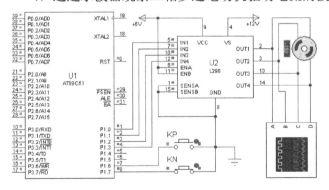

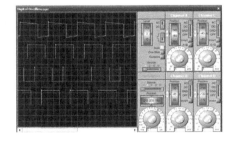

图 7-12　Proteus ISIS 虚拟仿真二相步进电动机驱动电路　　图 7-13　二相步进电动机驱动电流的波形

5）修改程序中步进电动机每拍间隙（延时）时间，可调节步进电动机的转速。

基础知识 7

7.1 DS1302 时钟芯片

DS1302 是美国 DALLAS 公司推出的一种高性能、低功耗的实时时钟芯片，性价比较高，目前在国内应用较广。该芯片采用 32.768kHz 晶振，可对年、星期、月、日、时、分、秒进行计时，具有闰年补偿功能。工作电压为 2.5～5.5V，可为掉电保护电源提供可编程的涓细电流充电功能；带有 RAM；采用三线接口与 CPU 进行串行数据传输，并可采用突发方式一次传送多个字节的时钟信号或 RAM 数据。

1. 引脚功能

图 7-14a 所示为 DS1302 芯片引脚图，图 7-14b 所示为 DS1302 时钟电路与 80C51 的接口电路。

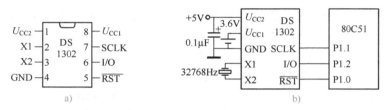

图 7-14 DS1302 时钟电路的引脚图及其与 80C51 的接口电路

a) 引脚图 b) 与 80C51 的接口电路

各引脚功能如下。

1）U_{CC1} 和 U_{CC2}：电源端。当 U_{CC2} 大于（U_{CC1}+0.2V）时，由 U_{CC2} 供电；当 U_{CC2} 小于 U_{CC1} 时，由 U_{CC1} 供电。一般，U_{CC2} 为主电源，接+5V 电源；U_{CC1} 为备用电源，可外接 3.6V 锂电池。

2）GND：接地端。

3）X1 和 X2：外接 32 768Hz 晶振。

4）I/O：串行数据输入/输出端。

5）SCLK：时钟脉冲信号输入端。

6）$\overline{RST}$：复位/片选端。$\overline{RST}$=0，DS1302 复位；$\overline{RST}$=1，允许对 DS1302 操作：写入操作控制字，读/写时钟数据或 RAM 数据。

2. 操作控制字

操作控制字实际上是一个地址，有着固定的结构，其中包含了操作对象和操作命令。DS1302 操作控制字如表 7-1 所示。

表 7-1 DS1302 操作控制字

位 编 号	D7	D6	D5	D4	D3	D2	D1	D0
功 能	1	RAM/$\overline{CK}$	A4	A3	A2	A1	A0	RD/$\overline{WR}$

D7：操作使能位。1 有效，允许操作；0 无效，禁止操作。因此，操作时 D7 必须为 1。

D6：操作数据区选择位。当 D6 为 1 时，选择操作 RAM；当 D6 为 0 时，选择操作时钟。

D5~D1：被操作单元 A4~A0 位地址，与其余各位共同组成操作单元 8 位地址信号，即操作控制字。

D0：读/写选择位。1 表示进行读操作，0 表示进行写操作。因此，读操作单元地址（控制字）均为奇数，写操作单元地址（控制字）均为偶数。

读/写 DS1302 首先要写入操作控制字。

3．读/写时序

图 7-15 所示为 DS1302 读/写时序，其串行数据传输的顺序与 80C51 串行口相同，无论输入还是输出，均从低位→高位。在图 7-15 中，控制字最低位"RD/$\overline{\text{WR}}$"最先串出，待最后操作使能位"1"串出后，紧接着下一个 SCLK 脉冲就是数据读/写。写 DS1302 是上升沿触发，读 DS1302 是下降沿触发。

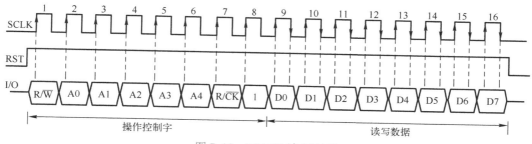

图 7-15　DS1302 读/写时序

4．寄存器

DS1302 内部共有 12 个寄存器，即控制寄存器、时钟寄存器、充电寄存器、突发寄存器和 RAM 等。有关事项说明如下。

（1）时钟寄存器

DS1302 的时钟寄存器如表 7-2 所示，有年、星期、月、日、时、分、秒等日历时钟单元。寄存器读单元地址与写单元地址分开，读时用单数（81H~8DH），写时用双数（80H~8CH）。

表 7-2　DS1302 的时钟寄存器

寄存器名称	寄存器地址（控制字）		数据								范围
	读单元	写单元	bit7	bit6	bit5	bit4	bit3	bit2	bit1	bit0	
时钟寄存器	81H	80H	CH		10s		秒				00~59
	83H	82H			10min		分				00~59
	85H	84H	12/$\overline{24}$	0	10 时/（$\overline{\text{AM}}$/PM）	时	时				1~12/0~23
	87H	86H	0	0	10 日		日				1~31
	89H	88H	0	0	0	10 月	月				1~12
	8BH	8AH	0	0	0	0	0	星期			1~7
	8DH	8CH			10 年		年				00~99
写保护	8FH	8EH	WP=1	0	0	0	0	0	0	0	
充电寄存器	91H	90H			TCS			DS	RS		
时钟突发	BFH	BEH									
RAM	C1H~FDH	C0H~FCH									
RAM 突发	FFH	FEH									

需要注意的是，数据格式为 BCD 码。其中：

1）秒寄存器（80H/81H）中的 bit7 功能特殊，定义为时钟暂停标志 CH。CH=1，时钟振荡器停，DS1302 处于低功耗状态；CH=0，时钟振荡器运行。

2）小时寄存器（84H/85H）可有 12 小时模式或 24 小时模式，由 bit7 确定。bit7=0，24 小时模式，此时 bit5 为 20 小时标志位；bit7=1，12 小时模式，此时 bit5 处于 AM/PM 模式，bit5=0，AM（上午），bit5=1，PM（下午）。

3）星期寄存器（8BH/8AH）中 bit2~bit0 的数据 1 对应星期日，2~7 分别对应星期一~星期六。

在第一次对 DS1302 加电后，必须进行初始化操作。初始化后就可以按正常方法调整时间。

（2）写保护

在写保护寄存器（8EH/8FH）中，bit7 为写保护位 WP，当 WP=1 且其余各位均为 0 时，禁止写 DS1302，保护各寄存器数据不被改写，防止误操作；当 WP=0 时，允许写 DS1302。

（3）充电寄存器

图 7-16 所示为 DS1302 充电方式示意图，是 DS1302 内部引脚 1 与引脚 8（两个电源）之间的连接电路，由 TCS、DS 和 RS 控制或选择电路中各个开关。在表 7-2 中，充电寄存器的高 4 位为涓流充电选择位 TCS，它只有两种选择：TCS=1010，选择涓流充电，充电开关闭合；TCS 为其他数值，禁止充电，充电开关断开。在低 4 位中，DS 为充电电路中串接二极管（作用是降压）选择：DS=01，串接一个二极管；DS=10，串接两个二极管；DS 为 00 或 11，开关均断开禁止充电（与 TCS 无关）。RS 为充电电路中串接电阻（作用是限流）选择：RS=00，禁用充电功能（与 TCS 无关）；当 RS=01、10 和 11 时，串接的电阻分别为 2kΩ、4kΩ 和 8kΩ。

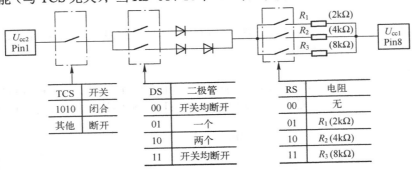

图 7-16　DS1302 充电方式示意图

（4）RAM

DS1302 内部有 31 字节 8 位 RAM，因其有备用电源，供电连续有保障，因此可将一些需要保护的数据存入其中。RAM 地址范围为 C0H~FDH，其中奇数为读操作，偶数为写操作。

（5）突发操作

DS1302 每次读/写一个字节，均要先写入操作控制字，比较烦琐。突发操作用于连续读/写，分为时钟突发（Clock Burst）和 RAM 突发（RAM Burst），可一次性顺序读/写多字节时钟数据或 RAM 数据。时钟突发控制字为 BEH（写）/BFH（读），RAM 突发控制字为 FEH（写）/FFH（读）。需要注意的是，突发写时钟必须一次性写满 8 字节时钟数据（包括写保护寄存器），若少写一个字节，将出错。但突发读时钟可只读 7 字节时钟数据。

5. 读/写子程序

对读/写 DS1302 可以编制几个通用的子程序，在应用程序中调用。前提是定义 3 个引脚的位标识符，例如，时钟端 SCLK、数据端 IO 和复位/片选端 RST。另外，函数中用到"uchar"，也应先定义。

（1）写 8 位数据

```
void  Wr8b (uchar  d){          //写 8 位数据子函数。形参 d（写入数据）
  uchar  i;                     //定义无符号字符型变量 i（循环序数）
  SCLK=0;                       //时钟端清 0，时钟准备
  for (i=0; i<8; i++){          //循环发送 8 位数据
    IO=d&0x01;                  //数据端取出最低位（只有两种：0 或 1）
    SCLK=1;                     //时钟上升沿，发送一位数据（即 IO 中的位数据）
    d>>=1;                      //数据右移一位（准备下一位）
    SCLK=0;}}                   //时钟端复位
```

（2）读 8 位数据

```
uchar  Rd8b (){                 //读 8 位数据子函数
  uchar  i;                     //定义字符型变量 i（循环序数）
  IO=1;                         //数据端置输入态
  for (i=0; i<8; i++ ){         //循环读 8 位数据
    ACC>>=1;                    //数据右移一位，最高位准备接收一位数据
    ACC7=IO;                    //读入数据端 IO 值→ACC.7
    SCLK=1;                     //时钟端置 1，时钟准备
    SCLK=0;}                    //时钟下降沿，完成接收（实际是指向下一位数据）
  return  ACC;}                 //返回读出数据
```

（3）命令读 1 字节

"命令读 1 字节"与"读 8 位数据"有什么区别呢？DS1302 读/写操作均要先写入命令控制字（被操作单元地址），"命令读 1 字节"完成一次读操作，需先写入地址，再读出该地址单元内存储的数据。而"读 8 位数据"是单纯的读 8 位数据操作，不涉及具体存储单元，被"命令读 1 字节"调用读出 8 位数据。

```
uchar  Cmd_Rd(uchar  c){        //命令读 1 字节子函数。形参 c（控制字，即读出单元地址）
  uchar  d;                     //定义字符型变量 d（8 位数据，返回值）
  RST=1;                        //片选有效
  Wr8b(c);                      //写控制字，调用写 8 位数据，实参：读出单元地址 c
  d=Rd8b();                     //调用读 8 位数据子函数 Rd8b，读出数据存 d
  RST=0;                        //RST 复位
  return  d;}                   //返回读出数据
```

（4）命令写 1 字节

"命令写 1 字节"与"写 8 位数据"的区别同"命令读 1 字节"与"读 8 位数据"的区别。

```
void  Cmd_Wr(uchar  c,d){       //命令写 1 字节子函数。形参 c（控制字）、d（写入数据）
  RST=1;                        //片选有效
  Wr8b(c);                      //写控制字，调用写 8 位数据子函数，实参：控制字 c
  Wr8b(d);                      //写数据，调用写 8 位数据子函数，实参：写入数据 d
  RST=0;}                       //RST 复位
```

（5）突发写时钟

DS1302 中的"突发"（Burst）操作就是连续读、写，可一次性顺序读、写多字节时钟数据或 RAM 数据。

```
void   Bst_Wr_T(uchar   t[]){          //突发写时钟子函数。形参 t[]（时钟初始化数据数组）
   uchar   i;                          //定义无符号字符型变量 i（循环序数）
   RST=1;                              //片选有效
   Wr8b(0xbe);                         //调用写 8 位数据子函数，实参：突发写时钟控制字 0xbe
   for (i=0; i<8; i++ )                //循环。依次写入 8 字节时钟数据
   Wr8b(t[i]);                         //调用写 8 位数据子函数 Wr8b，实参 t[i]
   RST=0;}                             //RST 复位
```

（6）突发读时钟

```
void   Bst_Rd_T(uchar   t[]){          //突发读时钟子函数。形参 t[]（时钟读出数据存储数组）
   uchar   i;                          //定义无符号字符型变量 i（循环序数）
   RST=1;                              //片选有效
   Wr8b(0xbf);                         //调用写 8 位数据子函数，实参：突发读时钟控制字 0xbf
   for (i=0; i<7; i++ )                //循环。依次读出 7 字节时钟数据
   t[i]=Rd8b();                        //调用读 8 位数据子函数 Rd8b，读出数据存 t[i]
   RST=0;}                             //RST 复位
```

7.2　DS18B20 测温芯片

DS18B20 是美国 DALLAS 公司生产的 "1-Wire" 单总线测温器件，体积小，线路简单，不需要额外的 A-D 转换器和外围元器件，可直接读取温度数字值。测温范围为–55～+125℃，最高分辨率为 12 位，最长周期为 750ms，还可设置上、下限温度告警。

1．内部结构

DS18B20 主要由 64 位 ROM、温度传感器、高速缓存器和配置寄存器组成。

1）64 位 ROM。由生产厂商刻录固定编码，用于芯片识别和检测。

2）温度传感器。它是 DS18B20 的核心部分，可完成对温度的测量和记录。

3）高速缓存器。由 9 字节 RAM 和 3 字节 E^2PROM 组成。

① E^2PROM。将其第 1、2 字节存放高温上限值 TH 和低温下限值 TL；第 3 字节存放配置寄存器中的信息。

② RAM。将其第 1、2 字节存放测温值低 8 位和高 8 位；第 3、4 字节分别存放 TH 和 TL；第 5 字节是配置寄存器；第 6～8 字节保留；第 9 字节为前 8 字节的 CRC 校验码。DS18B20 RAM 的数据内容如表 7-3 所示。其中，第 1、2 字节的温度值数据格式如表 7-4 所示。RAM 数据在上电复位时被刷新。

表 7-3　DS18B20 RAM 的数据内容

字节编号	1	2	3	4	5	6	7	8	9
数据内容	温度低 8 位	温度高 8 位	高温限值 TH	低温限值 TL	配置寄存器	保留			CRC 校验值
初始数据	50	05	FF	FF	7F				P

表 7-4　DS18B20 温度值数据格式

数据高 8 位								数据低 8 位							
D15	D14	D13	D12	D11	D10	D9	D8	D7	D6	D5	D4	D3	D2	D1	D0
S	S	S	S	S	2^6	2^5	2^4	2^3	2^2	2^1	2^0	2^{-1}	2^{-2}	2^{-3}	2^{-4}
温度值符号位（0 正 1 负）					温度值整数位（–55～+125℃）							温度值小数位（2^{-4}=0.0625）			

4）配置寄存器。即高速缓存器 RAM 的第 5 字节，该字节 D6D5 位为 R0、R1，可编程设定其测温分辨率，如表 7-5 所示。一般来说，温度惯性都比较大，若不要求快速测温，可选 12 位（默认值）分辨率；若希望快速测温，可选 9 位分辨率。

表 7-5　设定 DS18B20 测温分辨率

R1 R0	分辨率	最大转换时间/ms
0 0	9 位	93.75
0 1	10 位	187.5
1 0	11 位	375
1 1	12 位	750

2. 操作指令

根据 DS18B20 的通信协议，主机（单片机）对 DS18B20 的操作需分以下 3 步进行。

1）复位（每次必须）。复位操作要求主机将数据线先下拉 480～960μs，后释放 15～60μs，待 DS18B20 发出 60～240μs 的低电平应答脉冲后，才表示复位成功。DS18B20 复位时序图如图 7-17 所示。

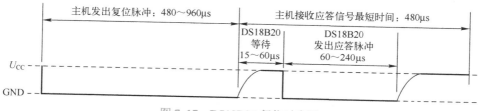

图 7-17　DS18B20 复位时序图

2）发送 ROM 操作指令。

3）发送 RAM 操作指令。DS18B20 的 ROM 和 RAM 操作指令如表 7-6 所示。

表 7-6　DS18B20 的 ROM 和 RAM 操作指令

功　　能	代　码	说　明
读 ROM	0x33	只有一片 DS18B20 时，允许读 DS18B20 ROM 中的 64 位编码
匹配 ROM	0x55	有多片 DS18B20 时，片选编码符合条件的 DS18B20
跳过 ROM	0xcc	只有一片 DS18B20 时，不核对 64 位编码，而直接向其发出操作命令
搜索 ROM	0xf0	确定总线上 DS18B20 的片数及其 64 位识别编码
报警搜索	0xec	执行后，只对温度超过设定值上限或下限的片子做出响应
写 RAM	0x4e	向 DS18B20 RAM 写上、下限温度数据和测温精度要求
读 RAM	0xbe	读 DS18B20 RAM 中的 9B 数据
复制 RAM	0x48	将 DS18B20 RAM 中第 3、4 字节 TH 和 TL 值复制到 EEPROM 中
复制 E^2PROM	0xb8	将 DS18B20 E^2PROM 中的 TH 和 TL 值复制到 RAM 第 3、4 字节中
温度转换	0x44	启动 DS18B20 温度转换，将结果存入 DS18B20 RAM 的第 1、2 字节中
读供电方式	0xb4	寄生供电时 DS1820 发送"0"，外接电源供电时 DS1820 发送"1"

7.3　步进电动机

步进电动机是一种数控电动机，只要对其发出一个脉冲信号，电动机就转动一个角度，可以通过控制脉冲个数来控制角位移量，控制脉冲信号频率来控制电动机转动的速度和加速度，控制脉冲的正、负极性来控制电动机的正、反转，控制脉冲的激励方式来控制电动机的机械特性。近年来，随着微控制器的广泛应用，步进电动机的应用越来越广泛。

1. 概述

1）外形。小型步进电动机外形如图 7-18 所示。

2）分类。可分为类，即永磁式、反应式和混合式。

① 永磁式转矩和体积较小，步距角一般为 7.5° 或 15°。

② 虽然反应式可实现大转矩输出，但噪声和振动都很大，故属淘汰品种。

图 7-18 小型步进电动机外形图

③ 混合式混合了永磁式和反应式的优点，应用最为广泛。一般有二相、三相、四相和五相之分，常用的是四相和二相步进电动机。

2. 激励方式

步进电动机的激励方式可分为一相激励、二相激励和一、二相激励。

1）一相激励是每一驱动瞬间只有一个线圈通电，特点是方法简单、精确度好，但转矩小、振动大。

2）二相激励是每一驱动瞬间有两个线圈通电，特点是转矩大、振动小。

3）一、二相激励是轮流交替一相激励与二相激励，特点是既能保持较大的转矩，又可提高控制精度，使运转平滑，但每次只能转动半步。

四相步进电动机有 4 组线圈，通常采用单极性激励方式，即 4 个线圈中电流始终单向流动，不改变方向。二相步进电动机只有两组线圈，通常采用双极性激励方式，即两个线圈中的电流需改变方向。设四相步进电动机的 4 组线圈分别为 A、B、C、D，将公共端接步进电动机额定电压；若二相步进电动机两组线圈分别为 AA′、BB′，则四相步进电动机和二相步进电动机的驱动控制数据分别如表 7-7 和表 7-8 所示。

表 7-7　四相步进电动机的驱动控制数据

驱动模式	通电绕组	二进制数	驱动数据
		DCBA	D7～D0
单 4 拍	A	0001	0x01
	B	0010	0x02
	C	0100	0x04
	D	1000	0x08
双 4 拍	AB	0011	0x03
	BC	0110	0x06
	CD	1100	0x0c
	DA	1001	0x09
8 拍	A	0001	0x01
	AB	0011	0x03
	B	0010	0x02
	BC	0110	0x06
	C	0100	0x04
	CD	1100	0x0c
	D	1000	0x08
	DA	1001	0x09

表 7-8　二相步进电动机的驱动控制数据

驱 动 模 式	通 电 模 式	二 进 制 数	驱 动 数 据
		B'BA'A	D7~D0
4 拍	AB	0101	0x05
	AB'	1001	0x09
	A'B'	1010	0x0a
	A'B	0110	0x06
8 拍	AB	0101	0x05
	A	0001	0x01
	AB'	1001	0x09
	B'	1000	0x08
	A'B'	1010	0x0a
	A'	0010	0x02
	A'B	0110	0x06
	B	0100	0x04

需要说明的是，在步进电动机的每拍驱动之间需有一定延时，调节延时时间，以调节步进电动机的转速。但如果延时时间过少、激励脉冲频率过高，步进电动机就来不及响应，将发生丢步或堵转现象。

3．接口电路

驱动步进电动机的转动需要较大电流，单片机负载能力有限，而且对电流脉冲边沿有一定要求。因此，一般需用功率集成电路作为单片机驱动接口，例如，L298 和 ULN2003 等。

（1）四相步进电动机

四相步进电动机因通常采用单极性激励方式，不需改变驱动电流流向，因此可用 ULN2003 作为驱动接口电路。ULN2003 内部结构和引脚图如图 7-19 所示。ULN2003 有 7 组达林顿管（复合晶体管），输入电压兼容 TTL 或 COMS 电平，输出端灌电流可达 500mA，并能承受 50V 高电压，可外接步进电动机驱动电源 V_S（如 12V），且并联了续流二极管，可消除电动机线圈通断切换时产生的反电势副作用，适用于驱动电感性负载。

单片机控制四相步进电动机驱动接口电路如前面介绍的图 7-8 所示。80C51 P1.0~P1.3 作为 4 组线圈驱动控制端口，P1.6、P1.7 分别接 Kp（正转）、Kn（反转）控制按钮；ULN2003 Out1~Out4 分别接步进电动机 4 组线圈 A、B、C、D；公共端接步进电动机额定电压 V_S。

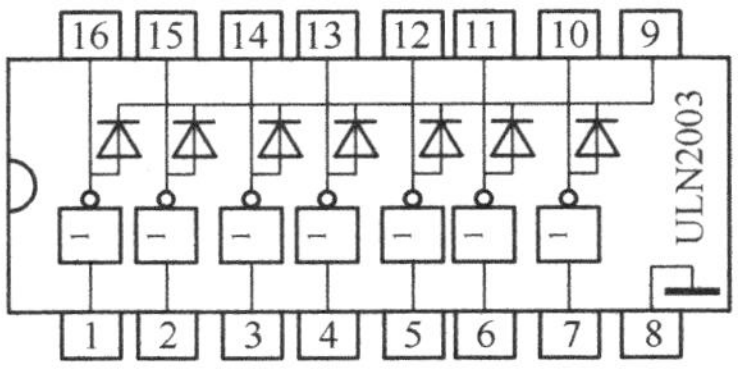

（2）二相步进电动机

二相步进电动机只有两组线圈，需采用双极性激励方式，改变线圈中驱动电流流向，因此不能用 ULN2003 作为驱动接口电路，需用具有 H 桥电路的功率集成电路作为驱动接口。

图 7-19　ULN2003 内部结构和引脚图

L298 是一种高电压大电流驱动芯片，响应频率高，有两组 H 桥，正好驱动二相步进电动机的两组线圈。图 7-20 所示为其内部结构和引脚图。其中，In1、In2 和 In3、In4 分别为 A

组和 B 组 H 桥电路控制输入端；Out1、Out2 和 Out3、Out4 为两组 H 桥电路输出端；ENa、ENb 为两组 H 桥电路使能端，低电平禁止输出；SNa、SNb 为两组 H 桥电路电流反馈端，不用时可以直接接地；Vcc 为 L298 内部电路电源，接+5V；Vs 为驱动电源，取步进电动机额定电源电压；GND 为接地端。

　　二相步进电动机驱动接口电路如前面介绍的图7-11所示。其中，使能端 ENa、ENb 接高电平，始终有效；电流反馈端 SNa、SNb 直接接地；因 L298 内部无续流二极管，外接 8 个二极管，以消除反电势的影响；其余与图7-8 所示的四相步进电动机驱动接口电路相同。

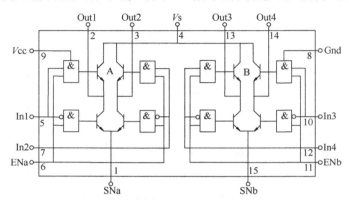

图 7-20　L298 内部结构和引脚图

附录 配套"单片机项目式教程仿真 50 例"目录

说明：为便于读者练习，本书编有配套<单片机项目式教程仿真 50 例>。<50 例>由书中项目案例和练习题组成（实际为 55 例），内含 Proteus 仿真电路 DSN 文件和驱动程序 Hex 文件，全部通过 Keil 调试和 Proteus 虚拟仿真。

第 1 章 单片机应用基础

项目 2、3 流水循环灯

第 2 章 C51 编程基础

项目 4 键控信号灯（双键控 4 灯 3 种程序）

项目 6 模拟交通灯

项目 7 花样循环灯（两种花样两种程序）

练习题 2.11 双键控 3 灯（3 种程序）

练习题 2.15~2.18 花样循环灯（4 种花样 4 种程序）

第 2 章思考和练习解答

第 3 章 中断和定时/计数器

项目 8 输出脉冲波（两种工作方式两种程序）

项目 9 播放生日快乐歌

练习题 3.10 输出 4 种周期脉冲波

练习题 3.12 输出矩形脉冲波

练习题 3.13 播放世上只有妈妈好

第 3 章思考和练习解答

第 4 章 串行口应用

任务 10.1 74HC164 串行输出控制循环 8 灯（两种程序）

任务 10.2 CC4094 串行输出控制花样循环 8 灯

任务 11.1 74HC165 串行输入 8 位键状态

任务 11.2 CC4021 串行输入 8 位键状态

任务 12.1 串行双机通信方式 1

任务 13.1 读写 AT24C02

练习题 4.10 74HC164 串行输出控制循环 16 灯

练习题 4.11 CC4094 串行控制花样循环 16 灯

练习题 4.12 CC4014 串行扩展 8 位键状态

练习题 4.13　74HC165 串行扩展 16 位键状态

练习题 4.14　CC4021 串行扩展 16 位键状态

练习题 4.15　双机通信方式 2

练习题 4.16　双机通信方式 3

练习题 4.17　读写 AT24C02

练习题 4.18　非零地址读写 AT24C02

第 4 章思考和练习解答

第 5 章　显示与键盘

任务 14.1　74LS377 并行输出 3 位 LED 数码管静态显示

任务 14.2　74LS164 串行输出 3 位 LED 数码管静态显示

任务 14.3　CC4511 BCD 码驱动 3 位 LED 数码管静态显示

任务 15.1　74LS139 选通 4 位 LED 数码管动态显示

任务 15.2　74LS595 串行传送 8 位 LED 数码管动态显示

项目 16　LCD 1602 液晶显示屏显示

项目 17　4×4 矩阵式键盘接口

练习题 5.9　带时间显示模拟交通灯

练习题 5.10　4094 串行输出 3 位 LED 静态显示

练习题 5.11　PNP 晶体管选通 3 位共阳 LED 数码管动态显示

练习题 5.12　74HC139 选通 4 位 LED 动态显示

练习题 5.13　74HC138+377 选通 8 位 LED 动态显示

练习题 5.14　74HC138+164 选通 8 位共阴 LED 数码管动态显示

练习题 5.15　LCD1602 显示屏显示

练习题 5.16　并行扩展 8 键

练习题 5.17　3×3 矩阵式键盘

第 5 章思考和练习解答

第 6 章　A-D 转换和 D-A 转换

任务 18.1　80C51 ALE 控制 ADC0809 并行 A-D 转换

任务 18.2　虚拟 CLK 控制 ADC0809 A-D 转换

任务 19.1　80C51 串行口控制 ADC0832 A-D 转换

任务 19.2　虚拟 CLK 控制 ADC0832 A-D 转换

项目 20　DAC 0832 输出连续锯齿波

练习题 6.9　ADC0808A-D（ALE 输出 CLK，查询方式）

练习题 6.10　ADC0808A-D（ALE 输出 CLK，延时等待方式）

练习题 6.11　DAC 0832 输出连续锯齿波

第 6 章思考和练习解答

第 7 章 时钟、测温和驱动步进电动机

任务 21.1 模拟电子钟（秒时基由 80C51 定时器产生）

任务 21.2 DS1302 实时时钟（LCD1602 液晶屏显示）

项目 22 DS18B20 测温

任务 23.1 驱动四相步进电动机

任务 23.2 驱动二相步进电动机

参 考 文 献

[1] 张志良. 电工基础[M]. 北京：机械工业出版社，2010.

[2] 张志良. 电工基础学习指导与习题解答[M]. 北京：机械工业出版社，2010.

[3] 张志良. 模拟电子技术基础[M]. 北京：机械工业出版社，2006.

[4] 张志良. 模拟电子学习指导与习题解答[M]. 北京：机械工业出版社，2006.

[5] 张志良. 数字电子技术基础[M]. 2版. 北京：机械工业出版社，2023.

[6] 张志良. 数字电子技术学习指导与习题解答[M]. 北京：机械工业出版社，2007.

[7] 张志良. 电子技术基础[M]. 2版. 北京：机械工业出版社，2022.

[8] 张志良. 计算机电路基础[M]. 2版. 北京：机械工业出版社，2021.

[9] 张志良. 计算机电路基础学习指导及习题解答[M]. 北京：机械工业出版社，2011.

[10] 张志良. 电工与电子技术基础[M]. 北京：机械工业出版社，2016.

[11] 张志良. 电工与电子技术基础（少学时）[M]. 北京：机械工业出版社，2017.

[12] 张志良. 电工与电子技术学习指导与习题解答[M]. 北京：机械工业出版社，2016.

[13] 张志良. 单片机原理与控制技术：双解汇编和 C51 [M]. 3版. 北京：机械工业出版社，2013.

[14] 张志良. 单片机学习指导及习题解答：双解汇编和 C51[M]. 2版. 北京：机械工业出版社，2013.

[15] 张志良. 80C51 单片机实验实训 100 例[M]. 北京：北京航空航天大学出版社，2015.

[16] 张志良. 80C51 单片机仿真设计实例教程[M]. 北京：清华大学出版社，2016.

[17] 张志良. 80C51 单片机实用教程[M]. 北京：高等教育出版社，2016.